AutoCAD 全套图纸绘制系列丛书

AutoCAD 2014 全套给水排水 施工图纸绘制

张日晶　主编

中国建筑工业出版社

图书在版编目（CIP）数据

AutoCAD 2014 全套给水排水施工图纸绘制/张日晶
主编. —北京：中国建筑工业出版社，2014.10
（AutoCAD 全套图纸绘制系列丛书）
ISBN 978-7-112-16892-7

Ⅰ. ①A…　Ⅱ. ①张…　Ⅲ. ①给排水系
统-工程施工-工程制图-计算机辅助设计-AutoCAD 软
件　Ⅳ.①TU82-39

中国版本图书馆 CIP 数据核字（2014）第 104847 号

　　本书以工程理论知识为基础，以典型的实际工程给水排水平面图为案例，带领读者全
面学习 AutoCAD 2014 中文版，希望读者能从本书中闻弦而知雅意，通过 AutoCAD 的基
本平面绘图知识、给水排水经典实例，能够熟悉给水排水实际建设施工图绘制的基本要求
和思路。本书共分四篇 18 章，其中第一篇介绍 AutoCAD 2014 基础知识，包括基本绘图
界面和参数设置、基本二维绘图命令和编辑命令的使用方法、基本辅助绘图工具、文字与
表格、尺寸的标注方法、模块化绘图及布图与输出。第二篇讲述别墅给水排水平面图的绘
制。主要通过学习使读者掌握给水管、热水立管、透气立管、排 F 立管、排 W 立管等绘
制的基本知识以及平面图的布置。第三篇介绍住宅楼给水排水平面图的绘制，进一步巩固
给水排水平面图的绘制，本篇相对于上一篇，稍显复杂，但一通百通，可让读者一鼓作气
地掌握给水排水知识。第四篇介绍商务酒店给水排水及消防施工图的绘制。在给水排水平
面图的基础上，还增加了管道放大图、消防系统图、喷淋消火栓平面图。内容全面，从基
本的平面图绘制、给水排水布置到系统图的绘制，让读者系统地了解给水排水案例在
CAD 中的应用，步骤详细，望能达到以一抵百的效果。

　　本书适合从事给水排水施工和设计的相关工程人员作为自学辅导教材，也适合作为相
关学校授课教材使用。

　　责任编辑：郭　栋　辛海丽
　　责任设计：董建平
　　责任校对：张　颖　王雪竹

AutoCAD 全套图纸绘制系列丛书
AutoCAD 2014 全套给水排水施工图纸绘制
张日晶　主编
*
中国建筑工业出版社出版、发行（北京西郊百万庄）
各地新华书店、建筑书店经销
霸州市顺浩图文科技发展有限公司制版
北京富生印刷厂印刷
*
开本：787×1092 毫米　1/16　印张：30¾　字数：768 千字
2014 年 12 月第一版　　2014 年 12 月第一次印刷
定价：**76.00** 元（含光盘）
ISBN 978-7-112-16892-7
（25681）

前　　言

AutoCAD 是由美国 Autodesk 公司开发的通用计算机辅助设计（Computer Aided Design，CAD）软件，具有易于掌握、使用方便、体系结构开放等优点，能够绘制二维图形与三维图形、标注尺寸、渲染图形以及打印输出图纸，目前已广泛应用于建筑、机械、电子、航天、造船、石油化工、土木工程、冶金、地质、气象、纺织、轻工、商业等领域。

AutoCAD 2014 是 AutoCAD 系列软件中的最新版本，与 AutoCAD 先前的版本相比，它在性能和功能方面都有较大的增强，同时保证与低版本完全兼容。AutoCAD 2014 软件为从事各种造型设计的客户提供了强大的功能和灵活性，可以帮助他们更好地完成设计和文档编制工作。AutoCAD 2014 强大的三维环境，能够帮助您加速文档编制，共享设计方案，更有效地探索设计构想。AutoCAD 2014 具有上千个即时可用的插件，能够根据您的特定需求轻松、灵活地进行定制。现在，您可以在设计上走得更远。

本书以工程理论知识为基础，以典型的实际给水排水工程施工图为案例，带领读者全面学习 AutoCAD 2014 中文版，希望读者能从本书中温故知新、闻弦而知雅意，通过 AutoCAD 的基本平面绘图知识，同时能够熟悉市政工程实际建设施工图绘制的基本要求和思路。本书共分六篇 18 章，具体内容如下：

第一篇介绍 AutoCAD 2014 基础知识，包括基本绘图界面和参数设置、基本二维绘图命令和编辑命令的使用方法、基本辅助绘图工具、文字与表格、尺寸的标注方法、模块化绘图及布图与输出。通过本篇的学习，读者可以打下 AutoCAD 绘图的基础，为后面的具体专业设计技能学习进行必要的知识准备。

第二篇讲述别墅给水排水平面图的绘制。主要通过学习使读者掌握给水管、热水立管、透气立管、排 F 立管、排 W 立管等绘制的基本知识以及平面图的布置。能识别给水、排水平面图的区别，理清给水排水平面图的绘制思路，进行升华，形成套路，换汤不换药，不禁锢于个例，依靠它并超越它。

第三篇介绍住宅楼给水排水平面图的绘制。进一步巩固给水排水平面图的绘制，本篇相对于上一篇，稍显复杂，但一通百通，可让读者一鼓作气地掌握给水排水知识。从两个个例看到共通处，对比差异，多方位考虑问题，不只要看懂，更要看透。

第四篇介绍商务酒店给水排水及消防施工图的绘制。在给水排水平面图的基础上，还增加了管道放大图、消防系统图、喷淋消火栓平面图。内容全面，从基本的平面图绘制、给水排水布置到系统图的绘制，让读者系统地了解给水排水案例在 CAD 中的应用，步骤详细，达到以一抵百的效果。

本书的特色在于将各种知识结合起来，融会贯通，了解全面、综合的给水排水施工图平面图。我们将写作的重心放在体现内容的实用性上和普遍性上。因此无论从各种专业知识讲解，以及各种案例的选择，都与工程实践施工图紧密地联系在一起。采用了详细的实用案例式的讲解，同时附有简洁、明了的步骤说明，使用户在制作过程中不仅巩固知识，而且通过这些学习建立起给水排水平面图、系统图设计基本思路，为今后的设计工作能达到触类旁通的效果。

为了方便读者学习，提高学习效果，随本书配赠了多媒体光盘，包括全书所有实例的源文件、结果文件和全书所有实例操作过程的录音讲解动画文件，可以帮助读者形象、直观地学习本书。

本书由三维书屋工作室策划，张日晶主编，参与编写的人员还有胡仁喜、康士廷、王敏、王艳池、张俊生、王培合、董伟、王义发、李瑞、王玉秋、周冰、王佩楷、袁涛、王兵学、路纯红、王渊峰、李鹏、周广芬、阳平华、孟清华、郑长松、王文平、李广荣、李世强、陈丽芹、陈树勇、史清录、张红松、赵永玲、辛文彤、刘昌丽、孟培、闫聪聪、杨雪静等。

由于时间仓促，加之水平有限，疏漏之处在所难免，敬请读者朋友联系 win760520@126. com 批评指正！

目　　录

第一篇　基础知识篇

第 1 章　AutoCAD 2014 入门 ………………………………………………………… 3
1.1　操作界面 ………………………………………………………………………… 4
　1.1.1　界面风格 ……………………………………………………………………… 4
　1.1.2　绘图区 ………………………………………………………………………… 6
　1.1.3　菜单栏 ………………………………………………………………………… 6
　1.1.4　工具栏 ………………………………………………………………………… 6
　1.1.5　命令行窗口 …………………………………………………………………… 9
　1.1.6　布局标签 ……………………………………………………………………… 9
　1.1.7　状态栏 ………………………………………………………………………… 10
　1.1.8　状态托盘 ……………………………………………………………………… 10
　1.1.9　滚动条 ………………………………………………………………………… 11
　1.1.10　快速访问工具栏和交互信息工具栏 ……………………………………… 11
　1.1.11　功能区 ……………………………………………………………………… 12
1.2　配置绘图系统 …………………………………………………………………… 12
　1.2.1　显示配置 ……………………………………………………………………… 13
　1.2.2　系统配置 ……………………………………………………………………… 13
1.3　设置绘图环境 …………………………………………………………………… 13
　1.3.1　图形单位设置 ………………………………………………………………… 14
　1.3.2　图形边界设置 ………………………………………………………………… 14
1.4　基本操作命令 …………………………………………………………………… 15
　1.4.1　命令输入方式 ………………………………………………………………… 15
　1.4.2　命令的重复、撤销、重做 …………………………………………………… 17
　1.4.3　透明命令 ……………………………………………………………………… 18
　1.4.4　按键定义 ……………………………………………………………………… 18
　1.4.5　命令执行方式 ………………………………………………………………… 18
　1.4.6　坐标系统与数据的输入方法 ………………………………………………… 19
1.5　图形的缩放 ……………………………………………………………………… 20
　1.5.1　实时缩放 ……………………………………………………………………… 20
　1.5.2　放大和缩小 …………………………………………………………………… 21
　1.5.3　动态缩放 ……………………………………………………………………… 22
　1.5.4　快速缩放 ……………………………………………………………………… 23

1.6 图形的平移 ………………………………………………………………… 24

   1.6.1 实时平移 ………………………………………………………………… 24

   1.6.2 定点平移和方向平移 …………………………………………………… 24

1.7 文件管理 ………………………………………………………………… 25

   1.7.1 新建文件 ………………………………………………………………… 25

   1.7.2 打开文件 ………………………………………………………………… 27

   1.7.3 保存文件 ………………………………………………………………… 27

   1.7.4 另存文件 ………………………………………………………………… 28

   1.7.5 退出 ……………………………………………………………………… 29

第 2 章 二维绘图命令 …………………………………………………………… 30

2.1 直线命令 ………………………………………………………………… 31

   2.1.1 绘制直线段 ……………………………………………………………… 31

   2.1.2 绘制构造线 ……………………………………………………………… 32

   2.1.3 实例——绘制阀符号 …………………………………………………… 32

2.2 圆类图形 ………………………………………………………………… 33

   2.2.1 绘制圆 …………………………………………………………………… 33

   2.2.2 实例——绘制管道泵符号 ……………………………………………… 34

   2.2.3 绘制圆弧 ………………………………………………………………… 35

   2.2.4 实例——绘制异径弯头符号 …………………………………………… 36

   2.2.5 绘制圆环 ………………………………………………………………… 37

   2.2.6 绘制椭圆与椭圆弧 ……………………………………………………… 37

   2.2.7 实例——绘制马桶 ……………………………………………………… 38

2.3 平面图形 ………………………………………………………………… 40

   2.3.1 绘制矩形 ………………………………………………………………… 40

   2.3.2 绘制多边形 ……………………………………………………………… 41

   2.3.3 实例——绘制风机符号 ………………………………………………… 42

2.4 点 ………………………………………………………………………… 43

   2.4.1 绘制点 …………………………………………………………………… 43

   2.4.2 绘制等分点 ……………………………………………………………… 44

   2.4.3 绘制测量点 ……………………………………………………………… 45

   2.4.4 实例——绘制楼梯 ……………………………………………………… 45

2.5 图案填充 ………………………………………………………………… 46

   2.5.1 基本概念 ………………………………………………………………… 47

   2.5.2 图案填充的操作 ………………………………………………………… 48

   2.5.3 编辑填充的图案 ………………………………………………………… 53

   2.5.4 实例——绘制流量表井符号 …………………………………………… 54

2.6 多段线 …………………………………………………………………… 55

   2.6.1 绘制多段线 ……………………………………………………………… 55

   2.6.2 编辑多段线 ……………………………………………………………… 56

2.6.3 实例——绘制弯管符号 ･･･ 58

2.7 样条曲线 ･･ 59
2.7.1 绘制样条曲线 ･･ 59
2.7.2 编辑样条曲线 ･･ 61
2.7.3 实例——绘制软管淋浴器符号 ･････････････････････････････････ 62

2.8 多线 ･･ 63
2.8.1 绘制多线 ･･ 63
2.8.2 定义多线样式 ･･ 63
2.8.3 编辑多线 ･･ 64
2.8.4 实例——绘制墙体 ･･ 64

第 3 章 辅助绘图工具 ･･･ 67

3.1 精确定位工具 ･･･ 68
3.1.1 正交模式 ･･ 68
3.1.2 栅格工具 ･･ 68
3.1.3 捕捉工具 ･･ 69

3.2 对象捕捉 ･･･ 70
3.2.1 特殊位置点捕捉 ･･ 71
3.2.2 对象捕捉设置 ･･ 72
3.2.3 基点捕捉 ･･ 73
3.2.4 点过滤器捕捉 ･･ 73

3.3 对象追踪 ･･･ 73
3.3.1 自动追踪 ･･ 74
3.3.2 临时追踪 ･･ 75

3.4 设置图层 ･･･ 75
3.4.1 利用对话框设置图层 ･･ 75
3.4.2 利用工具栏设置图层 ･･ 79

3.5 设置颜色 ･･･ 80
3.5.1 "索引颜色"标签 ･･ 81
3.5.2 "真彩色"标签 ･･ 81
3.5.3 "配色系统"标签 ･･ 82

3.6 图层的线型 ･･･ 82
3.6.1 在"图层特性管理器"对话框中设置线型 ････････････････････････ 82
3.6.2 直接设置线型 ･･ 83

3.7 对象约束 ･･･ 83
3.7.1 几何约束 ･･ 84
3.7.2 尺寸约束 ･･ 85
3.7.3 自动约束 ･･ 87

第 4 章 编辑命令 ･･･ 89

4.1 选择对象 ･･･ 90

4.2 删除及恢复类命令 ………………………………………………… 92

4.2.1 删除命令 ………………………………………………… 93

4.2.2 恢复命令 ………………………………………………… 93

4.2.3 清除命令 ………………………………………………… 93

4.3 对象编辑 …………………………………………………………… 94

4.3.1 钳夹功能 ………………………………………………… 94

4.3.2 修改对象属性 …………………………………………… 94

4.3.3 特性匹配 ………………………………………………… 95

4.4 复制类命令 ………………………………………………………… 95

4.4.1 复制命令 ………………………………………………… 95

4.4.2 实例——绘制液面报警器符号 ………………………… 96

4.4.3 镜像命令 ………………………………………………… 98

4.4.4 实例——绘制旋涡泵符号 ……………………………… 98

4.4.5 偏移命令 ………………………………………………… 99

4.4.6 实例——绘制方形散流器符号 ………………………… 100

4.4.7 阵列命令 ………………………………………………… 101

4.4.8 实例——绘制轴流通风机符号 ………………………… 102

4.5 改变位置类命令 …………………………………………………… 103

4.5.1 旋转命令 ………………………………………………… 103

4.5.2 实例——绘制弹簧安全阀符号 ………………………… 104

4.5.3 移动命令 ………………………………………………… 106

4.5.4 实例——绘制离心水泵符号 …………………………… 106

4.5.5 缩放命令 ………………………………………………… 107

4.6 改变几何特性类命令 ……………………………………………… 108

4.6.1 圆角命令 ………………………………………………… 108

4.6.2 实例——绘制坐便器 …………………………………… 109

4.6.3 倒角命令 ………………………………………………… 112

4.6.4 实例——绘制洗菜盆 …………………………………… 114

4.6.5 修剪命令 ………………………………………………… 115

4.6.6 延伸命令 ………………………………………………… 117

4.6.7 实例——绘制除污器符号 ……………………………… 118

4.6.8 拉伸命令 ………………………………………………… 119

4.6.9 实例——绘制管式混合器符号 ………………………… 119

4.6.10 拉长命令 ………………………………………………… 121

4.6.11 打断命令 ………………………………………………… 121

4.6.12 打断于点 ………………………………………………… 122

4.6.13 分解命令 ………………………………………………… 122

4.6.14 合并命令 ………………………………………………… 122

4.6.15 实例——绘制变更管径套管接头 ……………………… 123

第5章　文字与表格 ··· 127

　5.1　文本样式 ·· 128

　5.2　文本标注 ·· 130

　　5.2.1　单行文本标注 ·· 130

　　5.2.2　多行文本标注 ·· 132

　5.3　文本编辑 ·· 137

　5.4　表格 ·· 138

　　5.4.1　定义表格样式 ·· 138

　　5.4.2　创建表格 ·· 141

　　5.4.3　表格文字编辑 ·· 143

　5.5　实例——绘制 A3 图框 ··· 143

　　5.5.1　图框概述 ·· 144

　　5.5.2　图框模块绘制 ·· 145

第6章　尺寸标注 ··· 152

　6.1　尺寸样式 ·· 153

　　6.1.1　新建或修改尺寸样式 ·· 153

　　6.1.2　线 ·· 155

　　6.1.3　符号和箭头 ·· 156

　　6.1.4　文字 ·· 158

　6.2　标注尺寸 ·· 160

　　6.2.1　线性标注 ·· 160

　　6.2.2　对齐标注 ·· 161

　　6.2.3　基线标注 ·· 161

　　6.2.4　连续标注 ·· 162

　　6.2.5　半径标注 ·· 162

　　6.2.6　标注打断 ·· 163

　6.3　引线标注 ·· 163

　　6.3.1　利用 LEADER 命令进行引线标注 ······························ 164

　　6.3.2　利用 QLEADER 命令进行引线标注 ····························· 165

　6.4　编辑尺寸标注 ·· 166

　　6.4.1　尺寸编辑 ·· 167

　　6.4.2　利用 DIMTEDIT 命令编辑尺寸标注 ···························· 168

　6.5　实例——卫生间给水平面图 ··· 168

　　6.5.1　设置绘图环境 ·· 169

　　6.5.2　给水管道平面图的绘制 ·· 170

　　6.5.3　给水管道尺寸标注与文字说明 ·································· 174

　　6.5.4　排水管道平面图的绘制 ·· 176

　　6.5.5　排水管道尺寸标注与文字说明 ·································· 176

第7章　模块化绘图 ··· 179

7.1 图块的操作 ································· 180
7.1.1 定义图块 ································· 180
7.1.2 图块的存盘 ······························ 181
7.1.3 图块的插入 ······························ 182
7.1.4 动态块 ································· 184
7.1.5 实例——绘制指北针图块 ··················· 188
7.2 图块的属性 ································· 189
7.2.1 定义图块属性 ··························· 189
7.2.2 修改属性的定义 ························· 190
7.2.3 图块属性编辑 ··························· 191
7.2.4 实例——标注标高符号 ··················· 192
7.3 设计中心 ································· 193
7.3.1 启动设计中心 ··························· 194
7.3.2 显示图形信息 ··························· 194
7.3.3 查找内容 ································· 197
7.3.4 插入图块 ································· 197
7.3.5 图形复制 ································· 198
7.4 工具选项板 ································· 198
7.4.1 打开工具选项板 ························· 198
7.4.2 工具选项板的显示控制 ··················· 199
7.4.3 新建工具选项板 ························· 199
7.4.4 向工具选项板添加内容 ··················· 200
7.5 查询工具 ································· 201
7.5.1 距离查询 ································· 201
7.5.2 面积查询 ································· 201

第8章 布图与输出 ······························ 203
8.1 概述 ····································· 204
8.2 工作空间和布局 ······························ 204
8.2.1 工作空间 ································· 204
8.2.2 布局功能 ································· 205
8.2.3 布局操作的一般步骤 ····················· 210
8.2.4 实例——建立多窗口视口 ··················· 213
8.3 打印输出 ································· 216
8.3.1 打印样式设置 ··························· 216
8.3.2 设置绘图仪 ······························ 221
8.3.3 打印输出 ································· 221

第二篇 别墅给水排水篇

第9章 给水排水工程基础 ······························ 229

9.1　给水排水施工图分类 ·· 230

9.2　给水排水施工图的表达特点及一般规定 ···················· 230

　9.2.1　一般规定 ·· 230

　9.2.2　表达特点 ·· 230

9.3　给水排水施工图的表达内容 ································ 231

　9.3.1　施工设计说明 ·· 231

　9.3.2　室内给水施工图 ·· 231

　9.3.3　室内排水施工图 ·· 232

　9.3.4　室外管网平面布置图 ······································ 233

9.4　给水排水工程施工图的设计深度 ···························· 234

　9.4.1　总则 ·· 234

　9.4.2　施工图设计 ·· 234

9.5　职业法规及规范标准 ·· 238

9.6　建筑给水排水工程制图规定 ································ 240

　9.6.1　比例 ·· 241

　9.6.2　线型 ·· 241

　9.6.3　图层及交换文件 ·· 242

第 10 章　酒店给水排水平面图 ································ 244

10.1　给水排水设计说明 ·· 245

10.2　给水排水设计图例 ·· 246

10.3　绘制别墅一层给水排水平面图 ···························· 247

　10.3.1　新建文件 ·· 247

　10.3.2　图层设置 ·· 248

　10.3.3　绘制图框 ·· 249

　10.3.4　绘制水管 ·· 251

　10.3.5　添加文字说明 ·· 253

10.4　绘制别墅二层给水排水平面图 ···························· 255

　10.4.1　绘制水管 ·· 255

　10.4.2　绘制给水排水设施 ·· 257

　10.4.3　添加文字说明 ·· 259

10.5　绘制别墅三层给水排水平面图 ···························· 261

　10.5.1　绘制水管 ·· 261

　10.5.2　绘制透气帽 ·· 266

　10.5.3　添加文字说明 ·· 266

第 11 章　别墅给水排水系统图 ································ 268

11.1　绘制别墅一层厨卫给水透视图 ···························· 269

　11.1.1　卫生间给水透视图 ·· 269

　11.1.2　添加标高及文字说明 ······································ 272

11.2　绘制别墅一层厨卫排水透视图 ···························· 273

11.2.1　绘制厨房排水透视图 ･･････････････････････････････････ 273

11.2.2　添加标高及文字说明 ･･････････････････････････････････ 275

11.3　绘制整个套型的给水排水系统图 ･････････････････････････････ 276

11.3.1　设置绘图环境 ･･･････････････････････････････････････ 277

11.3.2　绘制给水系统的主管道 ････････････････････････････････ 277

11.3.3　绘制辅助部分 ･･･････････････････････････････････････ 279

11.3.4　绘制管道符号 ･･･････････････････････････････････････ 282

11.3.5　添加符号标注 ･･･････････････････････････････････････ 285

第三篇　住宅楼给水排水篇

第12章　住宅楼给水排水平面图 ････････････････････････････････ 291

12.1　住宅楼给水排水设计说明 ･････････････････････････････････ 292

12.1.1　设计依据 ･･･ 292

12.1.2　设计范围 ･･･ 292

12.1.3　给水排水系统及消防系统 ････････････････････････････････ 292

12.1.4　管材和接口 ･･･････････････････････････････････････ 292

12.1.5　阀门及附件 ･･･････････････････････････････････････ 292

12.1.6　卫生器具 ･･･ 292

12.1.7　管道敷设 ･･･ 293

12.1.8　管道试压 ･･･ 293

12.1.9　管道冲洗 ･･･ 293

12.1.10　其他 ･･･ 293

12.2　地下层给水排水平面图 ･･･････････････････････････････････ 293

12.2.1　整理平面图 ･･･････････････････････････････････････ 295

12.2.2　布置给水排水图例 ･････････････････････････････････ 295

12.2.3　绘制管线 ･･･ 299

12.2.4　添加文字说明和标注 ･･･････････････････････････････ 301

12.3　一层给水排水平面图 ････････････････････････････････････ 302

12.3.1　整理平面图 ･･･････････････････････････････････････ 303

12.3.2　布置图例 ･･･ 304

12.3.3　添加文字说明 ･････････････････････････････････････ 306

第13章　住宅楼给水排水系统图 ････････････････････････････････ 307

13.1　给水系统图 ･･ 308

13.1.1　绘制图例 ･･･ 308

13.1.2　布置图例 ･･･ 309

13.1.3　标注文字 ･･･ 312

13.1.4　标注尺寸 ･･･ 314

13.2　排水系统图 ･･ 317

13.2.1　绘制图形 ･･･ 318

　13.2.2　标注文字和尺寸 ………………………………………………………… 319

第四篇　商务酒店给水排水及消防施工篇

第 14 章　酒店给水平面图 …………………………………………………… 325
　14.1　商务酒店设计及施工说明 …………………………………………………… 326
　14.2　酒店一楼给水平面图 ………………………………………………………… 327
　　14.2.1　绘图准备 …………………………………………………………………… 328
　　14.2.2　绘制轴线 …………………………………………………………………… 332
　　14.2.3　绘制并布置墙体柱子 …………………………………………………… 335
　　14.2.4　绘制墙线 …………………………………………………………………… 340
　　14.2.5　绘制门窗 …………………………………………………………………… 347
　　14.2.6　绘制楼梯 …………………………………………………………………… 355
　　14.2.7　绘制家具 …………………………………………………………………… 359
　　14.2.8　布置家具 …………………………………………………………………… 372
　　14.2.9　尺寸标注 …………………………………………………………………… 380
　　14.2.10　文字标注 ………………………………………………………………… 381
　　14.2.11　绘制及布置排水设备 …………………………………………………… 384
　　14.2.12　绘制其他配件及连接管线 ……………………………………………… 386
　　14.2.13　添加给水说明 …………………………………………………………… 387
　　14.2.14　插入图框 ………………………………………………………………… 391
　14.3　酒店二楼给水平面图 ………………………………………………………… 391
　　14.3.1　整理平面图 ……………………………………………………………… 392
　　14.3.2　修改墙体 ………………………………………………………………… 393
　　14.3.3　绘制门窗 ………………………………………………………………… 397
　　14.3.4　绘制家具 ………………………………………………………………… 401
　　14.3.5　家具布置 ………………………………………………………………… 405
　　14.3.6　尺寸标注 ………………………………………………………………… 409
　　14.3.7　添加给水排水设备 ……………………………………………………… 410
　　14.3.8　添加说明 ………………………………………………………………… 413
　　14.3.9　插入图框 ………………………………………………………………… 415
　14.4　酒店三、四、五楼给水平面图 ……………………………………………… 417
　14.5　酒店六楼给水平面图 ………………………………………………………… 417
第 15 章　酒店排水平面图 …………………………………………………… 419
　15.1　酒店一楼排水平面图 ………………………………………………………… 420
　　15.1.1　整理平面图 ……………………………………………………………… 420
　　15.1.2　插入图框 ………………………………………………………………… 425
　15.2　酒店二楼排水平面图 ………………………………………………………… 426
　　15.2.1　整理平面图 ……………………………………………………………… 427
　　15.2.2　插入图框 ………………………………………………………………… 430

15.3 酒店三、四、五楼排水平面图 ························· 431

15.4 酒店六楼排水平面图 ································ 432

第16章　放大图 ······································ 433

16.1 酒店给水排水放大图 ······························ 434

16.2 酒店排污放大图 ································· 442

16.3 绘制套房卫生间给水管线放大图 ····················· 447

16.4 绘制标间卫生间给水管线放大图 ····················· 449

第17章　消防系统图 ·································· 453

17.1 酒店自动喷淋灭火系统 ····························· 454

17.2 绘制酒店末端试水装置示意图 ······················· 456

17.3 自动灭火系统支管管径选用表 ······················· 461

17.4 插入图框 ····································· 463

第18章　喷淋消火栓平面图 ····························· 464

18.1 一层喷淋消火栓平面图 ····························· 465

18.2 二层喷淋消火栓平面图 ····························· 476

18.3 三、四、五层喷淋消火栓平面图 ····················· 477

18.4 六层喷淋消火栓平面图 ····························· 478

AutoCAD 是由美国 Autodesk 公司开发的通用计算机辅助设计（Computer Aided Design，CAD）软件，具有易于掌握、使用方便、体系结构开放等优点，能够绘制二维图形与三维图形、标注尺寸、渲染图形以及打印输出图纸，取众多绘图软件之长，补其短，广泛应用于各行各业，为大众所喜爱。

AutoCAD 目前是给水排水设计中应用的主要软件，能够大大提高市政施工设计的效率，在具体设计工作中有非常重要的作用。

第一篇　基础知识篇

本篇主要介绍 AutoCAD 2014 基础知识，包括基本绘图界面和参数设置、基本绘图命令和编辑命令的使用方法、基本辅助绘图工具、文本和尺寸的标注方法、模块化绘图以及布图与输出。通过本篇的学习，读者可以打下 AutoCAD 绘图的基础，为后面的具体专业设计技能学习进行必要的知识准备。

第 **1** 章

AutoCAD 2014 入门

在本章中，我们开始循序渐进地学习有关 AutoCAD 2014 绘图的基本知识。了解如何设置图形的系统参数、样板图，掌握建立新的图形文件、打开已有文件的方法等。本章主要内容包括：绘图环境设置，工作界面，绘图系统配置，文件管理等。

学 习 要 点

- ◎ 操作界面
- ◎ 配置绘图系统
- ◎ 设置绘图环境
- ◎ 基本操作命令
- ◎ 图形的缩放
- ◎ 图形的平移
- ◎ 文件管理

1.1 操作界面

AutoCAD 的操作界面是 AutoCAD 显示、编辑图形的区域，一个完整的 AutoCAD 2014 中文版的操作界面如图 1-1 所示，其中包括标题栏、绘图区、十字光标、菜单栏、工具栏、坐标系图标、命令行窗口、状态栏、布局标签和滚动条等。

1.1.1 界面风格

界面风格是由分组组织的菜单、工具栏、选项板和功能区控制面板组成的集合，使用户可以在专门的、面向任务的绘图环境中工作。

使用时，只会显示与任务相关的菜单、工具栏和选项板。此外，工作空间还可以自动显示功能区，即带有特定于任务的控制面板的特殊选项板。

具体的转换方法是：单击界面左上角的"切换工作空间"按钮，打开"工作空间"选

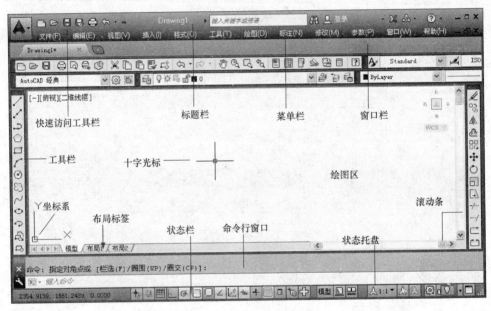

图 1-1 AutoCAD 经典界面

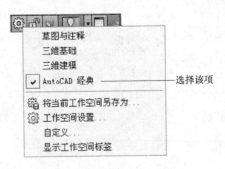

图 1-2 切换风格界面

择菜单，从中选择"AutoCAD"选项，如图 1-2 所示，系统转换到 AutoCAD 经典界面，如图 1-1 所示。

　　将操作界面切换为其他界面，如图 1-3、图 1-4 所示。在 AutoCAD 2014 中常用界面为经典界面。所以其他不常用界面在此不再详细介绍。

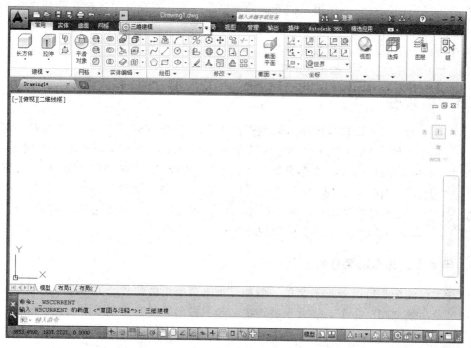

图 1-3　三维建模

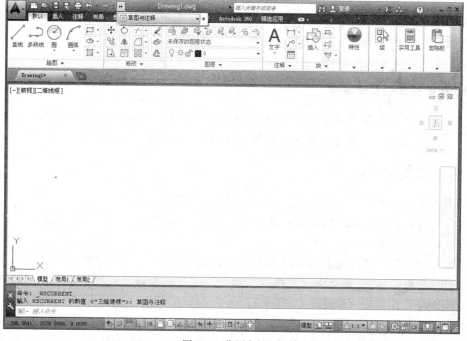

图 1-4　草图与注释

1.1.2　绘图区

绘图区是指在标题栏下方的大片空白区域，它是用户使用 AutoCAD 2014 绘制图形的区域，用户完成一幅设计图形的主要工作都是在绘图区中完成的。

在绘图区中，还有一个作用类似光标的十字线，其交点反映了光标在当前坐标系中的位置。在 AutoCAD 2014 中，将该十字线称为十字光标，AutoCAD 通过十字光标显示当前点的位置。十字线的方向与当前用户坐标系的 X 轴、Y 轴方向平行，十字线的长度系统预设为屏幕大小的 5%。如图 1-1 所示。

1.1.3　菜单栏

在 AutoCAD 2014 操作界面中的标题栏的下方，是 AutoCAD 2014 的菜单栏。同其他 Windows 程序一样，AutoCAD 2014 的菜单也是下拉式的，并在菜单中包含子菜单。AutoCAD 2014 的菜单栏中包含 12 个菜单："文件"、"编辑"、"视图"、"插入"、"格式"、"工具"、"绘图"、"标注"、"修改"、"参数"、"窗口"和"帮助"。这些菜单几乎包含了 AutoCAD 2014 的所有绘图命令，后面的章节将围绕这些菜单展开论述，这里不再赘述。一般来讲，AutoCAD 2014 下拉菜单中的命令有以下三种。

1. 带有小三角形的菜单命令

这种类型的命令后面带有子菜单。例如，单击菜单栏中的"绘图"菜单，将光标指向其下拉菜单中的"圆"命令，屏幕上就会进一步下拉出"圆"子菜单中所包含的命令，如图 1-5 所示。

2. 打开对话框的菜单命令

这种类型的命令，后面带有省略号。例如，单击菜单栏中的"格式"菜单，单击其下拉菜单中的"文字样式（S）…"命令，如图 1-6 所示。屏幕上就会打开对应的"文字样式"对话框，如图 1-7 所示。

3. 直接操作的菜单命令

这种类型的命令将直接进行相应的绘图或其他操作。例如，选择"视图"菜单中的"重画"命令，如图 1-8 所示，系统将直接对屏幕上的图形进行重画。

1.1.4　工具栏

工具栏是一组图标型工具的集合，把光标移动到某个图标上，稍停片刻便在该图标的一侧显示相应的工具提示，同时在状态栏中，显示对应的说明和命令名。此时，单击图标也可以启动相应命令。

在默认情况下，可以见到绘图区顶部的"标准"、"样式"、"特性"以及"图层"工具栏（如图 1-9 所示），位于绘图区左侧的"绘图"工具栏和位于绘图区右侧的"修改"以及"绘图次序"工具栏（如图 1-10 所示）。

将光标放在任一工具栏的非标题区，右击，系统会自动打开单独的工具栏标签，如图 1-11 所示。单击某一个未在界面上显示的工具栏，系统便自动打开该工具栏。反之，关闭该工

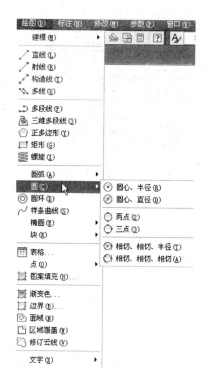

图 1-5　带有小三角形的菜单命令

图 1-6　激活打开对话框的菜单命令

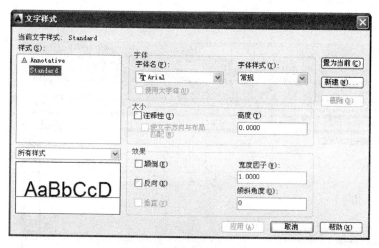

图 1-7　"文字样式"对话框

图 1-8　直接操作
的菜单命令

栏。用鼠标可以拖动"浮动"工具栏到图形区边界,使它变为"固定"工具栏,此时该工具栏标题隐藏。也可以把"固定"工具栏拖出,使它成为"浮动"工具栏,如图 1-12 所示。

图 1-9 "标准"、"样式"、"特性"和"图层"工具栏

图 1-10 "绘图"、"修改"和"绘图次序"工具栏

图 1-11 单独的工
具栏标签

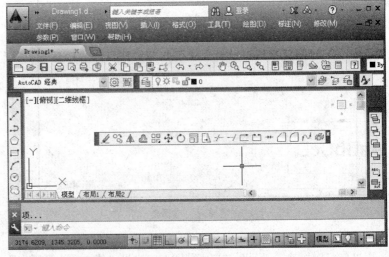

图 1-12 "浮动"工具栏

有些图标的右下角带有一个小三角，按住鼠标左键，则会打开相应的工具栏，用鼠标拖动图标到某一图标上，然后释放鼠标，该图标就变为当前图标。单击当前图标，执行相应命令（如图 1-13 所示）。

单击该三角

图 1-13　下拉工具栏

1.1.5　命令行窗口

命令行窗口是输入命令名和显示命令提示的区域，默认的命令行窗口在绘图区下方，是若干文本行，如图 1-14 所示。对命令行窗口，有以下几点需要说明：

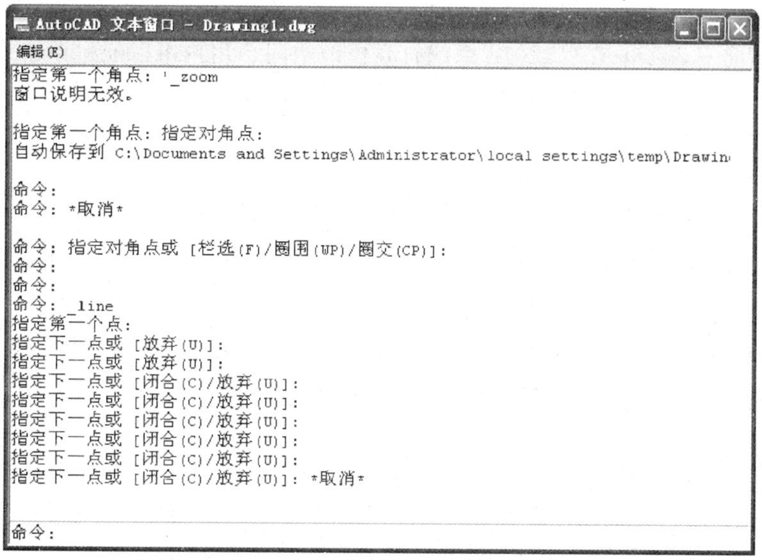

```
AutoCAD 文本窗口 - Drawing1.dwg
编辑(E)
指定第一个角点: '_zoom
窗口说明无效。

指定第一个角点: 指定对角点:
自动保存到 C:\Documents and Settings\Administrator\local settings\temp\Drawin

命令:
命令: *取消*

命令: 指定对角点或 [栏选(F)/圈围(WP)/圈交(CP)]:
命令:
命令:
命令: _line
指定第一个点:
指定下一点或 [放弃(U)]:
指定下一点或 [放弃(U)]:
指定下一点或 [闭合(C)/放弃(U)]:
指定下一点或 [闭合(C)/放弃(U)]:
指定下一点或 [闭合(C)/放弃(U)]:
指定下一点或 [闭合(C)/放弃(U)]:
指定下一点或 [闭合(C)/放弃(U)]:
指定下一点或 [闭合(C)/放弃(U)]: *取消*

命令:
```

图 1-14　文本窗口

1. 移动拆分条，可以扩大或缩小命令行窗口。

2. 可以拖动命令行窗口，将其布置在屏幕上的其他位置。默认的命令行窗口在绘图区的下方。

3. 对当前命令行窗口中输入的内容，可以按 F2 键，用文本编辑的方法进行编辑，如图 1-11 所示。AutoCAD 文本窗口和命令行窗口相似，它可以显示当前 AutoCAD 进程中的命令的输入和执行过程，在执行 AutoCAD 的某些命令时，它会自动切换到文本窗口，列出有关信息。

4. AutoCAD 通过命令行窗口反馈各种信息，包括出错信息。因此，用户要时刻关注在命令行窗口中出现的信息。

1.1.6　布局标签

AutoCAD 2014 系统默认设定一个模型空间布局标签和"布局 1"、"布局 2"两个图纸空间布局标签。在这里，有两个概念需要解释一下。

1. 布局

布局是系统为绘图设置的一种环境，包括图纸大小，尺寸单位，角度设定，数值精确度等，在系统预设的 3 个标签中，这些环境变量都按默认设置。用户根据实际需要改变这些变量的值，也可以根据需要设置符合自己要求的新标签，具体方法在以后章节中介绍，在此暂且从略。

2. 模型

AutoCAD 的空间分为模型空间和图纸空间两种。模型空间指的是我们通常绘图的环境，而在图纸空间中，用户可以创建称为"浮动视口"的区域，以不同视图显示所绘图形。用户可以在图纸空间中调整浮动视口并决定所包含视图的缩放比例。如果选择图纸空间，则可打印多个视图，用户可以打印任意布局的视图。在以后章节中我们将专门详细地讲解有关模型空间与图纸空间的知识，请注意学习体会。

在默认情况下，AutoCAD 2014 系统打开模型空间，用户可以通过单击来选择自己需要的布局。

1.1.7 状态栏

状态栏在屏幕的底部，左端显示绘图区中光标定位点的坐标 x、y、z，在右侧依次有"推断约束"、"捕捉模式"、"栅格显示"、"正交模式"、"极轴追踪"、"对象捕捉"、"三维对象捕捉"、"对象捕捉追踪"、"允许/禁止动态 UCS"、"动态输入"、"显示/隐藏线宽"、"显示/隐藏透明度"、"快捷特性"、"选择循环"和"注释监视器" 15 个功能开关按钮。如图 1-1 所示。左键单击这些开关按钮，可以实现这些功能的开关。

1.1.8 状态托盘

状态托盘包括一些常见的显示工具和注释工具，包括模型空间与布局空间转换工具，如图 1-15 所示，通过这些按钮可以控制图形或绘图区的状态。

图 1-15　状态托盘工具

1. 模型与图纸空间转换按钮：在模型空间与布局空间之间进行转换。

2. 快速查看布局按钮：快速查看当前图形在布局空间的布局。

3. 快速查看图形按钮：快速查看当前图形在模型空间的图形位置。

4. 注释比例按钮：左键单击注释比例右下角小三角符号弹出注释比例列表，

如图 1-16 所示，可以根据需要选择适当的注释比例。

5. 注释可见性按钮：当图标亮显时表示显示所有比例的注释性对象；当图标变暗时表示仅显示当前比例的注释性对象。

6. 自动添加注释按钮：注释比例更改时，自动将比例添加到注释对象。

7. 切换工作空间按钮：进行工作空间转换。

8. 注释比例按钮：左键单击注释比例右下角小三角符号弹出注释比例列表，如图 1-16所示，可以根据需要选择适当的注释比例。

9. 注释可见性按钮：当图标亮显时表示显示所有比例的注释性对象；当图标变暗时

表示仅显示当前比例的注释性对象。

10. 自动添加注释按钮：注释比例更改时，自动将比例添加到注释对象。

11. 切换工作空间按钮：进行工作空间转换。

12. 锁定按钮：控制是否锁定工具栏或绘图区在操作界面中的位置。

13. 硬件加速按钮：设定图形卡的驱动程序以及设置硬件加速的选项。

14. 隔离对象按钮：当选择隔离对象时，在当前视图中显示选定对象。所有其他对象都暂时隐藏；当选择隐藏对象时，在当前视图中暂时隐藏选定对象。所有其他对象都可见。

15. 状态栏菜单下拉按钮：单击该下拉按钮，如图 1-17 所示。可以选择打开或锁定相关选项位置。

图 1-16　注释比例列表　　　　图 1-17　工具栏/窗口位置锁定右键菜单

16. 全屏显示按钮：该选项可以清除 Windows 窗口中的标题栏、工具栏和选项板等界面元素，使 AutoCAD 的绘图窗口全屏显示，如图 1-18 所示。

1.1.9　滚动条

在 AutoCAD 的绘图窗口中，在窗口的下方和右侧还提供了用来浏览图形的水平和竖直方向的滚动条。在滚动条中单击鼠标或拖动滚动条中的滚动块，用户可以在绘图窗口中按水平或竖直两个方向浏览图形。

1.1.10　快速访问工具栏和交互信息工具栏

1. 快速访问工具栏

该工具栏包括"新建"、"打开"、"保存"、"放弃"、"重做"和"打印"等几个最常用的工具。用户也可以单击本工具栏后面的下拉按钮设置需要的常用工具。

2. 交互信息工具栏

该工具栏包括"搜索"、"速博应用中心"、"通信中心"、"收藏夹"和"帮助"等几个

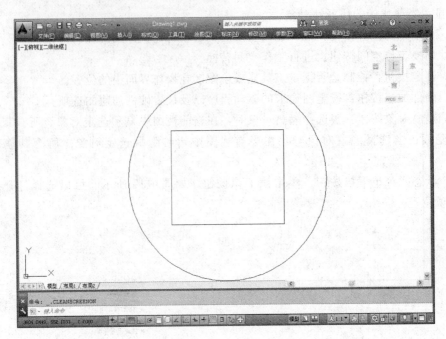

图 1-18 全屏显示

常用的数据交互访问工具。

1.1.11 功能区

包括"常用"、"插入"、"注释"、"参数化"、"视图"、"管理"、"输出"、"插件"和 "联机"9 个功能区，每个功能区集成了相关的操作工具，方便了用户的使用。用户可以 单击功能区选项后面的 ⊡ 按钮控制功能的展开与收缩。

打开或关闭功能区的操作方式如下：

命令行：RIBBON（或 RIBBONCLOSE）

菜单栏："工具"→"选项板"→"功能区"

1.2 配置绘图系统

由于每台计算机所使用的显示器、输入设备和输出设备的类型不同，用户喜好的风格 及计算机的目录设置也是不同的，所以每台计算机都是独特的。一般来讲，使用 Auto- CAD 2014 的默认配置就可以绘图，但为了使用用户的定点设备或打印机，以及为提高绘 图的效率，AutoCAD 推荐用户在开始作图前先进行必要的配置。

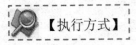【执行方式】

命令行：preferences

菜单栏："工具"→"选项"

右键菜单：选项（单击鼠标右键，系统打开右键菜单，其中包括一些最常用的命令，如图 1-19 所示。）

【操作步骤】

执行上述命令后，打开"选项"对话框。用户可以在该对话框中选择有关选项，对系统进行配置。下面只就其中主要的几个选项卡作一下说明，其他配置选项在后面用到时再作具体说明。

1.2.1　显示配置

在"选项"对话框中的第二个选项卡为"显示"，该选项卡控制 AutoCAD 窗口的外观。该选项卡设定屏幕菜单、滚动条显示与否、固定命令行窗口中文字行数、AutoCAD 2014 的版面布局设置、各实体的显示分辨率以及 AutoCAD 运行时的其他各项性能参数的设定等。前面已经讲述了屏幕菜单设定、屏幕颜色、光标大小等知识，其余有关选项的设置读者可自己参照"帮助"文件学习。

在设置实体显示分辨率时，请务必记住，显示质量越高，即分辨率越高，计算机计算的时间越长，千万不要将其设置得太高。显示质量设定在一个合理的程度上是很重要的。

1.2.2　系统配置

在"选项"对话框中的第五个选项卡为"系统"，如图 1-20 所示。该选项卡用来设置 AutoCAD 系统的有关特性。

图 1-19　"选项"右键菜单

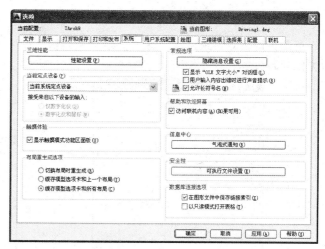

图 1-20　"系统"选项卡

1.3　设置绘图环境

在 AutoCAD 中，可以利用相关命令对图形单位和图形边界以及工作工件进行具体设置。

1.3.1 图形单位设置

【执行方式】

命令行：DDUNITS（或 UNITS）
菜单栏："格式"→"单位"

【操作步骤】

执行上述命令后，打开"图形单位"对话框，如图 1-21 所示。该对话框用于定义单位和角度格式。

【选项说明】

1. "长度"与"角度"选项组

指定测量的长度与角度当前单位及当前单位的精度。

2. "插入时的缩放单位"下拉列表框

控制使用工具选项板（例如 DesignCenter 或 i-drop）拖入当前图形的块的测量单位。如果块或图形创建时使用的单位与该选项指定的单位不同，则在插入这些块或图形时，将对其按比例缩放。插入比例是源块或图形使用的单位与目标图形使用的单位之比。如果插入块时不按指定单位缩放，请选择"无单位"。

3. "方向"按钮

单击该按钮，系统显示"方向控制"对话框。如图 1-22 所示。可以在该对话框中进行方向控制设置。

图 1-21 "图形单位"对话框

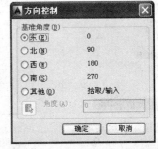
图 1-22 "方向控制"对话框

1.3.2 图形边界设置

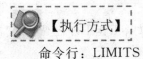
【执行方式】

命令行：LIMITS

菜单栏:"格式"→"图形范围"

【操作步骤】

命令:LIMITS✓

重新设置模型空间界限:

指定左下角点或[开(ON)/关(OFF)]<0.0000,0.0000>:✓(输入图形边界左下角的坐标后回车)

指定右上角点<12.0000,9.0000>:✓(输入图形边界右上角的坐标后回车)

【选项说明】

1. 开(ON)

使绘图边界有效。系统在绘图边界以外拾取的点视为无效。

2. 关(OFF)

使绘图边界无效。用户可以在绘图边界以外拾取点或实体。

3. 动态输入角点坐标

它可以直接在屏幕上输入角点坐标,输入了横坐标值后,按下",",键,接着输入纵坐标值,如图 1-23 所示。也可以按光标位置直接按下鼠标左键,确定角点位置。

图 1-23 动态输入

1.4 基本操作命令

本节介绍一些最基本的操作命令,引导读者掌握一些最基本的操作知识。

1.4.1 命令输入方式

AutoCAD 交互绘图必须输入必要的指令和参数。有多种 AutoCAD 命令输入方式:

1. 在命令行窗口输入命令名

命令字符可不区分大小写。例如,命令:LINE✓。执行命令时,在命令行的提示中经常会出现命令选项。例如,输入绘制直线命令 LINE 后,命令行中的操作与提示如下:

命令:LINE✓

指定第一点:(在屏幕上指定一点或输入一个点的坐标)

指定下一点或[放弃(U)]:

选项中不带括号的提示为默认选项,因此,可以直接输入直线段的起点坐标或在屏幕上指定一点,如果要选择其他选项,则应该首先输入该选项的标识字符,如"放弃"选项的标识字符为"U",然后按系统提示输入数据即可。在命令选项的后面有时候还带有尖括号,尖括号内的数值为默认数值。

2. 在命令行窗口输入命令缩写字

如 L (Line)、C (Circle)、A (Arc)、Z (Zoom)、R (Redraw)、M (More)、CO (Copy)、PL (Pline)、E (Erase) 等。

3. 选取"绘图"菜单中的"直线"选项

选取该选项后,在状态栏中可以看到对应的命令说明及命令名,如图 1-24 所示。

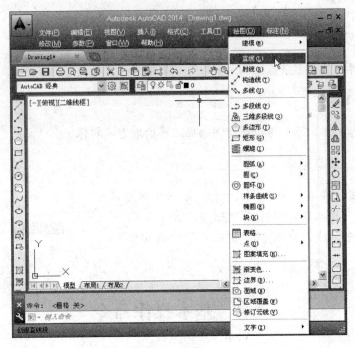

图 1-24　菜单输入方式

4. 选取工具栏中的对应图标

选取该图标后,在状态栏中也可以看到对应的命令说明及命令名,如图 1-25 所示。

5. 在命令行打开右键快捷菜单

如果在前面刚使用过要输入的命令,则可以在命令行打开右键快捷菜单,在"近期使用的命令"子菜单中选择需要的命令,如图 1-26 所示。"近期使用的命令"子菜单中储存最近使用过的 6 个命令,如果经常重复使用某个 6 次操作以内的命令,这种方法就比较快速简捷。

6. 在绘图区右击

如果用户要重复使用上次使用的命令,可以直接在绘图区右击,系统立即重复执行上

图 1-25　工具栏输入方式　　　　　图 1-26　命令行右键快捷菜单

次使用的命令，这种方法适用于重复执行某个命令。

1.4.2　命令的重复、撤销、重做

1. 命令的重复

在命令行窗口中，按 Enter 键可重复调用上一次使用的命令，不管上一次使用的命令是完成了还是被取消了。

2. 命令的撤销

在命令执行过程中的任何时刻都可以取消和终止命令的执行。该命令的执行方式有如下 3 种：

【执行方式】

命令行：UNDO

菜单栏："编辑"→"放弃"

快捷键：Esc

3. 命令的重做

已被撤销的命令还可以恢复重做。可以恢复最后撤销的一个命令。该命令的执行方式如下：

【执行方式】

命令行：REDO

菜单栏："编辑"→"重做"

快捷键：Ctrl＋Y

AutoCAD 2014 可以一次执行多重放弃或重做操作。单击 UNDO 或 REDO 列表箭头，可以选择要放弃或重做的操作，如图 1-27 所示。

图 1-27 多重放弃或重做

1.4.3 透明命令

在 AutoCAD 2014 中，有些命令不仅可以直接在命令行中使用，而且还可以在其他命令的执行过程中，插入并执行，待该命令执行完毕后，系统继续执行原命令，这种命令称为透明命令。透明命令一般多为修改图形设置或打开辅助绘图工具的命令。

上述 3 种命令的执行方式同样适用于透明命令的执行。命令行中的操作与提示如下：

命令：ARC↙

指定圆弧的起点或[圆心(C)]：ZOOM↙（透明使用显示缩放命令 ZOOM）

（执行 ZOOM 命令）

＞＞按 Esc 或 Enter 键退出，或单击右键显示快捷菜单。

正在恢复执行 ARC 命令。

指定圆弧的起点或[圆心(C)]：（继续执行原命令）

1.4.4 按键定义

在 AutoCAD 2014 中，除了可以通过在命令行窗口中输入命令、单击工具栏图标或单击菜单项来完成外，还可以使用键盘上的一组功能键或快捷键，通过这些功能键或快捷键，可以快速实现指定功能，如按 F1 键，系统会调用 AutoCAD "帮助"对话框。

系统使用 AutoCAD 传统标准（Windows 之前）或 Microsoft Windows 标准解释快捷键。有些功能键或快捷键在 AutoCAD 的菜单中已经指出，如"粘贴"的快捷键为 Ctrl＋V，只要用户在使用的过程中多加留意，就会熟练掌握这些快捷键。快捷键的定义见菜单命令后面的说明，如"粘贴（P）Ctrl＋V"。

1.4.5 命令执行方式

有的命令有两种执行方式，通过对话框或通过命令行来执行命令。如指定使用命令行方式，可以在命令名前加半字线来表示，如"-LAYER"表示用命令行方式执行"图层"命令。而如果在命令行输入 LAYER，系统则会自动打开"图层"对话框。

另外，有些命令同时存在命令行、菜单和工具栏 3 种执行方式，这时如果选择菜单或工具栏方式，命令行会显示该命令，并在前面加一下画线，如通过菜单或工具栏方式执行"直线"命令时，命令行会显示"＿line"，命令的执行过程与结果与命令行方式相同。

1.4.6 坐标系统与数据的输入方法

1. 坐标系

AutoCAD 采用两种坐标系：世界坐标系（WCS）与用户坐标系（UCS）。用户刚进入 AutoCAD 的操作界面时的坐标系统就是世界坐标系，是固定的坐标系统。世界坐标系也是坐标系统中的基准，在多数情况下，绘制图形都是在这个坐标系统下进行的。

【执行方式】

命令行：UCS

菜单栏："工具"→"新建 UCS"

AutoCAD 有两种视图显示方式：模型空间和图纸空间。模型空间是指单一视图显示法，我们通常使用的都是这种显示方式；图纸空间是指在绘图区域创建图形的多视图。用户可以对其中每一个视图进行单独操作。在默认情况下，当前 UCS 与 WCS 重合。图 1-28（a）为模型空间下的 UCS 坐标系图标，通常放在绘图区左下角处；如当前 UCS 和 WCS 重合，则出现一个 W 字，如图 1-28（b）所示；也可以把它放在当前 UCS 的实际坐标原点位置，此时出现一个十字，如图 1-28（c）所示。图 1-28（d）为图纸空间下的坐标系图标。

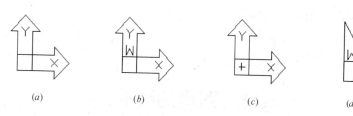

(a)　　　　　　(b)　　　　　　(c)　　　　　　(d)

图 1-28 坐标系图标

2. 数据输入方法

在 AutoCAD 2014 中，点的坐标可以用直角坐标、极坐标、球面坐标和柱面坐标表示，每一种坐标又分别具有两种坐标输入方式：绝对坐标和相对坐标。在点的坐标表示法中，直角坐标和极坐标最为常用，下面主要介绍一下它们的输入方法。

（1）直角坐标法：用点的 X、Y 坐标值表示的坐标。

在命令行中的输入点的坐标提示下，输入"15，18"，则表示输入了一个 X、Y 的坐标值分别为 15、18 的点，此为绝对坐标输入方式，表示该点的坐标是相对于当前坐标原点的坐标值，如图 1-29（a）所示。如果输入"@10，20"，则为相对坐标输入方式，表示该点的坐标是相对于前一点的坐标值，如图 1-29（c）所示。

（2）极坐标法：用长度和角度表示的坐标，只能用来表示二维点的坐标。

在绝对坐标输入方式下，表示为："长度＜角度"，如"25＜50"，其中长度表示该点到坐标原点的距离，角度为该点至原点的连线与 X 轴正向的夹角，如图 1-29（b）所示。

在相对坐标输入方式下，表示为："@长度＜角度"，如"@25＜45"，其中长度表示该点到前一点的距离，角度为该点至前一点的连线与 X 轴正向的夹角，如图 1-29（d）所示。

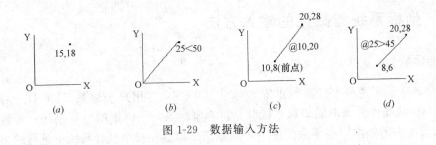

图 1-29　数据输入方法

3. 动态数据输入

单击状态栏上的 DYN 按钮，系统打开动态输入功能，可以在屏幕上动态地输入某些参数数据，例如，绘制直线时，在光标附近，会动态地显示"指定第一点"及其后面的坐标框，坐标框中当前显示的是光标所在位置，可以重新输入数据，两个数据之间以逗号隔开，如图 1-30 所示。指定第一点后，系统动态显示直线的角度，同时要求输入线段的长度值，如图 1-31 所示，其输入效果与"@长度＜角度"的方式相同。

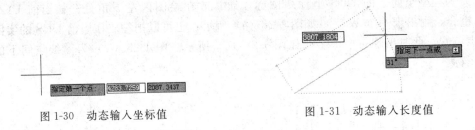

图 1-30　动态输入坐标值　　　　图 1-31　动态输入长度值

1.5　图形的缩放

改变视图的最一般的方法就是利用缩放和平移命令。用它们可以在绘图区域放大或缩小图形显示，或者改变图形的观察位置。

1.5.1　实时缩放

利用实时缩放，用户就可以通过垂直向上或向下移动光标来放大或缩小图形。利用实时平移（1.6.1 节介绍），用户就可以通过单击和移动光标来重新放置图形。

【执行方式】

命令行：Zoom
菜单栏："视图"→"缩放"→"实时"
工具栏："标准"→"实时缩放"按钮 🔍

【操作步骤】

按住选择钮垂直向上或向下移动光标。从图形的中点，向顶端垂直地移动光标就可以放大图形的一倍，向底部垂直地移动光标就可以缩小图形的二分之一。

1.5.2 放大和缩小

　　放大和缩小是两个基本缩放命令。放大图形则能观察到图形的细节，称之为"放大"；缩小图形则能看到大部分的图形，称之为"缩小"。如图 1-32 所示。

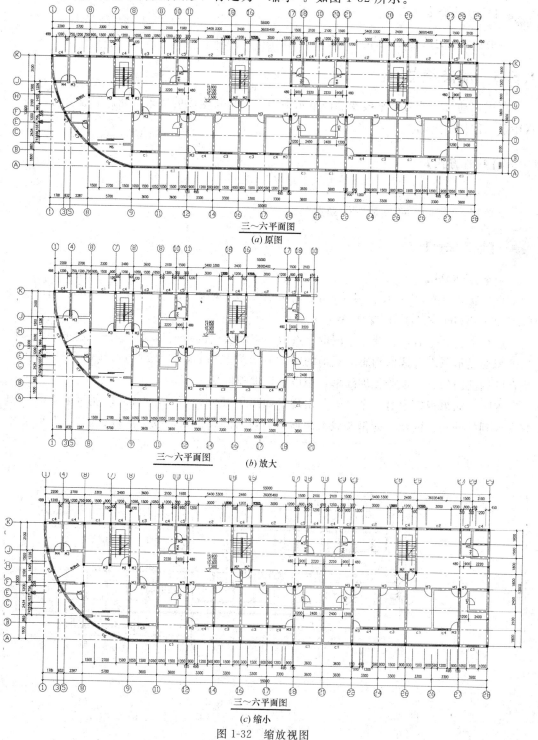

(a) 原图

(b) 放大

(c) 缩小

图 1-32　缩放视图

菜单栏："视图"→"缩放"→"放大（缩小）"

单击菜单中的"放大（缩小）"命令，当前图形相应地自动进行放大一倍或缩小二分之一。

1.5.3 动态缩放

可以用动态缩放命令来改变画面显示而不产生重新生成的效果。动态缩放会在当前视区中显示图形的全部。

命令行：ZOOM
菜单栏："视图"→"缩放"→"动态"

命令：ZOOM↙

指定窗口角点，输入比例因子（nX 或 nXP），或［全部（A）/中心点（C）/动态（D）/范围（E）/上一个（P）/比例（S）/窗口（W）］＜实时＞:D↙

执行上述命令后，打开一个图框。选取动态缩放前的画面呈绿色点线。如果动态缩放后的图形显示范围与选取动态缩放前的图形显示范围相同，则此框与白线重合而不可见。重合区域的四周有一个蓝色虚线框，用以标记虚拟屏幕。

这时，如果视框中有一个"×"出现，如图 1-33（a）所示，就可以通过拖动线框把它平移到另外一个区域。如果要放大图形到不同的放大倍数，按下选择钮，"×"就会变

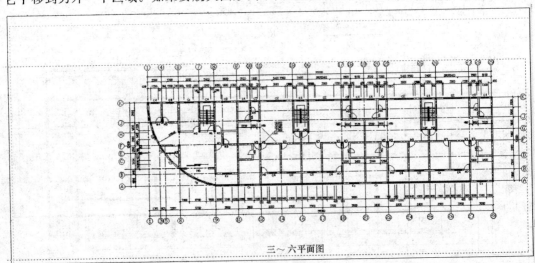

(a) 带"×"的视图

图 1-33　动态缩放（一）

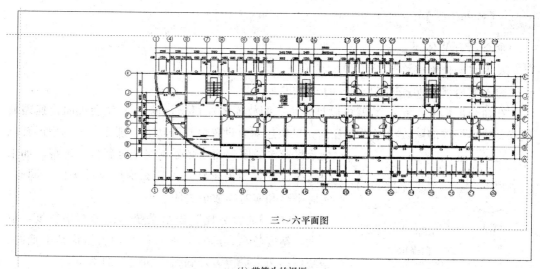

三～六平面图

(b) 带箭头的视框

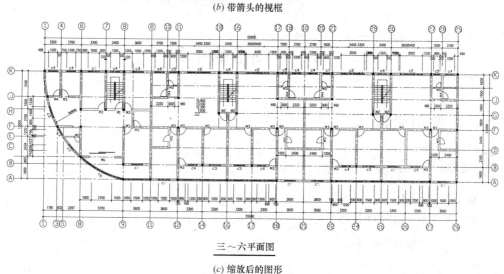

三～六平面图

(c) 缩放后的图形

图 1-33　动态缩放（二）

成一个箭头，如图 1-33（b）所示。这时，左右拖动边界线就可以重新确定视区的大小。缩放后的图形如图 1-33（c）所示。

另外，还有窗口缩放、比例缩放、中心缩放、全部缩放、对象缩放、缩放上一个和最大图形范围缩放，其操作方法与动态缩放类似，在此不再赘述。

1.5.4　快速缩放

利用快速缩放命令可以打开一个很大的虚屏幕，虚屏幕定义了显示命令（Zoom，Pan，View）及更新屏幕的区域。

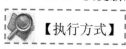【执行方式】

命令行：VIEWRES

【操作步骤】

命令：VIEWRES ↙↙

是否需要快速缩放？[是(Y)/否(N)]<Y>:↙

输入圆的缩放百分比（1-20000）<1000>：

在命令提示下，输入 Y 就可以打开快速缩放模式；相反，输入 N 就会关闭快速缩放模式。快速缩放的默认状态为打开。如果快速缩放设置为打开状态，那么最大的虚屏幕就显示尽量多的图形而不必强制完全重新生成屏幕。如果快速缩放设置为关闭状态，那么虚屏幕就关闭，同时，实时平移和实时缩放也关闭。

VIEWRES=500　　　VIEWRES=15

图 1-34　扫描精度

"圆的缩放百分比"表示系统的图形扫描精度，值越大，精度越高。形象的理解就是，当扫描精度低时，系统以多边形的边表示圆弧，如图 1-34 所示。

1.6　图形的平移

1.6.1　实时平移

【执行方式】

命令栏：PAN

菜单栏："视图"→"平移"→"实时"

工具栏："标准"→"实时平移"按钮 🖐

【操作步骤】

执行上述命令后，按下选择钮，然后通过移动手形光标就可以平移图形了。当手形光标移动到图形的边沿时，光标就会呈一个三角形显示。

另外，系统为显示控制命令设置了一个右键快捷菜单，如图 1-35 所示。在该菜单中，用户可以在显示控制命令执行的过程中，透明地进行切换。

1.6.2　定点平移和方向平移

除了最常用的实时平移外，也常用到定点平移。

【执行方式】

命令行：-PAN

菜单栏："视图"→"平移"→"点"（如图 1-36 所示）

【操作步骤】

命令:-pan↙

指定基点或位移:(指定基点位置或输入位移值)

指定第二点:(指定第二点确定位移和方向)

执行上述命令后,当前图形按指定的位移和方向进行平移。另外,在"平移"子菜单中,还有"左"、"右"、"上"、"下"4个平移命令,如图1-36所示。选择这些命令后,图形就会按指定的方向平移一定的距离。

图 1-35 右键快捷菜单

图 1-36 "平移"子菜单

1.7 文 件 管 理

本节将介绍有关文件管理的一些基本操作方法,包括新建文件、打开已有文件、保存文件、删除文件等,这些都是进行 AutoCAD 2014 操作的最基础的知识。

1.7.1 新建文件

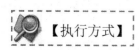【执行方式】

命令行:NEW 或 QNEW

菜单栏:"文件"→"新建"

工具栏:"标准"→"新建"按钮

【操作步骤】

当执行 NEW 时，打开如图 1-37 所示的"选择样板"对话框。

当执行 QNEW 时，系统立即从所选的图形样板中创建新图形，而不显示任何对话框或提示。

在执行快速创建图形功能之前，必须进行如下设置：

（1）将 FILEDIA 系统变量设置为 1；将 STARTUP 系统变量设置为 0。

（2）从"工具"→"选项"菜单中选择默认图形样板文件。具体方法是：在"文件"选项卡中，单击标记为"样板设置"的节点下的"快速新建的默认样板文件名"分节点，如图 1-38 所示。单击"浏览"按钮，打开"选择文件"对话框，然后选择需要的样板文件。

图 1-37 "选择样板"对话框

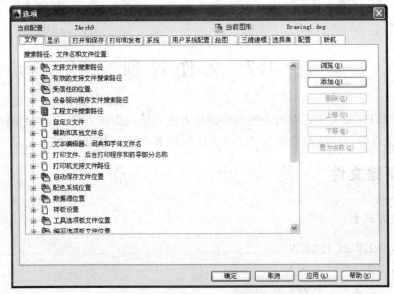

图 1-38 "选项"对话框的"文件"选项卡

1.7.2 打开文件

【执行方式】

命令行：OPEN

菜单栏："文件"→"打开"

工具栏："标准"→"打开"按钮

【操作步骤】

执行上述命令后，打开"选择文件"对话框（如图 1-39 所示），在"文件类型"下拉列表框中，用户可选 .dwg 文件、.dwt 文件、.dxf 文件和 .dws 文件。.dws 文件是包含标准图层、标注样式、线型和文字样式的样板文件。.dxf 文件是用文本形式存储的图形文件，能够被其他程序读取，许多第三方应用软件都支持 .dxf 格式的文件。

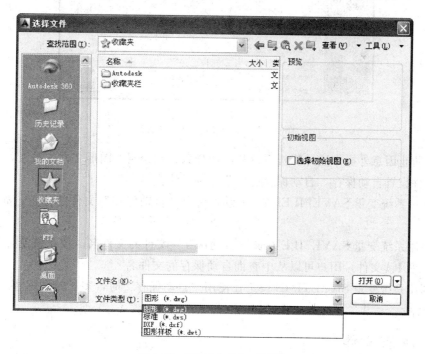

图 1-39 "选择文件"对话框

1.7.3 保存文件

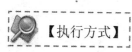【执行方式】

命令名：QSAVE（或 SAVE）

菜单栏："文件"→"保存"

工具栏："标准"→"保存"按钮

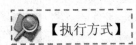

执行上述命令后，若文件已命名，则 AutoCAD 自动保存文件；若文件未命名（即为默认名 drawing1.dwg），则系统打开"图形另存为"对话框（如图 1-40 所示），用户可以进行命名保存。在"保存于"下拉列表框中，用户可以指定文件保存的路径；在"文件类型"下拉列表框中，用户可以指定文件保存的类型。

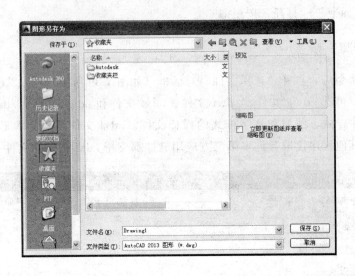

图 1-40 "图形另存为"对话框

为了防止因意外操作或计算机系统故障而导致正在绘制的图形文件的丢失，可以对当前图形文件设置自动保存，自动保存有以下 3 种方法：

1. 利用系统变量 SAVEFILEPATH 设置所有"自动保存"文件的位置，如：C：\ HU \ 。

2. 利用系统变量 SAVEFILE 存储"自动保存"文件的文件名。该系统变量储存的文件名文件是只读文件，用户可以从中查询自动保存的文件名。

3. 利用系统变量 SAVETIME 设定在使用"自动保存"时，多长时间保存一次图形，单位是分钟。

1.7.4 另存文件

【执行方式】

命令行：SAVEAS
菜单栏："文件"→"另存为"

【操作步骤】

执行上述命令后，打开"图形另存为"对话框（如图 1-40 所示），AutoCAD 用另存名保存，并把当前图形更名。

1.7.5 退出

【执行方式】

命令行：QUIT 或 EXIT

菜单栏："文件"→"退出"

按钮：AutoCAD 操作界面右上角的"关闭"按钮 **X**

【操作步骤】

命令：QUIT ✓（或 EXIT ✓）

执行上述命令后，若用户对图形所做的修改尚未保存，则会出现图 1-41 所示的系统警告对话框。单击"是"按钮，则系统将保存文件，然后退出；单击"否"按钮，则系统将不保存文件。若用户对图形所做的修改已经保存，则直接退出。

图 1-41 系统警告对话框

第  章

二维绘图命令

二维图形是指在二维平面空间绘制的图形，主要由一些图形元素组成。AutoCAD 提供了大量的绘图工具，可以帮助用户完成二维图形的绘制。本章主要内容包括：直线，圆和圆弧，椭圆和椭圆弧，平面图形，点，区域填充，多段线，样条曲线，多线和图案填充等。

 学 习 要 点

- 直线命令
- 圆类图形
- 平面图形
- 点
- 图案填充
- 多段线
- 样条曲线
- 多线

2.1 直线命令

直线类命令主要包括直线和构造线命令。这两个命令是 AutoCAD 中最简单的绘图命令。

2.1.1 绘制直线段

【执行方式】

命令行：LINE

菜单栏："绘图"→"直线"

工具栏："绘图"→"直线"按钮

【操作步骤】

命令:LINE↙

指定第一点:↙（输入直线段的起点,用鼠标指定点或者给定点的坐标）

指定下一点或[放弃(U)]:↙（输入直线段的端点,也可以用鼠标指定一定角度后,直接输入直线段的长度）

指定下一点或[放弃(U)]:↙（输入下一直线段的端点。输入选项 U 表示放弃前面的输入;右击或按 Enter 键,结束命令）

指定下一点或[闭合(C)/放弃(U)]:↙（输入下一直线段的端点,或输入选项 C 使图形闭合,结束命令）

【选项说明】

（1）若按 Enter 键响应"指定第一点:"的提示,则系统会把上次绘线（或弧）的终点作为本次操作的起始点。特别地,若上次操作为绘制圆弧,按 Enter 键响应后,绘出通过圆弧终点的与该圆弧相切的直线段,该线段的长度由鼠标在屏幕上指定的一点与切点之间线段的长度确定。

（2）在"指定下一点:"的提示下,用户可以指定多个端点,从而绘出多条直线段,但是,每一条直线段都是一个独立的对象,可以进行单独的编辑操作。

（3）绘制两条以上的直线段后,若用选项"C"响应"指定下一点:"的提示,系统会自动连接起始点和最后一个端点,从而绘出封闭的图形。

（4）若用选项"U"响应提示,则会擦除最近一次绘制的直线段。

（5）若设置正交方式（单击状态栏上的"正交"按钮）,则只能绘制水平直线段或垂直直线段。

（6）若设置动态数据输入方式（单击状态栏上的"DYN"按钮）,则可以动态输入坐标或长度值。下面的命令同样可以设置动态数据输入方式,效果与非动态数据输入方式类似。除了特别需要（以后不再强调）,否则只按非动态数据输入方式输入相关数据。

2.1.2 绘制构造线

【执行方式】

命令行：XLINE

菜单栏："绘图"→"构造线"

工具栏："绘图"→"构造线"按钮

【操作步骤】

命令：XLINE✓

指定点或[水平(H)/垂直(V)/角度(A)/二等分(B)/偏移(O)]:✓（给出点）

指定通过点:✓（给定通过点2，画一条双向的无限长直线）

指定通过点:✓（继续给点，继续画线，按Enter键，结束命令）

【选项说明】

（1）执行选项中有"指定点"、"水平"、"垂直"、"角度"、"二等分"和"偏移"等6种方式绘制构造线。

（2）这种线可以模拟手工绘图中的辅助绘图线。用特殊的线型显示，在绘图输出时，可不输出。常用于辅助绘图。

2.1.3 实例——绘制阀符号

绘制思路

绘制如图2-1所示的阀符号。

图2-1 阀符号

光盘＼视频教学＼第2章＼绘制阀符号.avi

单击"绘图"工具栏中的"直线"按钮，绘制阀。命令行提示与操作如下：

命令：_line✓

指定第一点:✓

指定下一点或[放弃(U)]:✓（垂直向下在屏幕上大约位置指定点2）

指定下一点或[放弃(U)]:✓（在屏幕上大约位置指定点3，使点3大约与点1等高，如图2-2所示）

指定下一点或[闭合(C)/放弃(U)]:✓（垂直向下在屏幕上大约位置指定点4，使点4

大约与点2等高)

指定下一点或[闭合(C)/放弃(U)]:c↙(系统自动封闭连续直线并结束命令)

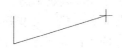

图 2-2 指定点 3

技巧荟萃

一般每个命令有3种执行方式,这里只给出了“工具栏”执行方式,其他两种执行方式的操作方法与命令行执行方式相同。

2.2 圆类图形

圆类命令主要包括“圆”、“圆弧”、“椭圆”、“椭圆弧”及“圆环”等命令,这几个命令是AutoCAD中最简单的圆类命令。

2.2.1 绘制圆

【执行方式】

命令行:CIRCLE

菜单栏:“绘图”→“圆”

工具栏:“绘图”→“圆”按钮

【操作步骤】

命令:CIRCLE↙

指定圆的圆心或[三点(3P)/两点(2P)/相切、相切、半径(T)]:↙(指定圆心)

指定圆的半径或[直径(D)]:↙(直接输入半径数值或用鼠标指定半径长度)

指定圆的直径＜默认值＞:↙(输入直径数值或用鼠标指定直径长度)

【选项说明】

1. 三点(3P)

用指定圆周上三点的方法画圆。

2. 两点(2P)

按指定直径的两端点的方法画圆。

3. 相切、相切、半径（T）

按先指定两个相切对象，后给出半径的方法画圆。

选择菜单栏中的"绘图"→"圆"命令，其子菜单中多了一种"相切、相切、相切"的绘制方法，当单击此方式时（见图 2-3），命令行提示与操作如下：

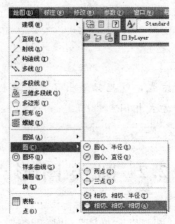

图 2-3 "相切、相切、相切"绘制方法

指定圆上的第一个点：_tan 到：单击相切的第一个圆弧
指定圆上的第二个点：_tan 到：单击相切的第二个圆弧
指定圆上的第三个点：_tan 到：单击相切的第三个圆弧

2.2.2 实例——绘制管道泵符号

 绘制思路

绘制如图 2-4 所示的管道泵符号。

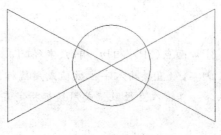

图 2-4 管道泵符号

 光盘\视频教学\第 2 章\绘制管道泵符号.avi

1. 单击"绘图"工具栏中的"直线"按钮，绘制阀。

2. 单击"绘图"工具栏中的"圆"按钮，以交叉直线的交点为圆心，绘制适当大小的圆，完成管道泵符号的绘制，命令行中的提示与操作如下：

命令：_circle↙

指定圆的圆心或[三点(3P)/两点(2P)/相切、相切、半径(T)]：↙（选择交叉直线的交点为圆心）

指定圆的半径或[直径(D)]：↙（输入适当大小的半径）

2.2.3 绘制圆弧

【执行方式】

命令行：ARC（缩写名：A）

菜单栏："绘图"→"圆弧"

工具栏："绘图"→"圆弧"按钮

【操作步骤】

命令：ARC↙

指定圆弧的起点或[圆心(C)]：↙（指定起点）

指定圆弧的第二点或[圆心(C)/端点(E)]：↙（指定第二点）

指定圆弧的端点：↙（指定端点）

【选项说明】

1. 用命令行方式绘制圆弧时，可以根据系统提示单击不同的选项，具体功能与选择"绘图"菜单中的"圆弧"中子菜单提供的11种方式（命令）相似。这11种方式绘制的圆弧分别如图2-5（a）～（k）所示。

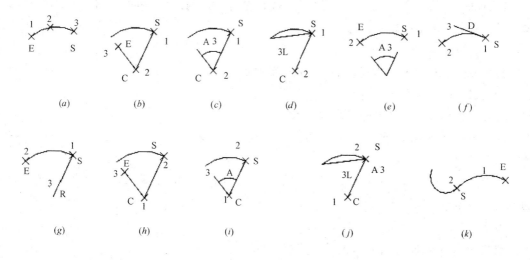

图2-5 11种圆弧绘制方法

2. 需要强调的是"继续"方式，绘制的圆弧与上一线段圆弧相切。继续绘制圆弧段，只提供端点即可。

技巧荟萃

　　绘制圆弧时，因为圆弧的曲率是遵循逆时针方向的，所以在单击指定圆弧两个端点和半径模式时，需要注意端点的指定顺序，否则有可能导致圆弧的凹凸形状与预期的相反。

2.2.4　实例——绘制异径弯头符号

绘制思路

　　绘制如图 2-6 所示的异径弯头符号。

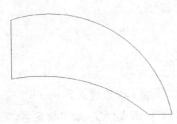

图 2-6　异径弯头符号

　光盘 \ 视频教学 \ 第 2 章 \ 绘制异径弯头符号.avi

　　1. 单击"绘图"工具栏中的"直线"按钮，在图形适当位置绘制一条竖直直线和一条水平直线，如图 2-7 所示。

　　2. 单击"绘图"工具栏中的"圆弧"按钮，利用起点、端点、角度模式绘制圆弧，命令行提示与操作如下：

命令：_arc↙

指定圆弧的起点或[圆心(C)]：↙（竖直直线上端点）

指定圆弧的第二个点或[圆心(C)/端点(E)]：e↙

指定圆弧的端点：↙（水平直线右端点）

指定圆弧的圆心或[角度(A)/方向(D)/半径(R)]：a↙

指定包含角：−90↙

　　或单击"绘图"工具栏中的"圆弧"按钮，利用起点、端点、半径模式绘制圆弧，命令行提示与操作如下：

命令：_arc↙

指定圆弧的起点或[圆心(C)]：↙（水平直线左端点）

指定圆弧的第二个点或[圆心(C)/端点(E)]：e↙

指定圆弧的端点：↙（竖直直线下端点）

指定圆弧的圆心或[角度(A)/方向(D)/半径(R)]：r↙

指定圆弧的半径：（需要数值距离或第二点）

结果如图 2-8 所示。

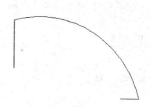

图 2-7　绘制竖直和水平直线　　　　　　图 2-8　绘制弧线

2.2.5　绘制圆环

【执行方式】

命令行：DONUT

菜单栏："绘图"→"圆环"

【操作步骤】

命令：DONUT↙

指定圆环的内径<默认值>：↙（指定圆环内径）

指定圆环的外径<默认值>：↙（指定圆环外径）

指定圆环的中心点或<退出>：↙（指定圆环的中心点）

指定圆环的中心点或<退出>：↙（继续指定圆环的中心点，则继续绘制具有相同内外径的圆环。按 Enter 键、空格键或右击鼠标，结束命令）

【选项说明】

1. 若指定内径为零，则画出实心填充圆。

2. 用命令 FILL 可以控制圆环是否填充。

命令：FILL↙

输入模式[开(ON)/关(OFF)]<开>：↙（选择 ON 表示填充，选择 OFF 表示不填充）

2.2.6　绘制椭圆与椭圆弧

【执行方式】

命令行：ELLIPSE

菜单栏："绘图"→"椭圆"→"圆弧"

工具栏："绘图"→"椭圆"按钮◯或"椭圆弧"按钮◯

【操作步骤】

命令：ELLIPSE↙

指定椭圆的轴端点或[圆弧(A)/中心点(C)]：↙

指定轴的另一个端点：↙

指定另一条半轴长度或[旋转(R)]：↙

 【选项说明】

1. 指定椭圆的轴端点

根据两个端点，定义椭圆的第一条轴。第一条轴的角度决定了整个椭圆的角度。第一条轴既可定义为椭圆的长轴也可定义为椭圆的短轴。

2. 旋转（R）

通过绕第一条轴旋转圆来创建椭圆，相当于将一个圆绕着椭圆轴翻转一个角度后的投影视图。

3. 中心点（C）

通过指定的中心点创建椭圆。

4. 椭圆弧（A）

该选项用于创建一段椭圆弧。与"工具栏：绘图→椭圆弧"功能相同。选择该项，系统继续提示：

指定椭圆弧的轴端点或[中心点(C)]：↙（指定端点或输入 C）

指定轴的另一个端点：↙（指定另一端点）

指定另一条半轴长度或[旋转(R)]：↙（指定另一条半轴长度或输入 R）

指定起始角度或[参数(P)]：↙（指定起始角度或输入 P）

指定终止角度或[参数(P)/包含角度(I)]：↙

其中各选项含义如下。

（1）角度：指定椭圆弧端点的两种方式之一，光标与椭圆中心点连线的夹角为椭圆弧端点位置的角度。

（2）参数（P）：指定椭圆弧端点的另一种方式，该方式同样是指定椭圆弧端点的角度，通过以下矢量参数方程式创建椭圆弧：

$$p(u) = c + a \times \cos(u) + b \times \sin(u)$$

其中，c 是椭圆的中心点，a 和 b 分别是椭圆的长轴和短轴，u 为光标与椭圆中心点连线的夹角。

（3）包含角度（I）：定义从起始角度开始的包含角度。

2.2.7 实例——绘制马桶

 绘制思路

绘制如图 2-9 所示的马桶符号。

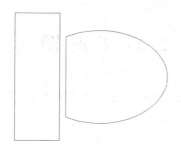

图 2-9　马桶符号

 光盘 \ 视频教学 \ 第 2 章 \ 绘制马桶.avi

1. 单击"绘图"工具栏中的"椭圆弧"按钮，绘制马桶外沿，命令行提示如下：

命令:_ellipse ↙

指定椭圆的轴端点或[圆弧(A)/中心点(C)]:a ↙

指定椭圆弧的轴端点或[中心点(C)]:c ↙

指定椭圆弧的中心点: ↙（指定一点）

指定轴的端点: ↙（适当指定一点）

指定另一条半轴长度或[旋转(R)]: ↙（适当指定一点）

指定起点角度或[参数(P)]: ↙（指定下面适当位置一点）

指定端点角度或[参数(P)/包含角度(I)]: ↙（指定正上方适当位置一点）

绘制结果如图 2-10 所示。

2. 单击"绘图"工具栏中的"直线"按钮，连接椭圆弧两个端点，绘制马桶后沿。结果如图 2-11 所示。

图 2-10　绘制马桶外沿

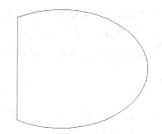

图 2-11　绘制马桶后沿

3. 单击"绘图"工具栏中的"直线"按钮，取适当的尺寸，在左边绘制一个矩形框作为水箱。最终结果如图 2-9 所示。

 技巧荟萃

　　本例中指定起点角度和端点角度的点时不要将两个点的顺序指反了，因为系统默认的旋转方向是逆时针，如果指反了，得出的结果可能和预期的相反。

2.3 平 面 图 形

简单的平面图形命令包括"矩形"命令和"多边形"命令。

2.3.1 绘制矩形

【执行方式】

命令行：RECTANG（缩写名：REC）

菜单栏："绘图"→"矩形"

工具栏："绘图"→"矩形"按钮□

【操作步骤】

命令：RECTANG ↙

指定第一个角点或[倒角(C)/标高(E)/圆角(F)/厚度(T)/宽度(W)]：↙

指定另一个角点或[面积(A)/尺寸(D)/旋转(R)]：↙

【选项说明】

1. 第一个角点

通过指定两个角点来确定矩形，如图 2-12（a）所示。

2. 倒角 （C）

指定倒角距离，绘制带倒角的矩形（如图 2-12b 所示），每一个角点的逆时针和顺时针方向的倒角可以相同，也可以不同。其中，第一个倒角距离是指角点逆时针方向的倒角距离；第二个倒角距离是指角点顺时针方向的倒角距离。

3. 标高 （E）

指定矩形标高（Z 坐标），即把矩形画在标高为 Z，与 XOY 坐标面平行的平面上，并作为后续矩形的标高值。

4. 圆角 （F）

指定圆角半径，绘制带圆角的矩形，如图 2-12（c）所示。

5. 厚度 （T）

指定矩形的厚度，如图 2-12（d）所示。

6. 宽度 （W）

指定线宽，如图 2-11（e）所示。

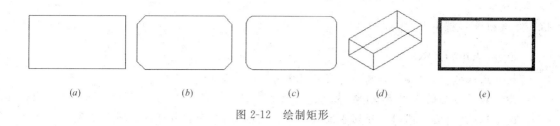

图 2-12　绘制矩形

7. 尺寸（D）

使用长和宽创建矩形。第二个指定点将矩形定位在与第一角点相关的四个位置之一内。

8. 面积（A）

通过指定面积和长或宽来创建矩形。选择该项，系统提示：

输入以当前单位计算的矩形面积＜20.0000＞:↙（输入面积值）

计算矩形标注时依据［长度（L）/宽度（W）］＜长度＞:↙（按 Enter 键或输入 W）

输入矩形长度＜4.0000＞:↙（指定长度或宽度）

指定长度或宽度后，系统自动计算出另一个维度后绘制出矩形。如果矩形被倒角或圆角，则在长度或宽度计算中，会考虑此设置，如图 2-13 所示。

9. 旋转（R）

旋转所绘制矩形的角度。选择该项，系统提示：

指定旋转角度或［拾取点（P）］＜135＞:↙（指定角度）

指定另一个角点或［面积（A）/尺寸（D）/旋转（R）］:↙（指定另一个角点或选择其他选项）

指定旋转角度后，系统按指定旋转角度创建矩形，如图 2-14 所示。

　　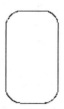　　　　　　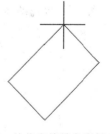

倒角距离(1，1)，
面积：20，长度：6

圆角半径1.0，
面积：20，长度：6

图 2-13　按面积绘制矩形　　　　　图 2-14　按指定旋转角度创建矩形

2.3.2　绘制多边形

【执行方式】

命令行：POLYGON

菜单栏："绘图"→"多边形"

工具栏："绘图"→"多边形"按钮⬠

【操作步骤】

命令:POLYGON ↙

输入侧面数<4>:↙(指定多边形的边数,默认值为 4)

指定正多边形的中心点或[边(E)]:↙(指定中心点)

输入选项[内接于圆(I)/外切于圆(C)]<I>:↙(指定是内接于圆或外切于圆)

指定圆的半径:↙(指定外接圆或内切圆的半径)

【选项说明】

I 表示内接于圆,如图 2-15 (a) 所示,C 表示外切于圆,如图 2-15 (b) 所示。如果选择"边"选项,则只要指定多边形的一条边,系统就会按逆时针方向创建该正多边形,如图 2-15 (c) 所示。

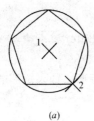
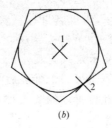
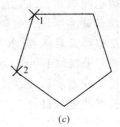

(a)   (b)   (c)

图 2-15 画正多边形

2.3.3 实例——绘制风机符号

绘制思路

绘制如图 2-16 所示的风机符号。

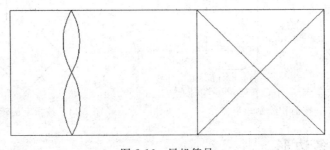

图 2-16 风机符号

光盘\视频教学\第 2 章\绘制风机符号.avi

 1. 单击"绘图"工具栏中的"矩形"按钮▢,绘制适当大小的矩形,命令行中的提示与操作如下。

命令：_rectang ↙

指定第一个角点或[倒角(C)/标高(E)/圆角(F)/厚度(T)/宽度(W)]：↙（在任意位置选择一点为矩形第一角点）

指定另一个角点或[面积(A)/尺寸(D)/旋转(R)]：↙（在第一角点右下方任意选择一点作为另一角点）

结果如图 2-17 所示。

2. 单击"绘图"工具栏中的"多边形"按钮 ，绘制正方形，命令行中的提示与操作如下。

命令：_polygon ↙

输入侧面数<4>：↙

指定正多边形的中心点或[边(E)]：e ↙

指定边的第一个端点：↙（以上步绘制的矩形的右上端点为第一端点）

指定边的第二个端点：↙（以上步绘制的矩形的右下端点为第二端点）

结果如图 2-18 所示。

图 2-17　绘制矩形

3. 单击"绘图"工具栏中的"直线"按钮 ，以上步绘制的正方形的左下端点和右上端点为两点绘制直线，重复"直线"命令，以上步绘制的正方形的左上端点和右下端点为两点绘制直线，结果如图 2-19 所示。

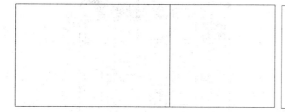

图 2-18　绘制正方形

图 2-19　绘制直线

4. 单击"绘图"工具栏中的"圆弧"按钮 ，绘制 4 段圆弧，结果如图 2-16 所示，最终完成风机符号的绘制。

2.4　点

点在 AutoCAD 中有多种不同的表示方式，用户可以根据需要进行设置，也可以设置等分点和测量点。

2.4.1　绘制点

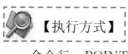【执行方式】

命令行：POINT

43

菜单栏："绘图"→"点"→"单点或多点"

工具栏："绘图"→"点"按钮

【操作步骤】

命令：POINT↙

当前点模式： PDMODE＝0　PDSIZE＝0.0000

指定点：↙（指定点所在的位置）

【选项说明】

1. 通过菜单方法进行操作时（如图 2-20 所示），"单点"命令表示只输入一个点，"多点"命令表示可输入多个点。

2. 可以单击状态栏中的"对象捕捉"开关按钮，设置点的捕捉模式，帮助用户拾取点。

3. 点在图形中的表示样式，共有 20 种。可通过命令 DDPTYPE 或拾取菜单：格式→点样式，打开"点样式"对话框来设置点样式，如图 2-21 所示。

图 2-20　"点"子菜单

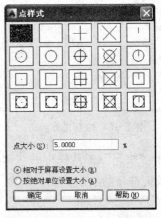

图 2-21　"点样式"对话框

2.4.2　绘制等分点

【执行方式】

命令行：DIVIDE（缩写名：DIV）

菜单栏："绘图"→"点"→"定数等分"

【操作步骤】

命令：DIVIDE↙

选择要定数等分的对象：↙（选择要等分的实体）
输入线段数目或[块(B)]：↙（指定实体的等分数）

【选项说明】

1. 等分数范围2~32767。
2. 在等分点处，按当前的点样式设置画出等分点。
3. 在第二提示行选择"块（B）"选项时，表示在等分点处插入指定的块（BLOCK）。

2.4.3 绘制测量点

【执行方式】

命令行：MEASURE（缩写名：ME）
菜单栏："绘图"→"点"→"定距等分"

【操作步骤】

命令：MEASURE↙
选择要定距等分的对象：↙（选择要设置测量点的实体）
指定线段长度或[块(B)]：↙（指定分段长度）

【选项说明】

1. 设置的起点一般是指指定线段的绘制起点。
2. 在第二提示行选择"块（B）"选项时，表示在测量点处插入指定的块，后续操作与上节中等分点的绘制类似。
3. 在测量点处，按当前的点样式设置画出测量点。
4. 最后一个测量段的长度不一定等于指定分段的长度。

2.4.4 实例——绘制楼梯

绘制思路

绘制如图2-22所示的楼梯。

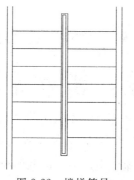

图2-22 楼梯符号

参见光盘   光盘\视频教学\第2章\绘制楼梯.avi

1. 单击"绘图"工具栏中的"直线"按钮 ✎，绘制墙体与扶手，如图 2-23 所示。

2. 设置点样式。选择"格式"→"点样式"命令，在打开的"点样式"对话框中选择"X"样式。

3. 选择"绘图"→"点"→"定数等分"命令，以左边扶手的外面线段为对象，数目为 8，绘制等分点，如图 2-24 所示。

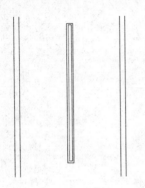
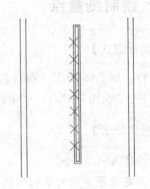

图 2-23   绘制墙体与扶手   图 2-24   绘制等分点

4. 分别以等分点为起点，左边墙体上的点为终点绘制水平线段，如图 2-25 所示。

5. 删除绘制的等分点，如图 2-26 所示。

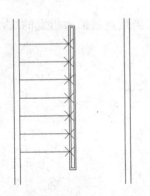
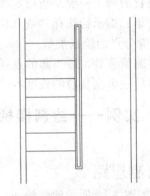

图 2-25   绘制水平线   图 2-26   删除等分点

6. 用相同方法绘制另一侧楼梯，最终结果如图 2-22 所示。

2.5   图案填充

当用户需要用一个重复的图案（pattern）填充某个区域时，可以使用 BHATCH 命令建立一个相关联的填充阴影对象，即所谓的图案填充。

2.5.1 基本概念

1. 图案边界

当进行图案填充时，首先要确定图案填充的边界。定义边界的对象只能是直线、双向射线、单向射线、多段线、样条曲线、圆弧、圆、椭圆、椭圆弧、面域等对象或用这些对象定义的块，而且作为边界的对象，在当前屏幕上必须全部可见。

2. 孤岛

在进行图案填充时，把位于总填充区域内的封闭区域称为孤岛，如图 2-27 所示。在用 BHATCH 命令进行图案填充时，AutoCAD 允许用户以拾取点的方式确定填充边界，即在希望填充的区域内任意拾取一点，AutoCAD 会自动确定出填充边界，同时也确定该边界内的孤岛。如果用户是以点取对象的方式确定填充边界的，则必须确切地点取这些孤岛，有关知识将在下一节中介绍。

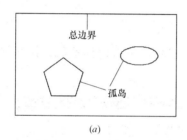
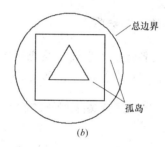

图 2-27　孤岛

3. 填充方式

在进行图案填充时，需要控制填充的范围，AutoCAD 系统为用户设置了以下三种填充方式，实现对填充范围的控制。

（1）普通方式：如图 2-28 (*a*) 所示，该方式从边界开始，从每条填充线或每个剖面线的两端向里画，遇到内部对象与之相交时，填充线或剖面线断开，直到遇到下一次相交时再继续画。采用这种方式时，要避免填充线或剖面线与内部对象的相交次数为奇数。该方式为系统内部的默认方式。

（2）外部方式：如图 2-28 (*b*) 所示，该方式从边界开始，向里画剖面线，只要在边

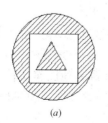
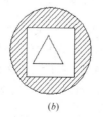
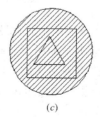

图 2-28　填充方式

界内部与对象相交，则剖面线由此断开，而不再继续画。

（3）忽略方式：如图 2-28（c）所示，该方式忽略边界内部的对象，所有内部结构都被剖面线覆盖。

2.5.2 图案填充的操作

【执行方式】

命令行：BHATCH

菜单栏："绘图"→"图案填充"

工具栏："绘图"→"图案填充"按钮 或"渐变色"按钮

【操作步骤】

执行上述命令后，系统打开如图 2-29 所示的"图案填充和渐变色"对话框，各选项组和按钮含义如下。

1."图案填充"标签

此标签中的各选项用来确定填充图案及其参数。单击此标签后，打开如图 2-29 所示的左边选项组。其中各选项含义如下。

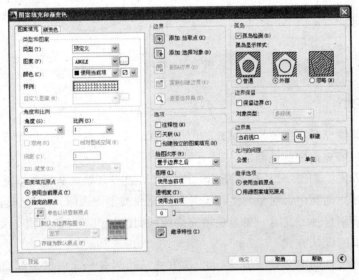

图 2-29 "图案填充和渐变色"对话框

（1）"类型"下拉列表框：此选项用于确定填充图案的类型。在"类型"下拉列表框中，"用户定义"选项表示用户要临时定义填充图案，与命令行方式中的"U"选项作用一样；"自定义"选项表示选用 ACAD. PAT 图案文件或其他图案文件（.PAT 文件）中的填充图案；"预定义"选项表示选用 AutoCAD 标准图案文件（ACAD. PAT 文件）中的填充图案。

（2）"图案"下拉列表框：此选项组用于确定 AutoCAD 标准图案文件中的填充图案。

在"图案"下拉列表中，用户可从中选取填充图案。选取所需要的填充图案后，在"样例"中的图像框内会显示出该图案。只有用户在"类型"下拉列表中选择了"预定义"选项后，此项才以正常亮度显示，即允许用户从 AutoCAD 标准图案文件中选取填充图案。

如果选择的图案类型是"预定义"，单击"图案"下拉列表框右边的 … 按钮，会打开如图 2-30 所示的图案列表，该对话框中显示出所选图案类型所具有的图案，用户可从中确定所需要的图案。

(3)"样例"图像框：此选项用来给出样本图案。在其右面有一矩形图像框，显示出当前用户所选用的填充图案。可以单击该图像框，迅速查看或选取已有的填充图案（如图 2-29 所示）。

(4)"自定义图案"下拉列表框：此下拉列表框用于确定 ACAD. PAT 图案文件或其他图案文件（.PAT）中的填充图案。只有在"类型"下拉列表中选择了"自定义"项后，该项才以正常亮度显示，即允许用户从 ACAD. PAT 图案文件或其他图案文件（.PAT）中选取填充图案。

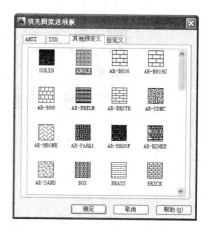

图 2-30　图案列表

(5)"角度"下拉列表框：此下拉列表框用于确定填充图案时的旋转角度。每种图案在定义时的旋转角度为零，用户可在"角度"下拉列表中选择所希望的旋转角度。

(6)"比例"下拉列表框：此下拉列表框用于确定填充图案的比例值。每种图案在定义时的初始比例为 1，用户可以根据需要放大或缩小，方法是在"比例"下拉列表中选择相应的比例值。

(7)"双向"复选框：该项用于确定用户临时定义的填充线是一组平行线，还是相互垂直的两组平行线。只有在"类型"下拉列表框中选用"用户定义"选项后，该项才可以使用。

(8)"相对图纸空间"复选框：该项用于确定是否相对图纸空间单位来确定填充图案的比例值。选择此选项后，可以按适合于版面布局的比例方便地显示填充图案。该选项仅仅适用于图形版面编排。

(9)"间距"文本框：指定平行线之间的间距，在"间距"文本框内输入值即可。只有在"类型"下拉列表框中选用"用户定义"选项后，该项才可以使用。

(10)"ISO 笔宽"下拉列表框：此下拉列表框告诉用户根据所选择的笔宽确定与 ISO 有关的图案比例。只有在选择了已定义的 ISO 填充图案后，才可确定它的内容。图案填充的原点：控制填充图案生成的起始位置。填充这些图案（例如砖块图案）时需要与图案填充边界上的一点对齐。在默认情况下，所有填充图案原点都对应于当前的 UCS 原点。也可以选择"指定的原点"，通过其下一级的选项重新指定原点。

2. "渐变色"标签

渐变色是指从一种颜色到另一种颜色的平滑过渡。渐变色能产生光的效果，可为图形添加视觉效果。单击该标签，AutoCAD 打开如图 2-31 所示的"渐变色"标签，其中各选项含义如下。

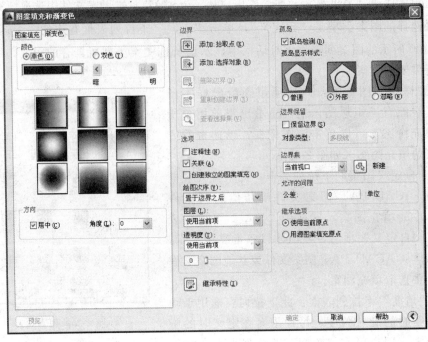

图 2-31 "渐变色"标签

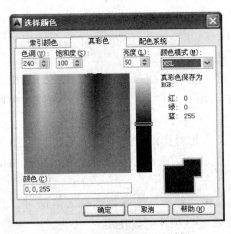

图 2-32 "选择颜色"对话框

（1）"单色"单选钮：应用单色对所选择的对象进行渐变填充。在"图案填充与渐变色"对话框的右上边的显示框中显示用户所选择的真彩色，单击 [...] 按钮，系统打开"选择颜色"对话框，如图 2-32 所示。

（2）"双色"单选钮：应用双色对所选择的对象进行渐变填充。填充颜色将从颜色 1 渐变到颜色 2。颜色 1 和颜色 2 的选取与单色选取类似。

（3）"渐变方式"样板：在"渐变色"标签的下方有 9 个"渐变方式"样板，分别表示不同的渐变方式，包括线形、球形和抛物线形等方式。

（4）"居中"复选框：该复选框决定渐变填充是否居中。

（5）"角度"下拉列表框：在该下拉列表框中选择角度，此角度为渐变色倾斜的角度。不同的渐变色填充如图 2-33 所示。

3. "边界"选项组

（1）"添加：拾取点"按钮：以拾取点的形式自动确定填充区域的边界。在填充的区

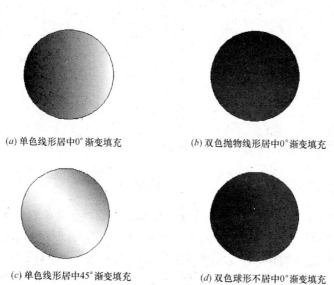

(a) 单色线形居中0°渐变填充　　　　　　(b) 双色抛物线形居中0°渐变填充

(c) 单色线形居中45°渐变填充　　　　　　(d) 双色球形不居中0°渐变填充

图 2-33　不同的渐变色填充

域内任意拾取一点，系统会自动确定出包围该点的封闭填充边界，并且以高亮度显示，如图 2-34 所示。

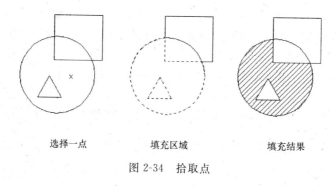

选择一点　　　　　　填充区域　　　　　　填充结果

图 2-34　拾取点

　　（2）"添加：选择对象"按钮：以选择对象的方式确定填充区域的边界。用户可以根据需要选取构成填充区域的边界。同样，被选择的边界也会以高亮度显示，如图 2-35 所示。

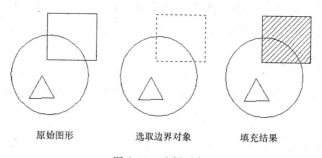

原始图形　　　　　　选取边界对象　　　　　　填充结果

图 2-35　选择对象

（3）"删除边界"按钮：从边界定义中删除以前添加的所有对象，如图 2-36 所示。

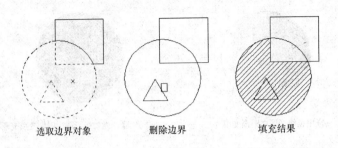

选取边界对象   删除边界   填充结果

图 2-36　删除边界

（4）"重新创建边界"按钮：围绕选定的填充图案或填充对象创建多段线或面域。

（5）"查看选择集"按钮：查看填充区域的边界。单击该按钮，AutoCAD 临时切换到绘图屏幕，将所选择的作为填充边界的对象以高亮度显示。只有通过"拾取点"按钮或"选择对象"按钮选取了填充边界，"查看选择集"按钮才可以使用。

4. "选项"选项组

（1）"注释性"复选框：指定填充图案为注释性。

（2）"关联"复选框：此复选框用于确定填充图案与边界的关系。若选择此复选框，则填充图案与填充边界保持着关联关系，即图案填充后，当用钳夹（Grips）功能对边界进行拉伸等编辑操作时，AutoCAD 会根据边界的新位置重新生成填充图案。

（3）"创建独立的图案填充"复选框：当指定了几个独立的闭合边界时，用来控制是创建单个图案填充对象，还是创建多个图案填充对象，如图 2-37 所示。

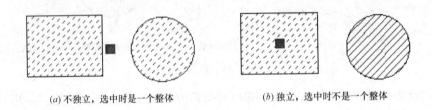

(a) 不独立，选中时是一个整体　　　　　(b) 独立，选中时不是一个整体

图 2-37　设置图案填充对象

（4）"绘图次序"下拉列表框：指定图案填充的顺序。图案填充可以放在所有其他对象之后、所有其他对象之前、图案填充边界之后或图案填充边界之前。

5. "继承特性"按钮

此按钮的作用是图案填充的继承特性，即选用图中已有的填充图案作为当前的填充图案。

6. "孤岛"选项组

（1）"孤岛检测"复选框：确定是否检测孤岛。

（2）"孤岛显示样式"列表：该选项组用于确定图案的填充方式。用户可以从中选取所需要的填充方式。默认的填充方式为"普通"。用户也可以在右键快捷菜单中选择填充方式。

7. "边界保留"选项组

指定是否将边界保留作为对象,并确定应用于这些对象的对象类型是多段线还是面域。

8. "边界集"选项组

此选项组用于定义边界集。当单击"添加:拾取点"按钮以根据拾取点的方式确定填充区域时,有两种定义边界集的方式:一种方式是以包围所指定点的最近的有效对象作为填充边界,即"当前视口"选项,该项是系统的默认方式;另一种方式是用户自己选定一组对象来构造边界,即"现有集合"选项,选定对象通过其上面的"新建"按钮来实现,单击该按钮后,AutoCAD 临时切换到绘图屏幕,并提示用户选取作为构造边界集的对象。此时若选取"现有集合"选项,AutoCAD 会根据用户指定的边界集中的对象来构造一个封闭边界。

9. "允许的间隙"文本框

设置将对象用作填充图案边界时可以忽略的最大间隙。默认值为 0,此值指定对象必须是封闭区域而没有间隙。

10. "继承选项"选项组

使用"继承特性"创建填充图案时,控制图案填充原点的位置。

2.5.3 编辑填充的图案

利用 HATCHEDIT 命令,编辑已经填充的图案。

 【执行方式】

命令行:HATCHEDIT

菜单栏:"修改"→"对象"→"图案填充"

工具栏:"修改 II"→"编辑图案填充"按钮

 【操作步骤】

执行上述命令后,AutoCAD 会给出下面提示:

选择关联填充对象:↙

选取关联填充物体后,系统打开如图 2-38 所示的"图案填充编辑"对话框。

在图 2-38 中,只有正常显示的选项,才可以对其进行操作。该对话框中各项的含义与图 2-29 所示的"图案填充和渐变色"对话框中各项的含义相同。利用该对话框,可以对已填充的图案进行一系列的编辑修改。

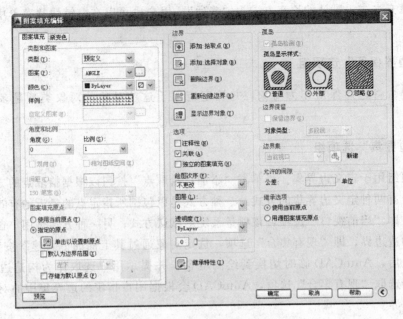

图 2-38 "图案填充编辑"对话框

2.5.4 实例——绘制流量表井符号

 绘制思路

绘制如图 2-39 所示的流量表井符号。

图 2-39 流量表井符号

 参见光盘 ＞ 光盘＼视频教学＼第 2 章＼绘制流量表井符号.avi

1. 单击"绘图"工具栏中的"矩形"按钮 □ ，在图形适当位置绘制一个"1122×422"的矩形，如图 2-40 所示。

2. 单击"绘图"工具栏中的"直线"按钮 ／ ，在上步绘制矩形内绘制连接线，如图 2-41 所示。

图 2-40 绘制矩形   图 2-41 绘制直线

3. 单击"绘图"工具栏中的"图案填充"按钮 ▨ ，系统打开"图案填充和渐变色"对话框，如图 2-42 所示。单击"图案"选项后面的 … 按钮，系统打开"填充图案选项板"对话框，选择如图 2-43 所示的图案类型，单击"确定"按钮退出。

图 2-42 "图案填充和渐变色"对话框

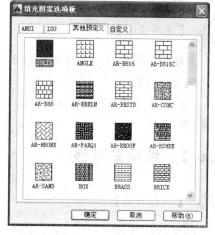

图 2-43 "填充图案选项板"对话框

4. 在"图案填充和渐变色"对话框右侧单击按钮，在填充区域拾取点，拾取后，该点所在的区域就被选取为填充区域，如图2-44所示。

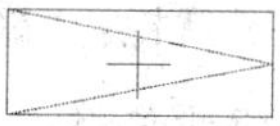

图 2-44 选取区域

5. 回车后，系统回到"图案填充和渐变色"对话框，单击"确定"按钮完成图案填充，如图 2-39 所示。

2.6 多段线

多段线是一种由线段和圆弧组合而成的，有不同线宽的多线。这种线由于其组合形式的多样和线宽的不同，弥补了直线或圆弧功能的不足，适合绘制各种复杂的图形轮廓，因而得到了广泛的应用。

2.6.1 绘制多段线

【执行方式】

命令行：PLINE（缩写名：PL）

菜单栏："绘图"→"多段线"

工具栏："绘图"→"多段线"按钮

【操作步骤】

命令：PLINE↙

指定起点：✓（指定多段线的起点）

当前线宽为 0.0000

指定下一个点或[圆弧(A)/半宽(H)/长度(L)/放弃(U)/宽度(W)]：✓（指定多段线的下一点）

【选项说明】

多段线主要由不同长度的连续的线段或圆弧组成，如果在上述提示中选"圆弧"命令，则命令行提示：

[角度(A)/圆心(CE)/方向(D)/半宽(H)/直线(L)/半径(R)/第二个点(S)/放弃(U)/宽度(W)]：✓

2.6.2　编辑多段线

【执行方式】

命令行：PEDIT（缩写名：PE）

菜单栏："修改"→"对象"→"多段线"

工具栏："修改Ⅱ"→"编辑多段线"按钮

快捷菜单：选择要编辑的多线段，在绘图区右击，从打开的右键快捷菜单上选择"多段线编辑"

【操作步骤】

命令：PEDIT✓

选择多段线或[多条(M)]：✓（选择一条要编辑的多段线）

输入选项[闭合(C)/合并(J)/宽度(W)/编辑顶点(E)/拟合(F)/样条曲线(S)/非曲线化(D)/线型生成(L)/放弃(U)]：✓

【选项说明】

1. 合并（J）

以选中的多段线为主体，合并其他直线段、圆弧或多段线，使其成为一条多段线。能合并的条件是各段线的端点首尾相连，如图 2-45 所示。

2. 宽度（W）

修改整条多段线的线宽，使其具有同一线宽，如图 2-46 所示。

3. 编辑顶点（E）

选择该项后，在多段线起点处出现一个斜的十字叉"×"，它为当前顶点的标记，并在命令行出现进行后续操作的提示：

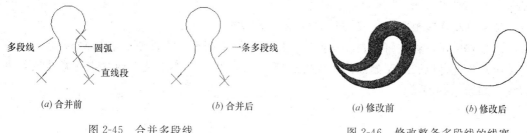

(a) 合并前　　　　　　　　(b) 合并后　　　　　(a) 修改前　　　　　(b) 修改后

图 2-45　合并多段线　　　　　　　图 2-46　修改整条多段线的线宽

［下一个(N)/上一个(P)/打断(B)/插入(I)/移动(M)/重生成(R)/拉直(S)/切向(T)/宽度(W)/退出(X)]＜N＞:↙

这些选项允许用户进行移动、插入顶点和修改任意两点间的线的线宽等操作。

4. 拟合（F）

从指定的多段线生成由光滑圆弧连接而成的圆弧拟合曲线，该曲线经过多段线的各顶点，如图 2-47 所示。

(a) 修改前　　　　　　　　(b) 修改后

图 2-47　生成圆弧拟合曲线

5. 样条曲线（S）

以指定的多段线的各顶点作为控制点生成 B 样条曲线，如图 2-48 所示。

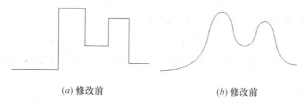

(a) 修改前　　　　　　　　(b) 修改前

图 2-48　生成 B 样条曲线

6. 非曲线化（D）

用直线代替指定的多段线中的圆弧。对于选择"拟合（F）"选项或"样条曲线（S）"选项后生成的圆弧拟合曲线或样条曲线，删去其生成曲线时新插入的顶点，则恢复成由直线段组成的多段线。

7. 线型生成（L）

当多段线的线型为点画线时，控制多段线的线型生成方式的开与关。选择此项系统提示：

　　输入多段线线型生成选项［开(ON)/关(OFF)］＜关＞:↙

　　选择 ON 时，将在每个顶点处允许以短画开始或结束生成线型；选择 OFF 时，将在每个顶点处允许以长画开始或结束生成线型。"线型生成"不能用于包含带变宽线段的多段线，如图 2-49 所示。

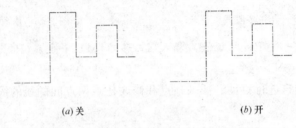

(a)关　　　　　　　　　　　　　(b)开

图 2-49　控制多段线的线型（线型为点画线时）

2.6.3　实例——绘制弯管符号

 绘制思路

　　绘制如图 2-50 所示的弯管符号。

图 2-50　弯管符号

 光盘 \ 视频教学 \ 第 2 章 \ 弯管符号 . avi

　　1. 单击"绘图"工具栏中的"多段线"按钮，绘制多段线，命令行中的提示与操作如下：

　　命令:_pline

　　指定起点:(在空白处单击)

　　当前线宽为 0.0000

　　指定下一个点或［圆弧(A)/半宽(H)/长度(L)/放弃(U)/宽度(W)］:W

　　指定起点宽度＜0.0000＞:60

　　指定端点宽度＜60.0000＞:

　　指定下一个点或［圆弧(A)/半宽(H)/长度(L)/放弃(U)/宽度(W)］: ＜极轴 关＞

＜正交 开＞↙(水平向下指定一点)

　　指定下一点或［圆弧(A)/闭合(C)/半宽(H)/长度(L)/放弃(U)/宽度(W)］:A

　　指定圆弧的端点或

［角度（A）/圆心（CE）/闭合（CL）/方向（D）/半宽（H）/直线（L）/半径（R）/第二个点（S）/放弃（U）/宽度（W）]：A

指定包含角：90

指定圆弧的端点或[圆心（CE）/半径（R）]：CE

指定圆弧的圆心：(水平向右指定一点)

指定圆弧的端点或[角度（A）/圆心（CE）/闭合（CL）/方向（D）/半宽（H）/直线（L）/半径（R）/第二个点（S）/放弃（U）/宽度（W）]：L

指定下一点或[圆弧（A）/闭合（C）/半宽（H）/长度（L）/放弃（U）/宽度（W）]：(水平向右指定一点)

指定下一点或[圆弧（A）/闭合（C）/半宽（H）/长度（L）/放弃（U）/宽度（W）]：↙(退出操作)

结果如图 2-51 所示。

图 2-51　绘制多段线

2. 单击"绘图"工具栏中的"圆弧"按钮 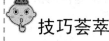，在上步绘制的多段线上方绘制一段适当半径的圆弧，最终完成弯管的绘制。

技巧荟萃

　　因为所绘制的直线、多段线和圆弧都是首尾相连或要求水平对齐，所以要求读者在指定相应点时要比较细心。读者操作起来可能比较费劲，但在后面章节学习了精确绘图相关知识后就能很简便地操作了。

2.7　样条曲线

AutoCAD 使用一种称为非一致有理 B 样条（NURBS）曲线的特殊样条曲线类型，NURBS 曲线在控制点之间产生一条光滑的样条曲线，如图 2-52 所示。样条曲线可用于创建形状不规则的曲线，例如，为地理信息系统（GIS）应用或汽车设计绘制轮廓线。

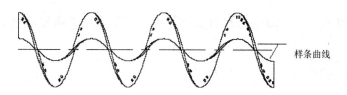

图 2-52　样条曲线

2.7.1　绘制样条曲线

【执行方式】

命令行：SPLINE

菜单栏:"绘图"→"样条曲线"

工具栏:"绘图"→"样条曲线"按钮

【操作步骤】

命令:SPLINE↙

当前设置:方式=拟合　节点=弦

指定第一个点或[方式(M)/节点(K)/对象(O)]:↙(指定一点或选择"对象(O)"选项)

输入下一个点或[起点切向(T)/公差(L)]:↙(指定一点)

输入下一个点或[端点相切(T)/公差(L)/放弃(U)]:↙(指定一点)

输入下一个点或[端点相切(T)/公差(L)/放弃(U)/闭合(C)]:↙

【选项说明】

1. 方式 (M)

控制是使用拟合点还是使用控制点来创建样条曲线。选项会因您选择的是使用拟合点创建样条曲线还是使用控制点创建样条曲线而异。

2. 节点 (K)

指定节点参数化,它会影响曲线在通过拟合点时的形状(SPLKNOTS 系统变量)。

3. 对象 (O)

将二维或三维的二次或三次样条曲线拟合多段线转换为等价的样条曲线,然后(根据 DELOBJ 系统变量的设置)删除该多段线。

4. 起点切向 (T)

基于切向创建样条曲线。

5. 公差 (L)

指定距样条曲线必须经过指定拟合点的距离。公差应用于除起点和端点外的所有拟合点。

6. 端点相切 (T)

停止基于切向创建曲线。可通过指定拟合点继续创建样条曲线。

选择"端点相切"后,系统将提示您指定最后一个输入拟合点的最后一个切点。

7. 闭合 (C)

将最后一点定义为与第一点一致,并使它在连接处相切,这样可以闭合样条曲线。选择该项,系统继续提示:

指定切向:↙(指定点或按 Enter 键)

用户可以指定一点来定义切向矢量，或者使用"切点"和"垂足"对象捕捉模式使样条曲线与现有对象相切或垂直。

2.7.2　编辑样条曲线

【执行方式】

命令行：SPLINEDIT

菜单栏："修改"→"对象"→"样条曲线"

工具栏："修改 II"→"编辑样条曲线"按钮

快捷菜单：选择要编辑的样条曲线，在绘图区右击，从打开的右键快捷菜单上选择"编辑样条曲线"

【操作步骤】

命令:SPLINEDIT↙

选择样条曲线:(选择要编辑的样条曲线。若选择的样条曲线是用 SPLINE 命令创建的,其近似点以夹点的颜色显示出来;若选择的样条曲线是用 PLINE 命令创建的,其控制点以夹点的颜色显示出来)

输入选项[闭合(C)/合并(J)/拟合数据(F)/编辑顶点(E)/转换为多段线(P)/反转(R)/放弃(U)/退出(X)]<退出>:↙

【选项说明】

1. 合并（J）

选定的样条曲线、直线和圆弧在重合端点处合并到现有样条曲线。选择有效对象后,该对象将合并到当前样条曲线,合并点处将具有一个折点。

2. 拟合数据（F）

编辑近似数据。选择该项后,创建该样条曲线时指定的各点将以小方格的形式显示出来。

3. 编辑顶点（E）

精密调整样条曲线定义。

4. 转换为多段线（P）

将样条曲线转换为多段线。精度值决定结果中多段线与源样条曲线拟合的精确程度。有效值为介于 0~99 的任意整数。

5. 反转（R）

反转样条曲线的方向。该项操作主要用于应用程序。

2.7.3　实例——绘制软管淋浴器符号

 绘制思路

绘制如图 2-53 所示的软管淋浴器符号。

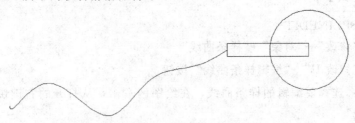

图 2-53　软管淋浴器符号

光盘 \ 视频教学 \ 第 2 章 \ 绘制软管淋浴器符号 .avi

1. 单击"绘图"工具栏中的"圆"按钮⊘，在图形适当位置任选一点为圆心，绘制一个半径为 140 的圆，如图 2-54 所示。

2. 单击"绘图"工具栏中的"矩形"按钮▢，在上步绘制的圆图形上任选一点为矩形起点，绘制一个"295×45"的矩形，如图 2-55 所示。

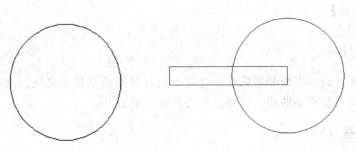

图 2-54　绘制圆　　　　　　　　图 2-55　绘制矩形

3. 单击"绘图"工具栏中的"样条曲线"按钮～，以上步绘制的矩形左边竖直线中点为样条曲线起点，绘制连续的样条曲线，命令行提示与操作如下：

命令:_spline↙

当前设置:方式＝拟合　节点＝弦

指定第一个点或[方式(M)/节点(K)/对象(O)]:↙(适当指定一点)

输入下一个点或[起点切向(T)/公差(L)]:↙(适当指定一点)

输入下一个点或[端点相切(T)/公差(L)/放弃(U)]:(适当指定一点)

输入下一个点或[端点相切(T)/公差(L)/放弃(U)/闭合(C)]:↙(适当指定一点)

输入下一个点或[端点相切(T)/公差(L)/放弃(U)/闭合(C)]:↙(适当指定一点)

输入下一个点或[端点相切(T)/公差(L)/放弃(U)/闭合(C)]:↙(适当指定一点)

输入下一个点或[端点相切(T)/公差(L)/放弃(U)/闭合(C)]:↙

最终结果如图 2-53 所示。

2.8 多 线

多线是一种复合线，由连续的直线段复合而成。多线的一个突出优点是能够提高绘图效率，保证图线之间的统一性。

2.8.1 绘制多线

【执行方式】

命令行：MLINE
菜单栏：“绘图”→“多线”

【操作步骤】

命令：MLINE✓
当前设置：对正＝上，比例＝20.00，样式＝STANDARD
指定起点或［对正(J)/比例(S)/样式(ST)］：✓（指定起点）
指定下一点：✓（给定下一点）
指定下一点或［放弃(U)］：✓（继续给定下一点，绘制线段。输入“U”，则放弃前一段的绘制；右击或按 Enter 键，结束命令）
指定下一点或［闭合(C)/放弃(U)］：✓（继续给定下一点，绘制线段。输入“C”，则闭合线段，结束命令）

【选项说明】

1. 对正 (J)

该项用于给定绘制多线的基准。共有 3 种对正类型：“上”、“无”和“下”。其中，“上（T）”表示以多线上侧的线为基准，以此类推。

2. 比例 (S)

选择该项，要求用户设置平行线的间距。输入值为零时，平行线重合；输入值为负值时，多线的排列倒置。

3. 样式 (ST)

该项用于设置当前使用的多线样式。

2.8.2 定义多线样式

【执行方式】

命令行：MLSTYLE

菜单栏："格式"→"多线样式"

 【操作步骤】

系统自动执行该命令后，打开如图 2-56 所示的"多线样式"对话框。在该对话框中，用户可以对多线样式进行定义、保存和加载等操作。

2.8.3　编辑多线

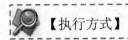 【执行方式】

命令行：MLEDIT
菜单栏："修改"→"对象"→"多线"

 【操作步骤】

利用该命令，打开"多线编辑工具"对话框，如图 2-57 所示。

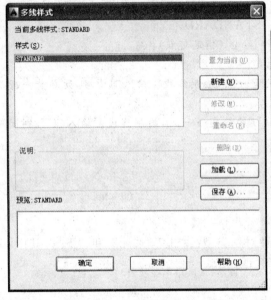

图 2-56　"多线样式"对话框　　　　图 2-57　"多线编辑工具"对话框

利用该对话框，可以创建或修改多线的模式。对话框中分 4 列显示了示例图形。其中，第一列管理十字交叉形式的多线，第二列管理 T 形多线，第三列管理拐角接合点和节点形式的多线，第四列管理多线被剪切或连接的形式。

单击选择某个示例图形，然后单击"关闭"按钮，就可以调用该项编辑功能。

2.8.4　实例——绘制墙体

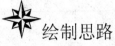 绘制思路

绘制如图 2-58 所示的墙体符号。

光盘\视频教学\第2章\绘制墙体.avi

1. 单击"绘图"工具栏中的"构造线"按钮 ，绘制出一条水平构造线和一条竖直构造线，组成"十"字形辅助线，如图 2-59 所示。

2. 单击"修改"工具栏中的"偏移"按钮 ，将水平构造线依次向上偏移 3120、5100、1800 和 3000，偏移得到的水平构造线如图 2-60 所示。重复"偏移"命令，将垂直构造线依次向右偏移 3900、1800、2100 和 4500，结果如图 2-61 所示。

3. 选择菜单栏中的"格式"→"多线样式"命令，系统打开"多线样式"对话框，在该对话框中单击"新建"按钮，系统打开"创建新的多线样式"对话框，在该对话框的"新样式名"文本框中键入"墙体线"，单击"继续"按钮。

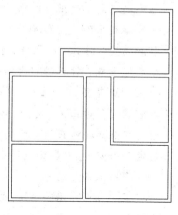

图 2-58 墙体符号

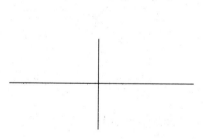

图 2-59 "十"字形辅助线

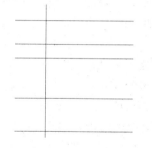

图 2-60 水平构造线

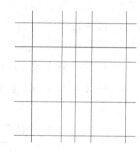

图 2-61 辅助线网格

4. 系统打开"新建多线样式：墙体线"对话框，进行如图 2-62 所示的设置。

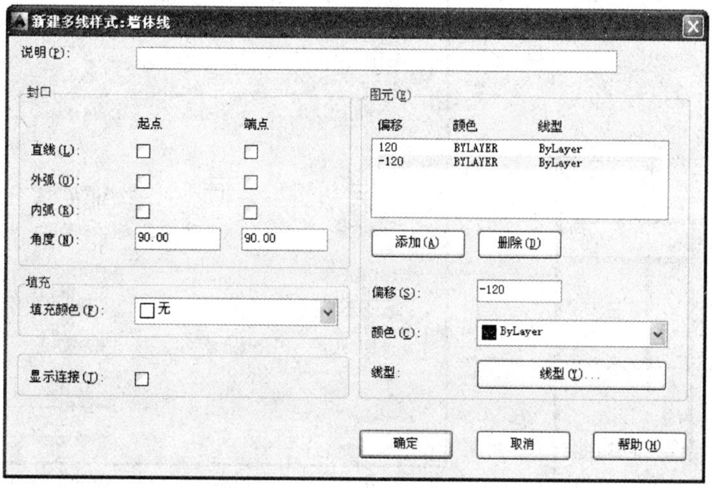

图 2-62 新建多线样式

5. 选择菜单栏中的"绘图"→"多线"命令绘制多线墙体。命令行提示与操作如下：

命令：_mline

当前设置：对正 = 上，比例 = 20.00，样式 = 墙体线

指定起点或［对正(J)/比例(S)/样式(ST)］：S

输入多线比例＜20.00＞：1

当前设置：对正 = 上，比例 = 1.00，样式 = 墙体线

指定起点或［对正(J)/比例(S)/样式(ST)］：J

输入对正类型［上(T)/无(Z)/下(B)］＜上＞：Z

当前设置：对正 = 无，比例 = 1.00，样式 = 墙体线

指定起点或［对正(J)/比例(S)/样式(ST)］：✓（在绘制的辅助线交点上指定一点）

指定下一点：✓（在绘制的辅助线交点上指定下一点）

指定下一点或［放弃(U)］：✓（在绘制的辅助线交点上指定下一点）

指定下一点或［闭合(C)/放弃(U)］：✓（在绘制的辅助线交点上指定下一点）

指定下一点或［闭合(C)/放弃(U)］：C✓

根据辅助线网格，用相同方法绘制多线，绘制结果如图 2-63 所示。

6. 编辑多线。选择菜单栏中的"修改"→"对象"→"多线"命令，系统打开"多线编辑工具"对话框，如图 2-64 所示。单击其中的"T 形合并"选项，单击"关闭"按钮后，命令行提示与操作如下：

命令：MLEDIT ✓

选择第一条多线：✓（选择多线）

选择第二条多线：✓（选择多线）

选择第一条多线或［放弃(U)］：✓

7. 重复"编辑多线"命令继续进行多线编辑，编辑的最终结果如图 2-58 所示。

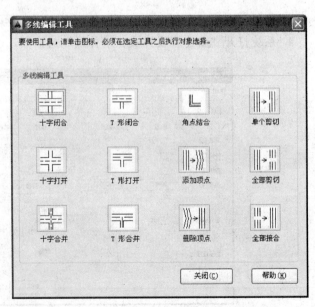

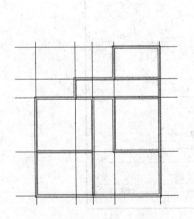

图 2-63　全部多线绘制结果　　　　图 2-64　"多线编辑工具"对话框

第 3 章

辅助绘图工具

为了快捷准确地绘制图形，AutoCAD 提供了多种必要的和辅助的绘图工具，如工具栏、对象选择工具、对象捕捉工具，栅格和正交模式等。利用这些工具，用廖可以方便、迅速、准确地实现图形的绘制和编辑，不仅可提高工作效率，而且能更好地保证图形的质量。本章主要内容包括捕捉、栅格、正交、对象捕捉、对象追踪、极轴、动态输入图形的缩放、平移以及布局与模型等。

◎ 精确定位工具

◎ 对象捕捉

◎ 对象追踪

◎ 设置图层

◎ 设置颜色

◎ 图层的线型

◎ 对象约束

3.1 精确定位工具

精确定位工具是指能够帮助用户快速准确地定位某些特殊点（如端点、中点、圆心等）和特殊位置（如水平位置、垂直位置）的工具，包括捕捉、栅格、正交、对象捕捉、对象追踪、极轴、动态输入等工具，这些工具按钮主要集中在状态栏上，如图 3-1 所示。

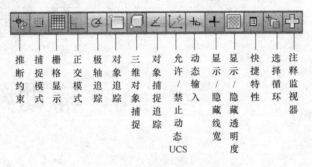

图 3-1　状态栏按钮

3.1.1　正交模式

在使用 AutoCAD 绘图的过程中，经常需要绘制水平直线和垂直直线，但是用鼠标拾取线段的端点的方式很难保证两个点严格沿水平或垂直方向，为此，AutoCAD 提供了正交功能，当启用正交模式，画线或移动对象时，只能沿水平方向或垂直方向移动光标，因此只能画平行于坐标轴的正交线段。

【执行方式】

命令行：ORTHO
状态栏：正交
快捷键：F8

【操作步骤】

命令：ORTHO↙↙
输入模式［开(ON)／关(OFF)］＜开＞:（设置开或关）

3.1.2　栅格工具

用户可以应用栅格工具使绘图区上出现可见的网格，它是一个形象的画图工具，就像传统的坐标纸一样。本节介绍控制栅格的显示及设置栅格参数的方法。

【执行方式】

菜单栏："工具"→"草图设置"
状态栏：栅格（仅限于打开与关闭）

快捷键：F7（仅限于打开与关闭）

【操作步骤】

执行上述命令后，打开"草图设置"对话框，打开"捕捉和栅格"标签，如图 3-2 所示。

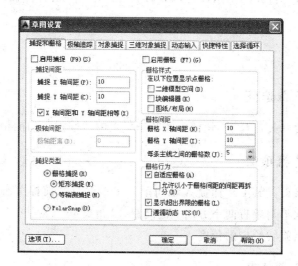

图 3-2　"草图设置"对话框

在图 3-2 所示的"草图设置"对话框中的"捕捉与栅格"选项卡中，"启用栅格"复选框用来控制是否显示栅格。"栅格 X 轴间距"文本框和"栅格 Y 轴间距"文本框用来设置栅格在水平与垂直方向的间距，如果"栅格 X 轴间距"和"栅格 Y 轴间距"设置为 0，则 AutoCAD 会自动将捕捉栅格间距应用于栅格，且栅格的原点和角度总是和捕捉栅格的原点和角度相同。还可以通过 Grid 命令在命令行设置栅格间距。在此不再赘述。

技巧荟萃

在"栅格 X 轴间距"和"栅格 Y 轴间距"文本框中输入数值时，若在"栅格 X 轴间距"文本框中输入一个数值后按 Enter 键，则 AutoCAD 会自动传送这个值给"栅格 Y 轴间距"，这样可减少工作量。

3.1.3　捕捉工具

为了准确地在屏幕上捕捉点，AutoCAD 提供了捕捉工具，它可以在屏幕上生成一个隐含的栅格（捕捉栅格），这个栅格能够捕捉光标，并且约束它只能落在栅格的某一个节点上，使用户能够高精确度地捕捉和选择这个栅格上的点。本节介绍捕捉栅格的参数设置方法。

【执行方式】

菜单栏："工具"→"草图设置"

状态栏：捕捉（仅限于打开与关闭）

快捷键：F9（仅限于打开与关闭）

【操作步骤】

执行上述命令后，打开"草图设置"对话框，打开其中的"捕捉与栅格"标签，如图3-2所示。

【选项说明】

1，"启用捕捉"复选框

控制捕捉功能的开关，与F9快捷键和状态栏上的"捕捉"功能相同。

2，"捕捉间距"选项组

设置捕捉的各参数。其中"捕捉X轴间距"文本框与"捕捉Y轴间距"文本框用来确定捕捉栅格点在水平与垂直两个方向上的间距。"角度"、"X基点"和"Y基点"使捕捉栅格绕指定的一点旋转给定的角度。

3，"捕捉类型"选项组

确定捕捉类型和样式。AutoCAD提供了两种捕捉栅格的方式："栅格捕捉"和"极轴捕捉"。"栅格捕捉"是指按正交位置捕捉位置点，而"极轴捕捉"则可以根据设置的任意极轴角来捕捉位置点。

4．"栅格捕捉"又分为"矩形捕捉"和"等轴测捕捉"两种方式。在"矩形捕捉"方式下，捕捉栅格是标准的矩形；在"等轴测捕捉"方式下，捕捉栅格和光标十字线不再互相垂直，而是成绘制等轴测图时的特定角度，这种方式对于绘制等轴测图是十分方便的。

5．"极轴间距"选项组

该选项组只有在"极轴捕捉"类型时才可用。可在"极轴距离"文本框中输入距离值。

也可以通过在命令中输入"SNAP"命令来设置捕捉的有关参数。

3.2 对象捕捉

在利用AutoCAD画图时，经常要用到一些特殊的点，如圆心、切点、线段或圆弧的端点、中点等，如果用鼠标拾取的话，要准确地找到这些点是十分困难的。为此，AutoCAD提供了一些识别这些点的工具，通过这些工具可以很容易地构造新的几何体，精确地画出创建的对象，其结果比传统的手工绘图更精确，更容易维护。在AutoCAD中，这种功能称之为对象捕捉功能。

3.2.1 特殊位置点捕捉

在使用 AutoCAD 绘制图形时，有时需要指定一些特殊位置的点，例如圆心、端点、中点、平行线上的点等，这些点如表 3-1 所示。可以通过对象捕捉功能来捕捉这些点。

特殊位置点捕捉 表 3-1

捕捉模式	功能
临时追踪点	建立临时追踪点
两点之间的中点	捕捉两个独立点之间的中点
自	建立一个临时参考点，作为指出后继点的基点
点过滤器	由坐标选择点
端点	线段或圆弧的端点
中点	线段或圆弧的中点
交点	线、圆弧或圆等的交点
外观交点	图形对象在视图平面上的交点
延长线	指定对象的延伸线
圆心	圆或圆弧的圆心
象限点	距光标最近的圆或圆弧上可见部分的象限点，即圆周上 0 度、90 度、180 度、270 度位置上的点
切点	最后生成的一个点到选中的圆或圆弧上引切线的切点位置
垂足	在线段、圆、圆弧或它们的延长线上捕捉一个点，使之与最后生成的点的连线与该线段、圆或圆弧正交
平行线	绘制与指定对象平行的图形对象
节点	捕捉用 Point 或 DIVIDE 等命令生成的点
插入点	文本对象和图块的插入点
最近点	离拾取点最近的线段、圆、圆弧等对象上的点
无	关闭对象捕捉模式
对象捕捉设置	设置对象捕捉

AutoCAD 提供了命令行、工具栏和快捷菜单 3 种执行特殊点对象捕捉的方法。

1. 命令行方式

绘图时，当命令行提示输入一点时，输入相应特殊位置点的命令，如表 3-1 所示，然后根据提示操作即可。

2. 工具栏方式

使用图 3-3 所示的"对象捕捉"工具栏，可以使用户更方便地实现捕捉点的目的。当命令行提示输入一点时，单击"对象捕捉"工具栏上相应的按钮。当把鼠标放在某一图标上时，会显示出该图标功能的提示，然后根据提示操作即可。

3. 快捷菜单方式

快捷菜单可通过同时按下 Shift 键和鼠标右键来激活，菜单中列出了 AutoCAD 提供的对象捕捉模式，如图 3-4 所示。操作方法与工具栏相似，只要在命令行提示输入一点时，单击快捷菜单上相应的菜单项，然后按提示操作即可。

图 3-3 "对象捕捉"工具栏

71

3.2.2 对象捕捉设置

在使用 AutoCAD 绘图之前，可以根据需要，事先设置并运行一些对象捕捉模式。绘图时，AutoCAD 能自动捕捉这些特殊点，从而加快绘图速度，提高绘图质量。

【执行方式】

命令行：DDOSNAP

菜单栏："工具"→"绘图设置"

工具栏："对象捕捉"→"对象捕捉设置"按钮

状态栏：对象捕捉（功能仅限于打开与关闭）

快捷键：F3（功能仅限于打开与关闭）

快捷菜单：对象捕捉设置（如图 3-4 所示）

【操作步骤】

命令：DDOSNAP↙

执行上述命令后，打开"草图设置"对话框，在该对话框中，单击"对象捕捉"标签，打开"对象捕捉"选项卡，如图 3-5 所示。利用此对话框可以对对象捕捉方式进行设置。

图 3-4　对象捕捉快捷菜单

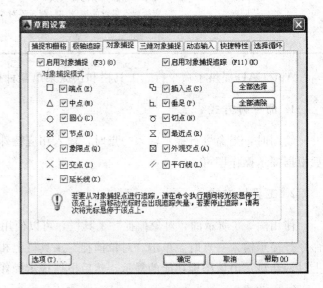

图 3-5　"草图设置"对话框"对象捕捉"选项卡

【选项说明】

1. "启用对象捕捉"复选框

打开或关闭对象捕捉方式。当选中此复选框时，在"对象捕捉模式"选项组中选中的捕捉模式处于激活状态。

2. "启用对象捕捉追踪"复选框

打开或关闭自动追踪功能。

3. "对象捕捉模式"选项组

此选项组中列出各种捕捉模式的单选钮，选中某模式的单选钮，则表示该模式被激活。单击"全部清除"按钮，则所有模式均被清除。单击"全部选择"按钮，则所有模式均被选中。

另外，在对话框的左下角有一个"选项（T）"按钮，单击它可打开"选项"对话框的"草图"选项卡，利用该对话框可决定对象捕捉模式的各项设置。

3.2.3　基点捕捉

在绘制图形时，有时需要指定以某个点为基点的一个点。这时，可以利用基点捕捉功能来捕捉此点。基点捕捉要求确定一个临时参考点作为指定后继点的基点，此参考点通常与其他对象捕捉模式及相关坐标联合使用。

【执行方式】

命令行：FROM

快捷菜单：自（如图 3-4 所示）

【操作步骤】

当在输入一点的提示下输入 From，或单击相应的工具图标时，命令行中的操作与提示如下：

基点：(指定一个基点)

<偏移>：(输入相对于基点的偏移量)

则得到一个点，这个点与基点之间的坐标差为指定的偏移量。

说明：在"<偏移>："提示后输入的坐标必须是相对坐标，如（@10，15）等。

3.2.4　点过滤器捕捉

利用点过滤器捕捉，可以由一个点的 X 坐标和另一点的 Y 坐标确定一个新点。在"指定下一点或［放弃（U）］:"提示下选择此项，AutoCAD 提示：

X 于：(指定一个点)

(需要 YZ)：(指定另一个点)

则新建的点具有第一个点的 X 坐标和第二个点的 Y 坐标。

3.3　对　象　追　踪

对象追踪是指按指定角度或与其他对象的指定关系绘制对象。可以结合对象捕捉功能进行自动追踪，也可以指定临时点进行临时追踪。

3.3.1　自动追踪

利用自动追踪功能，可以对齐路径，有助于以精确的位置和角度来创建对象。自动追踪包括两种追踪方式："极轴追踪"和"对象捕捉追踪"。"极轴追踪"是指按指定的极轴角或极轴角的倍数来对齐要指定点的路径；"对象捕捉追踪"是指以捕捉到的特殊位置点为基点，按指定的极轴角或极轴角的倍数来对齐要指定点的路径。

"极轴追踪"必须配合"极轴"功能和"对象追踪"功能一起使用，即同时打开状态栏上的"极轴"功能开关和"对象追踪"功能开关；"对象捕捉追踪"必须配合"对象捕捉"功能和"对象追踪"功能一起使用，即同时打开状态栏上的"对象捕捉"功能开关和"对象追踪"功能开关。

1. 对象捕捉追踪设置

【执行方式】

命令行：DDOSNAP

菜单栏："工具"→"绘图设置"

工具栏："对象捕捉"→"对象捕捉设置"按钮 📍

状态栏：对象捕捉＋对象追踪

快捷键：F11

快捷菜单：对象捕捉设置（如图 3-4 所示）

【操作步骤】

按照上述执行方式进行操作或者在"对象捕捉"开关或"对象追踪"开关上右击，在打开的右键快捷菜单中选择"设置"命令，系统打开如图 3-5 所示的"草图设置"对话框的"对象捕捉"选项卡，选中"启用对象捕捉追踪"复选框，即完成了对象捕捉追踪设置。

2. 极轴追踪设置

【执行方式】

命令行：DDOSNAP

菜单栏："工具"→"绘图设置"

工具栏："对象捕捉"→"对象捕捉设置"按钮 📍

状态栏：对象捕捉＋极轴

快捷键：F10

快捷菜单：对象捕捉设置（如图 3-4 所示）

【操作步骤】

按照上述执行方式进行操作或者在"极轴"开关上右击，在打开的右键快捷菜单中选

择"设置"命令，打开如图 3-6 所示的"草图设置"对话框的"极轴追踪"选项卡。

【选项说明】

（1）"启用极轴追踪"复选框：选中该复选框，即启用极轴追踪功能。

（2）"极轴角设置"选项组：设置极轴角的值。可以在"增量角"下拉列表框中选择一个角度值。也可选中"附加角"复选框，单击"新建"按钮设置任意附加角，系统在进行极轴追踪时，同时追踪增量角和附加角，可以设置多个附加角。

（3）"对象捕捉追踪设置"选项组和"极轴角测量"选项组：按界面提示设置相应的单选钮选项。

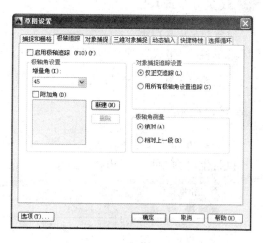

图 3-6　"草图设置"对话框的"极轴追踪"选项卡

3.3.2　临时追踪

绘制图形对象时，除了可以进行自动追踪外，还可以指定临时点作为基点进行临时追踪。

在命令行提示输入点时，输入 tt，或打开右键快捷菜单，选择其中的"临时追踪点"命令，然后指定一个临时追踪点。该点上将出现一个小的加号（＋）。移动光标时，相对于这个临时点，将显示临时追踪对齐路径。要删除此点，请将光标移回到加号（＋）上面。

3.4　设置图层

图层的概念类似投影片，将不同属性的对象分别画在不同的图层（投影片）上，例如将图形的主要线段、中心线、尺寸标注等分别画在不同的图层上，每个图层可设定不同的线型、线条颜色，然后把不同的图层堆栈在一起成为一张完整的视图，如此可使视图层次分明、有条理，方便图形对象的编辑与管理。一个完整的图形就是它所包含的所有图层上的对象叠加在一起，如图 3-7 所示。

在用图层功能绘图之前，首先要对图层的各项特性进行设置，包括建立和命名图层、设置当前图层、设置图层的颜色和线型、图层是否关闭、是否冻结、是否锁定以及图层删除等。本节主要对图层的这些相关操作进行介绍。

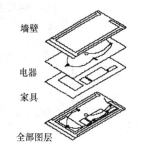

图 3-7　图层效果

3.4.1　利用对话框设置图层

AutoCAD 2014 提供了详细直观的"图层特性管理器"对话框，用户可以方便地通过对该对话框中的各选项卡及其二级对话框进行图层设置，从而实现建立新图层、设置图层颜色及线型等的各种操作。

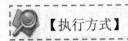【执行方式】

命令行：LAYER

菜单栏："格式" → "图层"

工具栏："图层" → "图层特性管理器"按钮

【操作步骤】

命令:LAYER✓✓

执行上述命令后，打开如图 3-8 所示的"图层特性管理器"对话框。

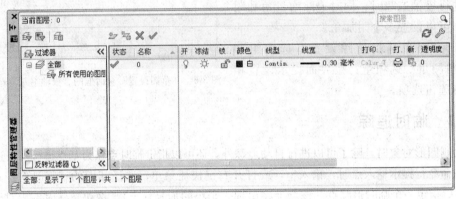

图 3-8　"图层特性管理器"对话框

【选项说明】

1. "新建特性过滤器"按钮

打开"图层过滤器特性"对话框，如图 3-9 所示。从中可以基于一个或多个图层特性创建图层过滤器。

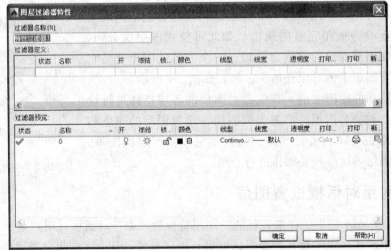

图 3-9　"图层过滤器特性"对话框

2. "新建组过滤器" 按钮

创建一个图层过滤器，其中包含用户选定并添加到该过滤器的图层。

3. "图层状态管理器" 按钮

打开 "图层状态管理器" 对话框，如图 3-10 所示。从中可以将图层的当前特性设置保存到命名图层状态中，以后可以恢复这些设置。

4. "新建图层" 按钮

建立新图层。单击此按钮，图层列表中出现一个新的图层名字 "图层 1"，用户可使用此名字，也可改名。要想同时产生多个图层，可在选中一个图层名后，输入多个名字，各名字之间以逗号分隔。图层的名字可以包含字母、数字、空格和特殊符号，AutoCAD 支持长达 255 个字符的图层名字。新的图层继承了建立新图层时所选中的图层的所有已有特性（颜色、线型、ON/OFF 状态等），如果建立新图层时没有图层被选中，则新的图层具有默认的设置。

5. "删除图层" 按钮

删除所选图层。在图层列表中选中某一图层，然后单击此按钮，则把该图层删除。

6. "置为当前" 按钮

设置所选图层为当前图层。在图层列表中选中某一图层，然后单击此按钮，则把该图层设置为当前图层，并在 "当前图层" 一栏中显示其名字。当前图层的名字被存储在系统变量 CLAYER 中。另外，双击图层名也可把该图层设置为当前图层。

7. "搜索图层" 文本框

输入字符后，按名称快速过滤图层列表。关闭 "图层特性管理器" 对话框时，并不保存此过滤器。

8. "反转过滤器" 复选框

打开此复选框，显示所有不满足选定的图层特性过滤器中条件的图层。

9. "指示正在使用的图层" 复选框

在列表视图中显示图标以指示图层是否处于使用状态。在具有多个图层的图形中，清除此选项可提高性能。

10. "设置" 按钮

打开 "图层设置" 对话框，如图 3-11 所示。此对话框包括 "新图层通知设置" 选项组和 "对话框设置" 选项组。

11. 图层列表区

显示已有的图层及其特性。要修改某一图层的某一特性，单击它所对应的图标即可。右击空白区域或使用快捷菜单可快速选中所有图层。列表区中各列的含义如下：

图 3-10 "图层状态管理器"对话框

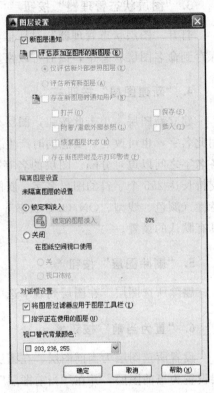

图 3-11 "图层设置"对话框

（1）名称：显示满足条件的图层的名字。如果要对某图层进行修改，首先要选中该图层，使其逆反显示。

（2）状态转换图标：在"图层特性管理器"对话框的名称栏有一列图标，移动指针到某一图标上并单击，则可以打开或关闭该图标所代表的功能，或从详细数据区中钩选或取消钩选关闭（ 💡/💡 ）、锁定（ 🔓/🔒 ）、在所有视口内冻结（ ☼ /❄ ）及不打印（ 🖨/🖨 ）等项目，各图标说明如表 3-2 所示。

图层列表区图标说明 表 3-2

图示	名称	功能说明
💡/💡	打开/关闭	将图层设定为打开或关闭状态，当呈现关闭状态时，该图层上的所有对象将隐藏不显示，只有呈现打开状态的图层才会在屏幕上显示或由打印机中打印出来。因此，绘制复杂的视图时，先将不编辑的图层暂时关闭，可降低图形的复杂性
☼/❄	解冻/冻结	将图层设定为解冻或冻结状态。当图层呈现冻结状态时，该图层上的对象均不会显示在屏幕上或由打印机打出，而且不会执行重生（REGEN）、缩放（ROOM）、平移（PAN）等命令的操作，因此若将视图中不编辑的图层暂时冻结，可加快图形编辑的速度。而 💡/💡 （打开/关闭）功能只是单纯将对象隐藏，因此并不会加快执行速度

续表

图示	名称	功能说明
🔓/🔒	解锁/锁定	将图层设定为解锁或锁定状态。被锁定的图层,仍然显示在屏幕上,但不能以编辑命令修改被锁定的对象,只能绘制新的对象,如此可防止重要的图形被修改
🖨/🖨	打印/不打印	设定该图层是否可以打印图形

（3）颜色：显示和改变图层的颜色。如果要改变某一图层的颜色，单击其对应的"颜色"图标，AutoCAD 就会打开如图 3-12 所示的"选择颜色"对话框，用户可从中选取自己需要的颜色。

（4）线型：显示和修改图层的线型。如果要修改某一图层的线型，单击该图层的"线型"项，打开"选择线型"对话框，如图 3-13 所示，其中列出了当前可用的所有线型，用户可从中选取。具体内容下节详细介绍。

图 3-12　"选择颜色"对话框

图 3-13　"选择线型"对话框

（5）线宽：显示和修改图层的线宽。如果要修改某一层的线宽，单击该层的"线宽"项，打开"线宽"对话框，如图 3-14 所示，其中列出了 AutoCAD 设定的所有线宽值，用户可从中选取。"旧的"显示行显示前面赋予图层的线宽。当建立一个新图层时，采用默认线宽（其值为 0.01 英寸即 0.25mm），默认线宽的值由系统变量 LWDEFAULT 来设置。"新的"显示行显示当前赋予图层的线宽。

图 3-14　"线宽"对话框

（6）打印样式：修改图层的打印样式，所谓打印样式是指打印图形时各项属性的设置。

3.4.2　利用工具栏设置图层

AutoCAD 提供了一个"特性"工具栏，如图 3-15 所示。用户可以通过控制和使用工具栏上的工具图标来快速地察看和改变所选对象的图层、颜色、线型和线宽等特性。"特性"工具栏上的图层、颜色、线型、线宽和打印样式的控制增强了察看和编辑对象属性的命令。在绘图屏幕上选择任何对象时，都将在工具栏上自动显示它所在的图层、颜色、线型等属性。下面把"特性"工具栏各部分的功能简单说明一下：

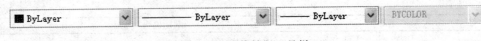

图 3-15 "特性"工具栏

1. "颜色控制"下拉列表框

单击右侧的向下箭头，弹出一个下拉列表，用户可从中选择一种颜色使之成为当前颜色，如果选择"选择颜色"选项，则 AutoCAD 打开"选择颜色"对话框以供用户选择其他颜色。修改当前颜色之后，不论在哪个图层上绘图都采用这种颜色，但对各个图层的颜色设置没有影响。

2. "线型控制"下拉列表框

单击右侧的向下箭头，打开一个下拉列表，用户可从中选择一种线型使之成为当前线型。修改当前线型之后，不论在哪个图层上绘图都采用这种线型，但对各个图层的线型设置没有影响。

3. "线宽"下拉列表框

单击右侧的向下箭头，打开一个下拉列表，用户可从中选择一种线宽使之成为当前线宽。修改当前线宽之后，不论在哪个图层上绘图都采用这种线宽，但对各个图层的线宽设置没有影响。

4. "打印类型控制"下拉列表框

单击右侧的向下箭头，打开一个下拉列表，用户可从中选择一种打印样式使之成为当前打印样式。

3.5 设 置 颜 色

AutoCAD 绘制的图形对象都具有一定的颜色，为使绘制的图形清晰明了，可把同一类的图形对象用相同的颜色进行绘制，而使不同类的对象具有不同的颜色，以示区分。为此，需要适当地对颜色进行设置。AutoCAD 允许用户为图层设置颜色，为新建的图形对象设置当前颜色，还可以改变已有图形对象的颜色。

【执行方式】

命令行：COLOR
菜单栏："格式"→"颜色"

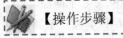

【操作步骤】

命令：COLOR ✓✓
单击相应的菜单项或在命令行输入 COLOR 命令后按 Enter 键，打开如图 3-12 所示的"选择颜色"对话框。也可在图层操作中打开此对话框，具体方法在上节中已讲述。

3.5.1 "索引颜色"标签

打开此标签，用户可以在系统所提供的 255 种颜色索引表中选择自己所需要的颜色，如图 3-12 所示。

1. "颜色索引"列表框

依次列出了 255 种索引色。可在此选择所需要的颜色。

2. "颜色"文本框

所选择的颜色的代号值将显示在"颜色"文本框中，也可以通过直接在该文本框中输入自己设定的代号值来选择颜色。

3. ByLayer 按钮和 ByBlock 按钮

选择这两个按钮，颜色分别按图层和图块设置。只有在设定了图层颜色和图块颜色后，这两个按钮才可以使用。

3.5.2 "真彩色"标签

打开此标签，用户可以选择自己需要的任意颜色，如图 3-16 所示。可以通过拖动调色板中的颜色指示光标和"亮度"滑块来选择颜色及其亮度。也可以通过"色调"、"饱和度"和"亮度"调节钮来选择需要的颜色。所选择颜色的红、绿、蓝值将显示在下面的"颜色"文本框中，也可以通过直接在该文本框中输入自己设定的红、绿、蓝值来选择颜色。

在此标签的右边，有一个"颜色模式"下拉列表框，默认的颜色模式为 HSL 模式，即如图 3-16 所示的模式。如果选择 RGB 模式，则如图 3-17 所示。在该模式下选择颜色的方式与在 HSL 模式下选择颜色的方式类似。

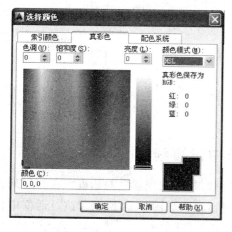

图 3-16 "真彩色"标签

图 3-17 RGB 模式

图 3-18　"配色系统"标签

3.5.3　"配色系统"标签

打开此标签，用户可以从标准配色系统（比如，Pantone）中选择预定义的颜色。如图 3-18 所示。用户可以在"配色系统"下拉列表框中选择需要的系统，然后通过拖动右边的滑块来选择具体的颜色，所选择的颜色编号显示在下面的"颜色"文本框中，也可以通过直接在该文本框中输入颜色编号来选择颜色。

3.6　图层的线型

在国家标准 GB/T 4457.3—1984 中，对机械图样中使用的各种图线的名称、线型、线宽及其在图样中的应用作了规定，如表 3-3 所示，其中常用的图线有 4 种，即：粗实线、细实线、虚线、细点画线。图线分为粗、细两种，粗线的宽度 b 应按图样的大小和图形的复杂程度，在 $0.5 \sim 2mm$ 中选择，细线的宽度约为 $b/3$。

图线的形式及应用　　　　　　　　　　　　　　　　表 3-3

图线名称	线　型	线宽	主要用途
粗实线	————————	b	可见轮廓线，可见过渡线
细实线	————————	约 $b/2$	尺寸线、尺寸界线、剖面线、引出线、弯折线、牙底线、齿根线、辅助线等
细点画线	—— — —— — ——	约 $b/2$	轴线、对称中心线、齿轮节线等
虚线	— — — — — —	约 $b/2$	不可见轮廓线、不可见过渡线
波浪线	∿∿∿∿	约 $b/2$	断裂处的边界线、剖视与视图的分界线
双折线	⋏⋏⋏	约 $b/2$	断裂处的边界线
粗点画线	■■ ■ ■■ ■ ■■	b	有特殊要求的线或面的表示线
双点画线	— — — — — —	约 $b/2$	相邻辅助零件的轮廓线、极限位置的轮廓线、假想投影的轮廓线

技巧荟萃

标准实线宽度 $b = 0.4 \sim 0.8mm$。

3.6.1　在"图层特性管理器"对话框中设置线型

按照上节讲述的方法，打开如图 3-8 所示的"图层特性管理器"对话框。在图层列表的"线型项"下单击线型名，打开"选择线型"对话框，如图 3-13 所示。该对话框中各选项的含义如下：

1."已加载的线型"列表框

显示在当前绘图中加载的线型,可供用户选用,其右侧显示出线型的外观。

2."加载"按钮

单击此按钮,打开"加载或重载线型"对话框,如图 3-19 所示,用户可通过此对话框来加载线型并把它添加到线型列表中,但是加载的线型必须在线型库(LIN)文件中定义过。标准线型都保存在 acad.lin 文件中。

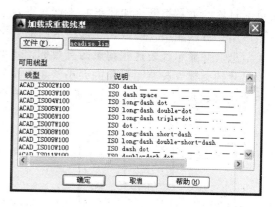

图 3-19 "加载或重载线型"对话框

3.6.2 直接设置线型

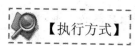【执行方式】

命令行:LINETYPE✓

执行上述命令后,打开"线型管理器"对话框,如图 3-20 所示。该对话框与前面讲述的相关知识相同,在此不再赘述。

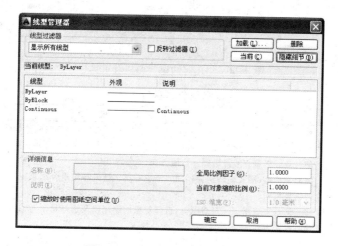

图 3-20 "线型管理器"对话框

3.7 对 象 约 束

约束能够用于精确地控制草图中的对象。草图约束有两种类型:尺寸约束和几何约束。

几何约束建立起草图对象的几何特性(如要求某一直线具有固定长度)或是两个或更

多草图对象的关系类型（如要求两条直线垂直或平行，或是几个弧具有相同的半径）。在图形区用户可以使用"参数化"选项卡内的"全部显示"、"全部隐藏"或"显示"来显示有关信息，并显示代表这些约束的直观标记（如图 3-21 所示的水平标记和共线标记）。

尺寸约束建立起草图对象的大小（如直线的长度、圆弧的半径等等）或是两个对象之间的关系（如两点之间的距离）。如图 3-22 所示为一带有尺寸约束的示例。

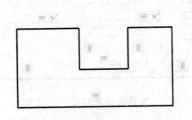

图 3-21　"几何约束"示意图　　　图 3-22　"尺寸约束"示意图

3.7.1　几何约束

使用几何约束，可以指定草图对象必须遵守的条件，或是草图对象之间必须维持的关系。几何约束面板及工具栏（面板在"参数化"标签内的"几何"面板中）如图 3-23 所示，其主要几何约束选项功能如表 3-2 所示。

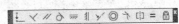

图 3-23　"几何约束"面板及工具栏

特殊位置点捕捉　　　　　　　　　　　　表 3-4

约束模式	功　能
重合	约束两个点使其重合，或者约束一个点使其位于曲线（或曲线的延长线）上。可以使对象上的约束点与某个对象重合，也可以使其与另一对象上的约束点重合。
共线	使两条或多条直线段沿同一直线方向。
同心	将两个圆弧、圆或椭圆约束到同一个中心点。结果与将重合约束应用于曲线的中心点所产生的结果相同。
固定	将几何约束应用于一对对象时，选择对象的顺序以及选择每个对象的点可能会影响对象彼此间的放置方式。
平行	使选定的直线位于彼此平行的位置。平行约束在两个对象之间应用。
垂直	使选定的直线位于彼此垂直的位置。垂直约束在两个对象之间应用。
水平	使直线或点对位于与当前坐标系的 X 轴平行的位置。默认选择类型为对象。
竖直	使直线或点对位于与当前坐标系的 Y 轴平行的位置。
相切	将两条曲线约束为保持彼此相切或其延长线保持彼此相切。相切约束在两个对象之间应用。
平滑	将样条曲线约束为连续，并与其他样条曲线、直线、圆弧或多段线保持 G2 连续性。
对称	使选定对象受对称约束，相对于选定直线对称。
相等	将选定圆弧和圆的尺寸重新调整为半径相同，或将选定直线的尺寸重新调整为长度相同。

绘图中可指定二维对象或对象上的点之间的几何约束。之后编辑受约束的几何图形时，将保留约束。因此，通过使用几何约束，可以在图形中包括设计要求。

在用 AutoCAD 绘图时，使用"约束设置"对话框，如图 3-24 所示，可以控制约束栏上显示或隐藏的几何约束类型。

【执行方式】

命令行：CONSTRAINTSETTINGS
菜单栏："参数"→"约束设置"
功能区："参数化"→"几何"→"几何约束设置"
工具栏："参数化"→"约束设置"按钮
快捷键：CSETTINGS

【操作步骤】

命令：CONSTRAINTSETTINGS✓✓

执行上述命令后，打开"约束设置"对话框，在该对话框中，单击"几何"标签打开"几何"选项卡，如图 3-24 所示。利用此对话框可以控制约束栏上约束类型的显示。

【选项说明】

1. "约束栏设置"选项组：此选项组控制图形编辑器中是否为对象显示约束栏或约束点标记。例如，可以为水平约束和竖直约束隐藏约束栏的显示。

2. "全部选择"按钮：选择几何约束类型。

3. "全部清除"按钮：清除选定的几何约束类型。

4. "仅为处于当前平面中的对象显示约束栏"复选框：仅为当前平面上受几何约束的对象显示约束栏。

5. "约束栏透明度"选项组：设置图形中约束栏的透明度。

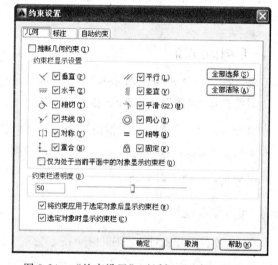

图 3-24 "约束设置"对话框"几何"选项卡

6. "将约束应用于选定对象后显示约束栏"复选框：手动应用约束后或使用 AUTOCONSTRAIN 命令时显示相关约束栏。

3.7.2 尺寸约束

建立尺寸约束是限制图形几何对象的大小，也就是与在草图上标注尺寸相似，同样设置尺寸标注线，与此同时在建立相应的表达式，不同的是可以在后续的编辑工作中实现尺寸的参数化驱动。标注约束面板及工具栏（面板

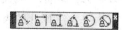

图 3-25 "标注约束"面板及工具栏

85

在"参数化"标签内的"标注"面板中）如图 3-25 所示。

在生成尺寸约束时，用户可以选择草图曲线、边、基准平面或基准轴上的点，以生成水平、竖直、平行、垂直和角度尺寸。

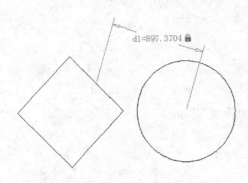

d1=897.3704

生成尺寸约束时，系统会生成一个表达式，其名称和值显示在一弹出的对话框文本区域中，如图 3-26 所示，用户可以接着编辑该表达式的名和值。

生成尺寸约束时，只要选中了几何体，其尺寸及其延伸线和箭头就会全部显示出来。将尺寸拖动到位，然后单击左键。完成尺寸约束

图 3-26 "尺寸约束编辑"示意图

后，用户还可以随时更改尺寸约束。只需在图形区选中该值双击，然后可以使用生成过程所采用的同一方式，编辑其名称、值或位置。

在用 AutoCAD 绘图时，使用"约束设置"对话框内的"标注"选项卡，如图 3-26 所示，可控制显示标注约束时的系统配置。标注约束控制设计的大小和比例。它们可以约束以下内容：

（1）对象之间或对象上的点之间的距离

（2）对象之间或对象上的点之间的角度

【执行方式】

命令行：CONSTRAINTSETTINGS

菜单栏："参数"→"约束设置"

功能区："参数化"→"标注"→"标注约束设置"

工具栏："参数化"→"约束设置"按钮

快捷键：CSETTINGS

【操作步骤】

命令：CONSTRAINTSETTINGS✓✓

执行上述命令后，打开"约束设置"对话框，在该对话框中，单击"标注"标签打开"标注"选项卡，如图 3-27 所示。利用此对话框可以控制约束栏上约束类型的显示。

【选项说明】

1."显示所有动态约束"复选框：默认情况下显示所有动态标注约束。

2."标注约束格式"选项组：该选项组内可以设置标注名称格式和锁定图标的显示。

3."标注名称格式"下拉框：为应用标注约束时显示的文字指定格式。将名称格式设置为显示：名称、值或名称和表达式。例如：宽度＝长度/2

4."为注释性约束显示锁定图标"复选框：针对已应用注释性约束的对象显示锁定图标。

5. "为选定对象显示隐藏的动态约束"显示选定时已设置为隐藏的动态约束。

3.7.3 自动约束

在用 AutoCAD 绘图时，使用"约束设置"对话框内的"自动约束"选项卡，如图 3-28 所示，可将设定公差范围内的对象自动设置为相关约束。

【执行方式】

命令行：CONSTRAINTSETTINGS

菜单栏："参数"→"约束设置"

功能区："参数化"→"标注"→"标注约束设置"

工具栏："参数化"→"约束设置"按钮

快捷键：CSETTINGS

【操作步骤】

命令：CONSTRAINTSETTINGS↙

执行上述命令后，打开"约束设置"对话框，在该对话框中，单击"自动约束"标签打开"自动约束"选项卡，如图 3-28 所示。利用此对话框可以控制自动约束相关参数。

图 3-27 "约束设置"对话框"标注"选项卡　　图 3-28 "约束设置"对话框"自动约束"选项卡

【选项说明】

1. "自动约束"列表框：显示自动约束的类型以及优先级。可以通过"上移"和"下移"按钮调整优先级的先后顺序。可以单击 ✔ 符号选择或去掉某约束类型作为自动约束类型。

2. "相切对象必须共用同一交点"复选框：指定两条曲线必须共用一个点（在距离公

差内指定）以便应用相切约束。

    3. "垂直对象必须共用同一交点"复选框：指定直线必须相交或者一条直线的端点必须与另一条直线或直线的端点重合（在距离公差内指定）。

    4. "公差"选项组：设置可接受的"距离"和"角度"公差值以确定是否可以应用约束。

第 **4** 章

编辑命令

二维图形的编辑操作配合绘图命令的使用可以进一步完成复杂图形对象的绘制工作，并可使用户合理安排和组织图形，保证绘图准确，减少重复，因此，对编辑命令的熟练掌握和使用有助于提高设计和绘图的效率。本章主要内容包括：选择对象，删除及恢复类命令，对象编辑，复制类命令，改变位置类命令，改变几何特性类命令等。

 学 习 要 点

◎ 选择对象

◎ 删除及恢复类命令

◎ 对象编辑

◎ 复制类命令

◎ 改变位置类命令

◎ 改变几何特性类命令

4.1 选 择 对 象

AutoCAD 2014 提供两种编辑图形的途径：

第一种：先执行编辑命令，然后选择要编辑的对象。

第二种：先选择要编辑的对象，然后执行编辑命令。

这两种途径的执行效果是相同的，但选择对象是进行编辑的前提。AutoCAD 2014 提供了多种对象选择方法，如点取方法、用选择窗口选择对象、用选择线选择对象、用对话框选择对象等。AutoCAD 可以把选择的多个对象组成整体，如选择集和对象组，进行整体编辑与修改。

下面结合 SELECT 命令说明选择对象的方法。

SELECT 命令可以单独使用，也可以在执行其他编辑命令时被自动调用。此时屏幕提示：

选择对象：↙

等待用户以某种方式选择对象作为回答。AutoCAD 2014 提供多种选择方式，可以键入"?"查看这些选择方式。选择选项后，出现如下提示：

需要点或窗口（W）/上一个（L）/窗交（C）/框（BOX）/全部（ALL）/栏选（F）/圈围（WP）/圈交（CP）/编组（G）/添加（A）/删除（R）/多个（M）/前一个（P）/放弃（U）/自动（AU）/单个（SI）/子对象（SU）/对象（O）

上面各选项的含义如下：

1. 点

该选项表示直接通过点取的方式选择对象。用鼠标或键盘移动拾取框，使其框住要选取的对象，然后单击，就会选中该对象并以高亮度显示。

2. 窗口（W）

用由两个对角顶点确定的矩形窗口选取位于其范围内部的所有图形，与边界相交的对象不会被选中。在指定对角顶点时，应该按照从左向右的顺序。如图 4-1 所示。

3. 上一个（L）

在"选择对象："提示下键入"L"后按 Enter 键，系统会自动选取最后绘出的一个对象。

4. 窗交（C）

该方式与上述"窗口"方式类似，区别在于：它不但选中矩形窗口内部的对象，也选中与矩形窗口边界相交的对象。选择的对象如图 4-2 所示。

5. 框（BOX）

使用时，系统根据用户在屏幕上给出的两个对角点的位置而自动引用"窗口"或"窗

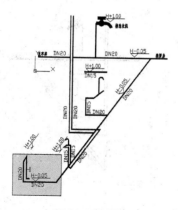

(a) 图中深色覆盖部分为选择窗口

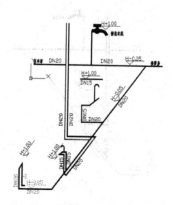

(b) 选择后的图形

图 4-1 "窗口"对象选择方式

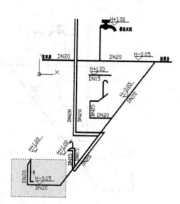

(a) 图中深色覆盖部分为选择窗口

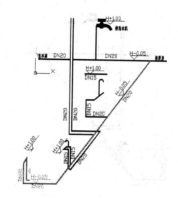

(b) 选择后的图形

图 4-2 "窗交"对象选择方式

交"方式。若从左向右指定对角点，则为"窗口"方式；反之，则为"窗交"方式。

6. 全部 (ALL)

选取图面上的所有对象。

7. 栏选 (F)

用户临时绘制一些直线，这些直线不必构成封闭图形，凡是与这些直线相交的对象均被选中。绘制结果如图 4-3 所示。

8. 圈围 (WP)

使用一个不规则的多边形来选择对象。根据提示，用户顺次输入构成多边形的所有顶点的坐标，最后按 Enter 键，结束操作，系统将自动连接第一个顶点到最后一个顶点的各个顶点，形成封闭的多边形。凡是被多边形围住的对象均被选中（不包括边界）。执行结果如图 4-4 所示。

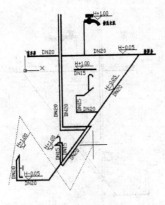 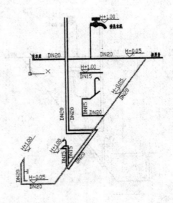

(a) 图中虚线为选择栏　　　　　　　　　　(b) 选择后的图形

图 4-3 "栏选"对象选择方式

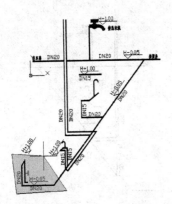 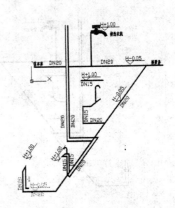

(a) 图中十字线所拉出深色多边形为选择窗口　　　　(b) 选择后的图形

图 4-4 "圈围"对象选择方式

9. 圈交（CP）

类似于"圈围"方式，在"选择对象"提示后键入"CP"，后续操作与"圈围"方式相同。区别在于：与多边形边界相交的对象也被选中。

 技巧荟萃

若矩形框从左向右定义，即第一个选择的对角点为左侧的对角点，矩形框内部的对象被选中，框外部的对象及与矩形框边界相交的对象不会被选中。若矩形框从右向左定义，矩形框内部的对象及与矩形框边界相交的对象都会被选中。

4.2　删除及恢复类命令

这一类命令主要用于删除图形的某部分或对已被删除的部分进行恢复，包括删除、放弃、清除等命令。

4.2.1 删除命令

如果所绘制的图形不符合要求或绘错了图形，则可以使用删除命令 ERASE 把它删除。

【执行方式】

命令行：ERASE

菜单栏："修改"→"删除"

工具栏："修改"→"删除按钮"按钮

快捷菜单：选择要删除的对象，在绘图区右击，从打开的右键快捷菜单上选择"删除"命令

【操作步骤】

可以先选择对象，然后调用删除命令；也可以先调删除命令，然后再选择对象。选择对象时，可以使用前面介绍的各种对象选择的方法。

当选择多个对象时，多个对象都被删除；若选择的对象属于某个对象组，则该对象组的所有对象都被删除。

4.2.2 恢复命令

若误删除了图形，则可以使用恢复命令 OOPS 恢复误删除的对象。

【执行方式】

命令行：OOPS 或 U

工具栏："标准"→"放弃按钮"按钮

快捷键：Ctrl＋Z

【操作步骤】

在命令行窗口的提示行上输入"OOPS"，按 Enter 键。

4.2.3 清除命令

此命令与删除命令的功能完全相同。

【执行方式】

菜单栏："编辑"→"删除"

快捷键：Del

【操作步骤】

用菜单或快捷键输入上述命令后，系统提示：

选择对象：✓（选择要清除的对象，按 Enter 键执行清除命令）

4.3 对象编辑

在对图形进行编辑时，还可以对图形对象本身的某些特性进行编辑，从而方便图形绘制。

4.3.1 钳夹功能

利用钳夹功能可以快速方便地编辑对象。AutoCAD 在图形对象上定义了一些特殊点，称为夹点，利用夹点可以灵活地控制对象，如图 4-5 所示。

要使用钳夹功能编辑对象必须先打开钳夹功能，打开方法：选择菜单栏中的"工具"→"选项"→"选择集"命令。

在"选项"对话框的"选择集"选项卡中，打开"显示夹点"复选框。在该选项卡中，还可以设置代表夹点的小方格的尺寸和颜色。

也可以通过 GRIPS 系统变量来控制是否打开钳夹功能，1 代表打开，0 代表关闭。

打开了钳夹功能后，应该在编辑对象之前先选择对象。夹点表示了对象的控制位置。

使用夹点编辑对象，要选择一个夹点作为基点，称为基准夹点。然后，选择一种编辑操作：删除、移动、复制选择、旋转和缩放。可以用空格键、Enter 键或键盘上的快捷键循环选择这些功能。

下面仅以其中的拉伸对象操作为例进行讲述，其他操作与此类似。

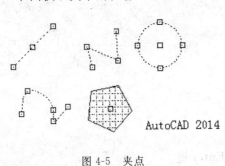

AutoCAD 2014

图 4-5 夹点

在图形上拾取一个夹点，该夹点改变颜色，此点为夹点编辑的基准夹点。这时系统提示：

＊＊拉伸＊＊

指定拉伸点或［基点（B）/复制（C）/放弃（U）/退出（X）］：✓

在上述拉伸编辑提示下，输入"缩放"命令或右击，选择快捷菜单中的"缩放"命令，系统就会转换为"缩放"操作，其他操作类似。

4.3.2 修改对象属性

【执行方式】

命令行：DDMODIFY 或 PROPERTIES

菜单栏："修改"→"特性或工具"→"选项板"→"特性"

工具栏："标准"→"特性按钮"按钮 ▣

【操作步骤】

AutoCAD 打开"特性"工具板，如图 4-6 所示。利用它可以方便地设置或修改对象的各种属性。

不同的对象属性种类和值不同，修改属性值，对象改变为新的属性。

4.3.3 特性匹配

利用特性匹配功能可以将目标对象的属性与源对象的属性进行匹配，使目标对象的属性与源对象属性相同。利用特性匹配功能可以方便快捷地修改对象属性，并保持不同对象的属性相同。

【执行方式】

命令行：MATCHPROP

菜单栏："修改"→"特性匹配"

【操作步骤】

命令：MATCHPROP↙

选择源对象：↙（选择源对象）

选择目标对象或［设置(S)］：↙（选择目标对象）

图 4-7（a）所示为两个属性不同的对象，以左边的圆为源对象，对右边的矩形进行特性匹配，结果如图 4-7（b）所示。

图 4-6　"特性"工具板

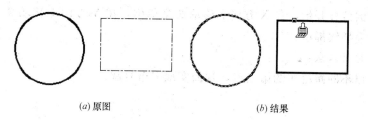

(a) 原图　　　　　　　　　　(b) 结果

图 4-7　特性匹配

4.4　复制类命令

本节详细介绍 AutoCAD 2014 的复制类命令。利用这些复制类命令，可以方便地编辑绘制图形。

4.4.1　复制命令

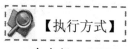
【执行方式】

命令行：COPY

菜单栏："修改"→"复制"

工具栏："修改"→"复制"按钮

快捷菜单：选择要复制的对象，在绘图区右击，从打开的右键快捷菜单上选择"复制选择"命令

【操作步骤】

命令：COPY✓

选择对象：✓（选择要复制的对象）

用前面介绍的对象选择方法选择一个或多个对象，按 Enter 键，结束选择操作。系统继续提示：

当前设置：复制模式＝多个

指定基点或 [位移(D)/模式(O)] <位移>：✓

【选项说明】

1. 指定基点

指定一个坐标点后，AutoCAD 2014 把该点作为复制对象的基点，并提示：

指定位移的第二点或 <用第一点作位移>：✓

指定第二个点后，系统将根据这两点确定的位移矢量把选择的对象复制到第二点处。如果此时直接按 Enter 键，即选择默认的"用第一点作位移"，则第一个点被当作相对于 X、Y、Z 的位移。例如，如果指定基点为（2，3）并在下一个提示下按 Enter 键，则该对象从它当前的位置开始，在 X 方向上移动 2 个单位，在 Y 方向上移动 3 个单位。复制完成后，系统会继续提示：

指定位移的第二点：✓

这时，可以不断指定新的第二点，从而实现多重复制。

2. 位移

直接输入位移值，表示以选择对象时的拾取点为基准，以拾取点坐标为移动方向，移动指定位移后所确定的点为基点。例如，选择对象时的拾取点坐标为（2，3），输入位移为 5，则表示以（2，3）点为基准，沿纵横比为 3：2 的方向移动 5 个单位所确定的点为基点。

3. 模式

控制是否自动重复该命令。确定复制模式是单个还是多个。

4.4.2 实例——绘制液面报警器符号

绘制思路

绘制如图 4-8 所示的液面报警器符号。

光盘 \ 视频教学 \ 第4章 \ 绘制液面报警器符号.avi

1. 单击"绘图"工具栏中的"圆"按钮⊘，在图形适当位置绘制一个半径为162的圆，如图4-9所示。

2. 单击"绘图"工具栏中的"直线"按钮，过上步绘制圆的圆心绘制对角线，如图4-10所示。

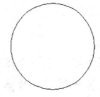
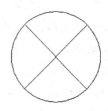

图4-8 液面报警器符号   图4-9 绘制圆   图4-10 绘制对角线

3. 单击"修改"工具栏中的"复制"按钮，选择上步绘制的图形为镜像对象，对其进行水平镜像，命令行提示与操作如下：

命令：COPY↙

选择对象：↙（选择上步绘制图形为复制对象）

选择对象：↙

当前设置：　复制模式＝多个

指定基点或［位移(D)/模式(O)］＜位移＞：↙

指定第二个点或［阵列(A)］＜使用第一个点作为位移＞：↙

指定第二个点或［阵列(A)/退出(E)/放弃(U)］＜退出＞：↙取消

结果如图4-11所示。

4. 单击"绘图"工具栏中的"多段线"按钮，设置线宽为50，连接上步绘制图形，如图4-12所示。

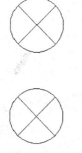
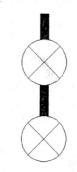

图4-11 复制对象   图4-12 绘制多段线

4.4.3 镜像命令

镜像对象是指把选择的对象以一条镜像线为对称轴进行镜像后的对象。镜像操作完成后，可以保留源对象，也可以将其删除。

【执行方式】

命令行：MIRROR

菜单栏："修改"→"镜像"

工具栏："修改"→"镜像"按钮

【操作步骤】

命令:MIRROR✓

选择对象:✓(选择要镜像的对象)

指定镜像线的第一点:✓(指定镜像线的第一个点)

指定镜像线的第二点:✓(指定镜像线的第二个点)

要删除源对象？[是(Y)/否(N)]<N>:✓(确定是否删除源对象)

这两点确定一条镜像线，被选择的对象以该线为对称轴进行镜像。包含该线的镜像平面与用户坐标系统的 XY 平面垂直，即镜像操作工作在与用户坐标系统的 XY 平面平行的平面上。

4.4.4 实例——绘制旋涡泵符号

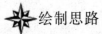绘制思路

绘制如图 4-13 所示的旋涡泵符号。

 参见光盘　光盘\视频教学\第 4 章\绘制旋涡泵符号.avi

1. 单击"绘图"工具栏中的"圆"按钮，在图形空白位置绘制一个半径为 264 的圆，如图 4-14 所示。

2. 单击"绘图"工具栏中的"多段线"按钮，在上步绘制的圆上绘制一条斜向多段线，如图 4-15 所示。

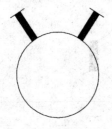

图 4-13　旋涡泵符号　　　　　图 4-14　绘制圆　　　　　图 4-15　绘制斜向多段线

3. 单击"绘图"工具栏中的"直线"按钮 ✎，在上步绘制的多段线上绘制一条斜向直线，如图 4-16 所示。

4. 单击"修改"工具栏中的"镜像"按钮 ⚖️，选择上步绘制的多段线和直线为镜像对象，对其进行镜像，命令行提示与操作如下：

命令：MIRROR ↙

指定镜像线的第一点：↙（捕捉圆心）

指定镜像线的第二点：↙（选择圆心竖直方向上一点）

要删除源对象吗？[是(Y)/否(N)]＜N＞：↙

结果如图 4-17 所示。

图 4-16　绘制斜向直线　　　　　　　　图 4-17　镜像对象

4.4.5　偏移命令

偏移对象是指保持选择的对象的形状、在不同的位置以不同的尺寸大小新建的一个对象。

【执行方式】

命令行：OFFSET

菜单栏："修改"→"偏移"

工具栏："修改"→"偏移"按钮 🔲

【操作步骤】

命令：OFFSET ↙

当前设置：删除源＝否　图层＝源　OFFSETGAPTYPE＝0

指定偏移距离或[通过(T)/删除(E)/图层(L)]＜通过＞：↙（指定距离值）

选择要偏移的对象或[退出(E)/放弃(U)]＜退出＞：↙（选择要偏移的对象。按En-ter 键,结束操作）

指定要偏移的那一侧上的点或[退出(E)/多个(M)/放弃(U)]＜退出＞：↙（指定偏移方向）

【选项说明】

1. 指定偏移距离

输入一个距离值，或按 Enter 键，使用当前的距离值，系统把该距离值作为偏移距离，如图 4-18 所示。

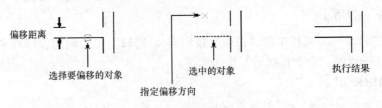

图 4-18　指定偏移对象的距离

2. 通过（T）

指定偏移对象的通过点。选择该选项后出现如下提示：

选择要偏移的对象或＜退出＞：✓（选择要偏移的对象，按 Enter 键，结束操作）

指定通过点：✓（指定偏移对象的一个通过点）

操作完毕后，系统根据指定的通过点绘出偏移对象，如图 4-19 所示。

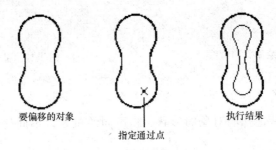

图 4-19　指定偏移对象的通过点

3. 删除（E）

偏移后，将源对象删除。选择该选项后出现如下提示：

要在偏移后删除源对象吗？［是（Y）/否（N）］＜当前＞：✓

4. 图层（L）

确定将偏移对象创建在当前图层上还是源对象所在的图层上。选择该选项后，出现如下提示：

输入偏移对象的图层选项［当前（C）/源（S）］＜当前＞：✓

4.4.6　实例——绘制方形散流器符号

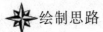绘制思路

绘制如图 4-20 所示的方形散流器符号。

　光盘＼视频教学＼第 4 章＼绘制方形散流器符号.avi

1. 单击"绘图"工具栏中的"矩形"按钮□，在图形空白位置绘制一个适当大小的

矩形，如图 4-21 所示。

2. 单击"修改"工具栏中的"偏移"按钮 ，选择上步绘制的矩形为偏移对象连续向内进行偏移。命令行提示与操作如下：

命令：OFFSET↙

当前设置：删除源＝否　图层＝源　OFFSETGAPTYPE＝0

指定偏移距离或［通过(T)/删除(E)/图层(L)］＜通过＞：↙

选择要偏移的对象或［退出(E)/放弃(U)］＜退出＞：↙

指定通过点或［退出(E)/多个(M)/放弃(U)］＜退出＞：↙

选择要偏移的对象或［退出(E)/放弃(U)］＜退出＞：↙（选择绘制的矩形）

结果如图 4-22 所示。

3. 单击"绘图"工具栏中的"直线"按钮，在上步偏移矩形内绘制斜向直线，如图 4-23 所示。

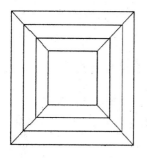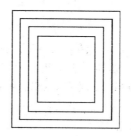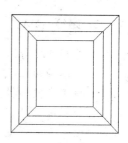

图 4-20　方形散流器符号　　图 4-21　绘制矩形　　图 4-22　偏移矩形　　图 4-23　绘制斜向直线

 技巧荟萃

偏移是将对象按指定的距离沿对象的垂直或法线方向进行复制。在本例中，如果采用上面设置相同的距离将斜线进行偏移，就会得到如图 4-19 所示的结果，与我们设想的结果不一样，这是初学者应该注意的地方。

4.4.7　阵列命令

阵列是指多重复制选择对象并把这些副本按矩形或环形排列。把副本按矩形排列称为建立矩形阵列，把副本按环形排列称为建立极阵列。建立极阵列时，应该控制复制对象的次数和对象是否被旋转；建立矩形阵列时，应该控制行和列的数量以及对象副本之间的距离。

用该命令可以建立矩形阵列、极轴阵列（环形阵列）和路径阵列。

【执行方式】

命令行：ARRAY

菜单栏："修改"→"阵列"

工具栏："修改"→"矩形阵列"按钮、"路径阵列"按钮 和"环形阵列"按钮

【操作步骤】

命令：ARRAY↙

选择对象：↙（使用对象选择方法）

输入阵列类型 [矩形(R)/路径(PA)/极轴(PO)] <矩形>：↙

【选项说明】

1. 矩形 （R）

将选定对象的副本分布到行数、列数和层数的任意组合。选择该选项后出现如下提示：

选择夹点以编辑阵列或 [关联(AS)/基点(B)/计数(COU)/间距(S)/列数(COL)/行数(R)/层数(L)/退出(X)] <退出>：↙（通过夹点，调整阵列间距、列数、行数和层数；也可以分别选择各选项输入数值）

2, 路径 （PA）

沿路径或部分路径均匀分布选定对象的副本。选择该选项后出现如下提示：

选择路径曲线：↙（选择一条曲线作为阵列路径）

选择夹点以编辑阵列或 [关联(AS)/方法(M)/基点(B)/切向(T)/项目(I)/行(R)/层(L)/对齐项目(A)/Z 方向(Z)/退出(X)] <退出>：↙（通过夹点，调整阵行数和层数；也可以分别选择各选项输入数值）

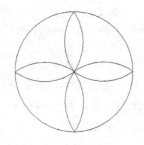

3. 极轴 （PO）

在绕中心点或旋转轴的环形阵列中均匀分布对象副本。选择该选项后出现如下提示：

指定阵列的中心点或 [基点(B)/旋转轴(A)]：↙（选择中心点、基点或旋转轴）

选择夹点以编辑阵列或 [关联(AS)/基点(B)/项目(I)/项目间角度(A)/填充角度(F)/行(ROW)/层(L)/旋转项目(ROT)/退出(X)] <退出>：↙（通过夹点，调整角度，填充角度；也可以分

图 4-24　轴流通风机符号

别选择各选项输入数值）

4.4.8　实例——绘制轴流通风机符号

绘制思路

绘制如图 4-24 所示的轴流通风机符号。

参见
光盘　光盘 \ 视频教学 \ 第 4 章 \ 绘制轴流通风机符号 .avi

1. 单击"绘图"工具栏中的"圆"按钮⊙，在图形适当位置绘制一个半径为 312 的圆，如图 4-25 所示。

2. 单击"绘图"工具栏中的"圆弧"按钮 ，在上步绘制的圆图形内绘制两段适当半径的圆弧，如图 4-26 所示。

3. 单击"修改"工具栏中的"环形阵列"按钮 ，对上步绘制的圆弧进行环形阵列，命令行提示与操作如下：

命令：_arraypolar↙

选择对象：↙（选择两段圆弧）

选择对象：↙

类型＝极轴　关联＝是

指定阵列的中心点或 [基点(B)/旋转轴(A)]：↙（绘制圆的圆心）

选择夹点以编辑阵列或 [关联(AS)/基点(B)/项目(I)/项目间角度(A)/填充角度(F)/行(ROW)/层(L)/旋转项目(ROT)/退出(X)] ＜退出＞：i↙

输入阵列中的项目数或 [表达式(E)] ＜6＞：4↙

选择夹点以编辑阵列或 [关联(AS)/基点(B)/项目(I)/项目间角度(A)/填充角度(F)/行(ROW)/层(L)/旋转项目(ROT)/退出(X)] ＜退出＞：↙

结果如图 4-27 所示。

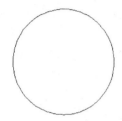 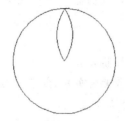 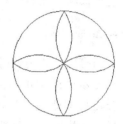

图 4-25　绘制圆　　　　　图 4-26　绘制圆弧　　　　图 4-27　对圆弧进行环形阵列

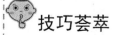 技巧荟萃

单击"正交"、"对象捕捉"、"对象追踪"等按钮准确绘制图线，保持相应端点对齐。

4.5　改变位置类命令

这一类编辑命令的功能是按照指定要求改变当前图形或图形的某部分的位置，主要包括旋转、移动和缩放等命令。

4.5.1　旋转命令

 【执行方式】

命令行：ROTATE

菜单栏:"修改"→"旋转"

工具栏:"修改"→"旋转"按钮

快捷菜单:选择要旋转的对象,在绘图区右击,从打开的右键快捷菜单上选择"旋转"命令

【操作步骤】

命令:ROTATE✓

UCS 当前的正角方向: ANGDIR=逆时针 ANGBASE=0

选择对象:✓(选择要旋转的对象)

指定基点:✓(指定旋转的基点。在对象内部指定一个坐标点)

指定旋转角度或[复制(C)/参照(R)]<0>:✓(指定旋转角度或其他选项)

【选项说明】

1. 复制 (C)

选择该项,在旋转对象的同时,保留源对象,如图 4-28 所示。

2. 参照 (R)

采用参照方式旋转对象时,系统提示:

指定参照角 <0>:✓(指定要参考的角度,默认值为 0)

指定新角度:✓(输入旋转后的角度值)

操作完毕后,对象被旋转至指定的角度位置。

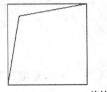

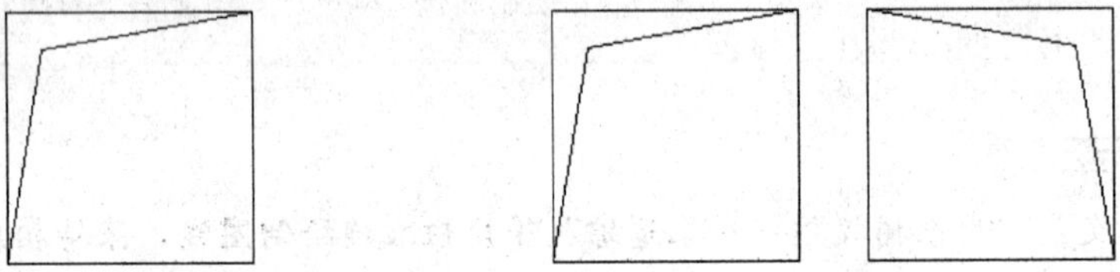

旋转前   旋转后

图 4-28 复制旋转

技巧荟萃

可以用拖动鼠标的方法旋转对象。选择对象并指定基点后,从基点到当前光标位置会出现一条连线,鼠标选择的对象会动态地随着该连线与水平方向的夹角的变化而旋转,按 Enter 键,确认旋转操作,如图 4-29 所示。

4.5.2 实例——绘制弹簧安全阀符号

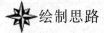 绘制思路

绘制如图 4-30 所示的弹簧安全阀符号。

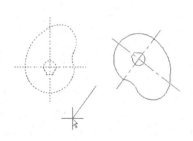 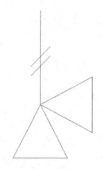

图 4-29 拖动鼠标旋转对象　　　　　　　　　图 4-30 弹簧安全阀符号

 光盘 \ 视频教学 \ 第 4 章 \ 绘制弹簧安全阀符号.avi

1. 单击"绘图"工具栏中的"直线"按钮，绘制一条竖直直线。重复"直线"命令，在竖直直线上绘制两条斜线，结果如图 4-31 所示。

2. 单击"绘图"工具栏中的"多边形"按钮，以竖直直线的下端点为顶点绘制适当大小的三角形，结果如图 4-32 所示。

图 4-31 绘制直线　　　　　　　　　　　图 4-32 绘制三角形

3. 单击"修改"工具栏中的"旋转"按钮，旋转复制三角形，完成弹簧安全阀的绘制，命令行中的提示与操作如下：

命令：ROTATE↙

UCS 当前的正角方向：ANGDIR＝逆时针　ANGBASE＝0

选择对象：↙（选择三角形）

选择对象：↙

指定基点：↙（以三角形的上顶点为基点）

指定旋转角度或［复制(C)/参照(R)］＜0＞：c↙

旋转一组选定对象

指定旋转角度或［复制(C)/参照(R)］＜0＞：90↙

结果如图 4-30 所示。

4.5.3 移动命令

【执行方式】

命令行：MOVE

菜单栏："修改"→"移动"

工具栏："修改"→"移动"按钮

快捷菜单：选择要复制的对象，在绘图区右击，从打开的右键快捷菜单上选择"移动"命令

【操作步骤】

命令：MOVE ↙

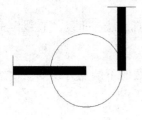

图 4-33 离心水泵符号

选择对象：↙（选择对象）

用前面介绍的对象选择方法选择要移动的对象，按 Enter 键结束选择。系统继续提示：

指定基点或位移：↙（指定基点或移至点）

指定基点或［位移(D)］＜位移＞：↙（指定基点或位移）

指定第二个点或＜使用第一个点作为位移＞：↙

命令的选项功能与"复制"命令类似。

4.5.4 实例——绘制离心水泵符号

 绘制思路

绘制如图 4-33 所示的离心水泵符号。

光盘＼视频教学＼第 4 章＼绘制离心水泵符号.avi

1. 单击"绘图"工具栏中的"圆"按钮 ⊘，在图形适当位置绘制一个圆，如图 4-34 所示。

2. 单击"绘图"工具栏中的"多段线"按钮 ⌐，在上步图形右侧绘制连续多段线，如图 4-35 所示。

图 4-34 绘制圆

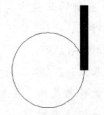

图 4-35 绘制多段线

3. 单击"绘图"工具栏中的"直线"按钮 ∕，在上步绘制的多段线上方绘制一条水平直线，如图 4-36 所示。

4. 单击"修改"工具栏中"旋转"按钮 ，选择上步绘制的多段线及直线为旋转对象，以绘制圆的圆心为旋转基点对其进行旋转复制，旋转角度为90°，如图4-37所示。

图 4-36　绘制水平直线

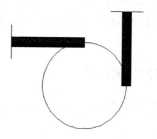

图 4-37　旋转图形

5. 单击"修改"工具栏中的"移动"按钮 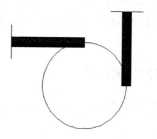，选择上步旋转复制后的图形为移动对象，对其进行移动，命令行提示与操作如下：

命令：MOVE ↙

找到 3 个（选择移动复制后的图形）

指定基点或 ［位移(D)］＜位移＞：↙（水平多段线右端点）

指定第二个点或 ＜使用第一个点作为位移＞：↙（绘制圆的圆心）

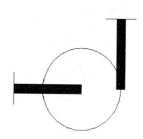

图 4-38　移动图形

结果如图4-38所示。

4.5.5　缩放命令

【执行方式】

命令行：SCALE

菜单栏："修改"→"缩放"

工具栏："修改"→"缩放"按钮

快捷菜单：选择要缩放的对象，在绘图区右击，从打开的右键快捷菜单上选择"缩放"命令

【操作步骤】

命令：SCALE ↙

选择对象：↙（选择要缩放的对象）

指定基点：↙（指定缩放操作的基点）

指定比例因子或 ［复制(C)/参照(R)］＜1.0000＞：↙

【选项说明】

1. 参照（R）

采用参考方向缩放对象时，系统提示：

指定参照长度<1>：✓（指定参考长度值）

指定新的长度或 [点(P)] <1.0000>：✓（指定新长度值）

若新长度值大于参考长度值，则放大对象；否则，缩小对象。操作完毕后，系统以指定的基点按指定的比例因子缩放对象。如果选择"点（P）"选项，则指定两点来定义新的长度。

2. 指定比例因子

选择对象并指定基点后，从基点到当前光标位置会出现一条线段，线段的长度即为比例大小。鼠标选择的对象会动态地随着该连线长度的变化而缩放，按 Enter 键确认缩放操作。

 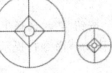

缩放前　　　　　　　　　　缩放后

图 4-39　复制缩放

3. 复制 （C）

选择"复制（C）"选项时，可以复制缩放对象，即缩放对象时，保留源对象，如图 4-39 所示。

4.6　改变几何特性类命令

这一类编辑命令在对指定对象进行编辑后，使编辑对象的几何特性发生改变，包括圆角、倒角、修剪、延伸、拉伸、拉长、打断等命令。

4.6.1　圆角命令

圆角是指用指定的半径确定的一段平滑的圆弧连接两个对象。系统规定可以圆角连接一对直线段、非圆弧的多段线、样条曲线、双向无限长线、射线、圆、圆弧和椭圆。可以在任何时刻圆角连接非圆弧多段线的每个节点。

【执行方式】

命令行：FILLET

菜单栏："修改"→"圆角"

工具栏："修改"→"圆角"按钮

【操作步骤】

命令：FILLET✓

当前设置：模式＝修剪,半径＝0.0000

选择第一个对象或 [放弃(U)/多段线(P)/半径(R)/修剪(T)/多个(M)]：✓（选择第一个对象或别的选项）

选择第二个对象,或按住 Shift 键选择对象以应用角点或 [半径(R)]：✓（选择第二个

对象）

 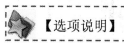【选项说明】

1. 多段线（P）

在一条二维多段线的两段直线段的节点处插入圆滑的弧。选择多段线后，系统会根据指定的圆弧的半径把多段线各顶点用圆滑的弧连接起来。

2. 半径（R）

定义圆角圆弧的半径。

输入的值将成为后续 FILLET 命令的当前半径。修改此值并不影响现有的圆角圆弧。

3. 修剪（T）

决定在圆角连接两条边时，是否修剪这两条边。如图 4-40 所示。

4. 多个（M）

可以同时对多个对象进行圆角编辑，而不必重新起用命令。

5. 快速创建

按住 Shift 键并选择两条直线，可以快速创建零距离倒角或零半径圆角。

4.6.2 实例——绘制坐便器

绘制思路

绘制如图 4-41 所示的坐便器符号。

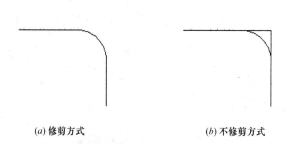

(a) 修剪方式　　　　　　(b) 不修剪方式

图 4-40　圆角连接

图 4-41　坐便器符号

光盘 \ 视频教学 \ 第4章 \ 绘制坐便器.avi

1. 将 AutoCAD 中的"对象捕捉"工具栏激活，如图 4-42 所示，留待在绘图过程中使用。

图 4-42　对象捕捉工具栏

2. 单击"绘图"工具栏中的"直线"按钮 ∕，在图中绘制一条长度为 50 的水平直线，重复"直线"命令，单击"对象捕捉"工具栏中的"捕捉到中点"按钮 ∕，单击水平直线的中点，此时水平直线的中点会出现一个黄色的小三角形提示即为中点。绘制一条垂直的直线，并移动到合适的位置，作为绘图的辅助线，如图 4-43 所示。

3. 单击"绘图"工具栏中的"直线"按钮 ∕，单击水平直线的左端点，输入坐标点（@6，－60）绘制直线，如图 4-44 所示。

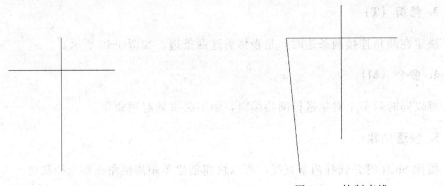

图 4-43　绘制辅助线　　　　　　　　　　　　图 4-44　绘制直线

4. 单击"修改"工具栏中的"镜像"按钮 ，以垂直直线的两个端点为镜像点，将刚刚绘制的斜向直线镜像到另外一侧，如图 4-45 所示。

5. 单击"绘图"工具栏中的"圆弧"按钮 ，以斜线下端的端点为起点，如图 4-46 所示，以垂直辅助线上的一点为第二点，以右侧斜线的端点为端点绘制弧线，如图 4-47 所示。

图 4-45　镜像图形　　　　　　　　　　　　图 4-46　绘制弧线（一）

6. 在图中选择水平直线，然后单击"修改"工具栏中的"复制"按钮 ，选择其与垂直直线的交点为基点，然后输入坐标点（@0，－20），再次复制水平直线，输入坐标点

（@0，－25），如图 4-48 所示。

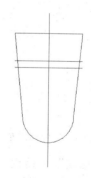

图 4-47　绘制弧线（二）　　　　　　　　　图 4-48　增加辅助线

7. 单击"修改"工具栏中的"偏移"按钮，将右侧斜向直线向左偏移 2，如图 4-49 所示。重复"偏移"命令，将圆弧和左侧直线复制到内侧，如图 4-50 所示。

8. 单击"绘图"工具栏中的"直线"按钮，将中间的水平线与内侧斜线的交点和外侧斜线的下端点连接起来，如图 4-51 所示。

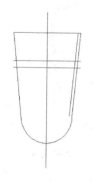

图 4-49　偏移直线　　　　　图 4-50　偏移其他图形　　　　　图 4-51　连接直线

9. 单击"修改"工具栏中的"圆角"按钮，指定倒角半径为 10，依次选择最下面的水平线和半部分内侧的斜向直线，将其交点设置为倒圆角，如图 4-52 所示。命令行操作如下：

命令：_fillet↙

当前设置：模式＝修剪,半径＝0.0000

选择第一个对象或［放弃(U)/多段线(P)/半径(R)/修剪(T)/多个(M)］：r↙

指定圆角半径 ＜0.0000＞：10↙

选择第一个对象或［放弃(U)/多段线(P)/半径(R)/修剪(T)/多个(M)］：↙（选择最下面的水平线）

选择第二个对象或按住 Shift 键选择对象以应用角点或［半径(R)］：↙（选择半部分内侧的斜向直线）

依照此方法，将右侧的交点也设置为倒圆角，直径也是 10，如图 4-53 所示。

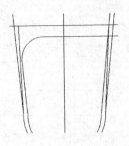

图 4-52 设置倒圆角

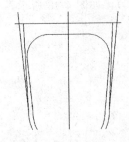

图 4-53 设置另外一侧倒圆角

10. 单击"修改"工具栏中的"偏移"按钮，将椭圆部分向内侧偏移 1，如图 4-54 所示。

11. 在上侧添加弧线和斜向直线，如图 4-55 所示，再在左侧添加冲水按钮，即完成了坐便器的绘制，最终如图 4-41 所示。

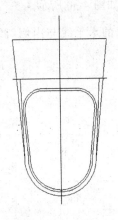

图 4-54 偏移内侧椭圆

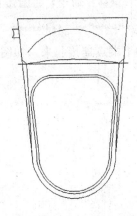

图 4-55 坐便器绘制完成

4.6.3 倒角命令

倒角是指用斜线连接两个不平行的线型对象。可以用斜线连接直线段、双向无限长线、射线和多段线。

 【执行方式】

命令行：CHAMFER

菜单栏："修改"→"倒角"

工具栏："修改"→"倒角"按钮

 【操作步骤】

命令：CHAMFER↙

（"不修剪"模式）当前倒角距离 1＝0.0000,距离 2＝0.0000

选择第一条直线或 ［放弃(U)/多段线(P)/距离(D)/角度(A)/修剪(T)/方式(E)/多个(M)］：↙（选择第一条直线或别的选项）

选择第二条直线,或按住 Shift 键选择直线以应用角点或 [距离(D)/角度(A)/方法(M)]:↙(选择第二条直线)

【选项说明】

1. 距离 (D)

选择倒角的两个斜线距离。斜线距离是指从被连接的对象与斜线的交点到被连接的两对象的可能的交点之间的距离,如图 4-56 所示。这两个斜线距离可以相同也可以不相同,若二者均为 0,则系统不绘制连接的斜线,而是把两个对象延伸至相交,并修剪超出的部分。

2. 角度 (A)

选择第一条直线的斜线距离和角度。采用这种方法斜线连接对象时,需要输入两个参数:斜线与一个对象的斜线距离和斜线与该对象的夹角,如图 4-57 所示。

图 4-56　斜线距离

图 4-57　斜线距离与夹角

3. 多段线 (P)

对多段线的各个交叉点进行倒角编辑。为了得到最好的连接效果,一般设置斜线是相等的值。系统根据指定的斜线距离把多段线的每个交叉点都进行斜线连接,连接的斜线成为多段线新添加的构成部分,如图 4-58 所示。

4. 修剪 (T)

与圆角连接命令 FILLET 相同,该选项决定连接对象后是否剪切源对象。

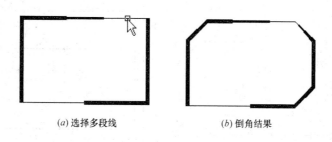

(a)选择多段线　　　　(b)倒角结果

图 4-58　斜线连接多段线

5. 方式（E）

决定采用"距离"方式还是"角度"方式来倒角。

6. 多个（M）

同时对多个对象进行倒角编辑。

技巧荟萃

有时用户在执行圆角和倒角命令时，发现命令不执行或执行后没什么变化，那是因为系统默认圆角半径和斜线距离均为 0，如果不事先设定圆角半径或斜线距离，系统就以默认值执行命令，所以看起来好像没有执行命令。

4.6.4 实例——绘制洗菜盆

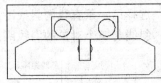

图 4-59 洗菜盆符号

绘制思路

绘制如图 4-59 所示的洗菜盆符号。

 光盘 \ 视频教学 \ 第 4 章 \ 绘制洗菜盆.avi

1. 单击"绘图"工具栏中的"直线"按钮，可以绘制出初步轮廓，大致尺寸如图 4-60 所示。

2. 单击"绘图"工具栏中的"圆"按钮，以图 4-60 中长 240、宽 80 的矩形大致左中位置为圆心，绘制半径为 35 的圆。

3. 单击"修改"工具栏中的"复制"按钮，选择上步所绘制的圆，复制到右边合适的位置，完成旋钮绘制。

4. 单击"绘图"工具栏中的"圆"按钮，以图 4-60 中长 139、宽 40 的矩形大约正中位置为圆心，绘制半径为 25 的圆作为出水口。

5. 单击"修改"工具栏中的"修剪"按钮，将绘制的出水口圆修剪成如图 4-61 所示的样子。

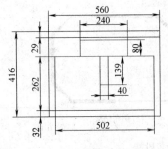

图 4-60　初步轮廓图

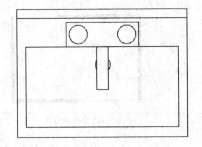

图 4-61　绘制水龙头和出水口

6. 单击"修改"工具栏中的"倒角"按钮，绘制水盆四角。命令行提示与操作如下：

命令：CHAMFER ✓

("修剪"模式) 当前倒角距离 1＝0.0000,距离 2＝0.0000

选择第一条直线或［放弃(U)/多段线(P)/距离(D)/角度(A)/修剪(T)/方式(E)/多个(M)］:D ✓

　指定第一个倒角距离 ＜0.0000＞: 50 ✓

　指定第二个倒角距离 ＜50.0000＞: 30 ✓

　选择第一条直线或 ［放弃(U)/多段线(P)/距离(D)/角度(A)/修剪(T)/方式(E)/多个(M)］: ✓(选择左上角横线段)

　选择第二条直线,或按住 Shift 键选择直线以应用角点或［距离(D)/角度(A)/方法(M)］:(选择左上角竖线段)

命令： CHAMFER

("修剪"模式) 当前倒角距离 1 ＝ 50.0000,距离 2 ＝ 30.0000

　选择第一条直线或［放弃(U)/多段线(P)/距离(D)/角度(A)/修剪(T)/方式(E)/多个(M)］: ✓(选择右上角横线段)

　选择第二条直线,或按住 Shift 键选择直线以应用角点或［距离(D)/角度(A)/方法(M)］: ✓(选择右上角竖线段)

命令：CHAMFER ✓

("修剪"模式) 当前倒角距离 1＝50.0000,距离 2＝30.0000

　选择第一条直线或［放弃(U)/多段线(P)/距离(D)/角度(A)/修剪(T)/方式(E)/多个(M)］:A ✓

　指定第一条直线的倒角长度 ＜0.0000＞:20 ✓

　指定第一条直线的倒角角度 ＜0＞: 45 ✓

　选择第一条直线或 ［放弃(U)/多段线(P)/距离(D)/角度(A)/修剪(T)/方式(E)/多个(M)］: M✓

　选择第一条直线或 ［放弃(U)/多段线(P)/距离(D)/角度(A)/修剪(T)/方式(E)/多个(M)］: ✓(选择左下角横线段)

　选择第二条直线,或按住 Shift 键选择直线以应用角点或［距离(D)/角度(A)/方法(M)］:(选择左下角竖线段)

　选择第一条直线或 ［放弃(U)/多段线(P)/距离(D)/角度(A)/修剪(T)/方式(E)/多个(M)］: ✓(选择右下角横线段)

　选择第二条直线,或按住 Shift 键选择直线以应用角点或［距离(D)/角度(A)/方法(M)］: ✓(选择右下角竖线段)

洗菜盆绘制结果如图 4-59 所示。

4.6.5 修剪命令

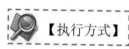【执行方式】

命令行：TRIM

菜单栏："修改" → "修剪"

工具栏："修改"→"修剪"按钮 /⸱

【操作步骤】

命令:TRIM↙

当前设置：投影＝UCS,边＝无

选择剪切边...

选择对象或＜全部选择＞:↙（选择用作修剪边界的对象）

按 Enter 键，结束对象选择，系统提示：

选择要修剪的对象，或按住 Shift 键选择要延伸的对象，或［栏选（F）/窗交（C）/投影（P）/边（E）/删除（R）/放弃（U）］:↙

【选项说明】

1. 按 Shift 键

在选择对象时，如果按住 Shift 键，系统就自动将"修剪"命令转换成"延伸"命令，"延伸"命令将在下节介绍。

2. 边（E）

选择此选项时，可以选择对象的修剪方式：延伸和不延伸。

（1）延伸（E）：延伸边界进行修剪。在此方式下，如果剪切边没有与要修剪的对象相交，系统会延伸剪切边直至与要修剪的对象相交，然后再修剪，如图 4-62 所示。

（2）不延伸（N）：不延伸边界修剪对象。只修剪与剪切边相交的对象。

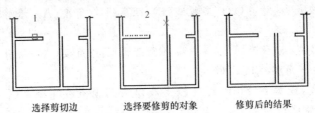

选择剪切边　　　选择要修剪的对象　　　修剪后的结果

图 4-62　延伸方式修剪对象

3. 栏选（F）

选择此选项时，系统以栏选的方式选择被修剪对象，如图 4-63 所示。

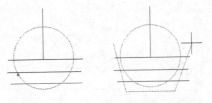

选定剪切边　　使用栏选选定的要修剪的对象　　　修剪后的结果

图 4-63　栏选选择修剪对象

4. 窗交 （C）

选择此选项时，系统以窗交的方式选择被修剪对象，如图 4-64 所示。

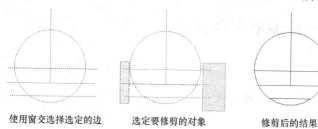

图 4-64　窗交选择修剪对象

被选择的对象可以互为边界和被修剪对象，此时系统会在选择的对象中自动判断边界，如图 4-64 所示。

选择边界　　选择要延伸的对象　　执行结果

图 4-65　延伸对象

4.6.6　延伸命令

延伸对象是指延伸要延伸的对象直至另一个对象的边界线，如图 4-65 所示。

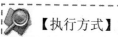【执行方式】

命令行：EXTEND
菜单栏："修改"→"延伸"
工具栏："修改"→"延伸"按钮

【操作步骤】

命令:EXTEND ↙
当前设置:投影＝UCS,边＝无
选择边界的边 ...
选择对象或 ＜全部选择＞:↙(选择边界对象)

此时可以通过选择对象来定义边界。若直接按 Enter 键，则选择所有对象作为可能的边界对象。

系统规定可以用作边界对象的对象有：直线段，射线，双向无限长线，圆弧，圆，椭圆，二维和三维多段线，样条曲线，文本，浮动的视口，区域。如果选择二维多段线作为边界对象，系统会忽略其宽度而把对象延伸至多段线的中心线上。

选择边界对象后，系统继续提示：

选择要延伸的对象,或按住 Shift 键选择要修剪的对象,或[栏选(F)/窗交(C)/投影(P)/边(E)/放弃(U)]:↙

【选项说明】

1. 如果要延伸的对象是适配样条多段线，则延伸后会在多段线的控制框上增加新节点。

如果要延伸的对象是锥形的多段线，系统会修正延伸端的宽度，使多段线从起始端平滑地延伸至新的终止端。如果延伸操作导致新终止端的宽度为负值则取宽度值为 0，如图 4-66 所示。

2. 选择对象时，如果按住 Shift 键系统就自动将"延伸"命令转换成"修剪"命令。

4.6.7 实例——绘制除污器符号

绘制思路

绘制如图 4-67 所示的除污器符号。

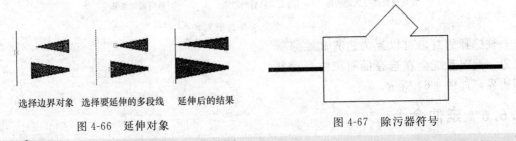

选择边界对象　选择要延伸的多段线　延伸后的结果

图 4-66　延伸对象　　　　　　　　图 4-67　除污器符号

 光盘 \ 视频教学 \ 第 4 章 \ 绘制除污器符号.avi

1. 单击"绘图"工具栏中的"多段线"按钮 ⤵，指定起点宽度为 0，端点宽度为 0，在图形适当位置绘制连续多段线，如图 4-68 所示。

2. 单击"绘图"工具栏中的"多段线"按钮 ⤵，指定起点宽度为 0，端点宽度为 0，在上步图形上方绘制一个小矩形，如图 4-69 所示。

3. 单击"修改"工具栏中的"修剪"按钮 ⫫，对上步绘制矩形内的多余线段进行修剪，命令行提示与操作如下：

命令：TRIM✔

当前设置：投影＝UCS，边＝无

选择剪切边…

选择对象或 <全部选择>：✔（选择大矩形）

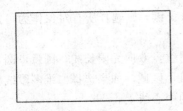

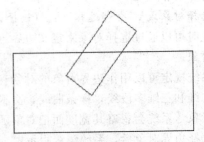

图 4-68　绘制矩形　　　　　　　　图 4-69　绘制小矩形

选择要修剪的对象，或按住 Shift 键选择要延伸的对象，或［栏选（F）/窗交（C）/投影（P）/边（E）/删除（R）/放弃（U）］：✔（选择小矩形）

结果如图 4-70 所示。

4. 单击"绘图"工具栏中的"多段线"按钮 ⤵。在上步图形两侧绘制两端相同长度的多段线，如图 4-67 所示。

4.6.8 拉伸命令

拉伸对象是指拖拉选择的对象，且形状发生改变后的对象。拉伸对象时，应指定拉伸的基点和移至点。利用一些辅助工具如捕捉、钳夹功能及相对坐标等可以提高拉伸的精度。

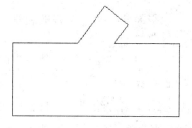

图 4-70 修剪图形

【执行方式】

命令行：STRETCH
菜单栏："修改"→"拉伸"
工具栏："修改"→"拉伸"按钮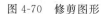

【操作步骤】

命令：STRETCH↙
以交叉窗口或交叉多边形选择要拉伸的对象...
选择对象：↙
指定第一个角点：↙
指定对角点：找到 2 个↙（采用交叉窗口的方式选择要拉伸的对象）
指定基点或［位移(D)］＜位移＞：↙（指定拉伸的基点）
指定第二个点或 ＜使用第一个点作为位移＞：↙（指定拉伸的移至点）

此时，若指定第二个点，系统将根据这两点决定的矢量拉伸对象。若直接按 Enter 键，系统会把第一个点作为 X 轴和 Y 轴的分量值。

STRETCH 命令仅移动位于交叉选择内的顶点和端点，不更改那些位于交叉选择外的顶点和端点。部分包含在交叉选择窗口内的对象将被拉伸。

技巧荟萃

用交叉窗口选择拉伸对象时，落在交叉窗口内的端点被拉伸，落在外部的端点保持不动。

4.6.9 实例——绘制管式混合器符号

绘制思路

绘制如图 4-71 所示的管式混合器符号。

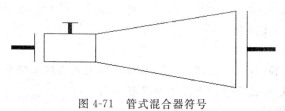

图 4-71 管式混合器符号

光盘 \ 视频教学 \ 第 4 章 \ 绘制管式混合器符号 . avi

1. 单击"绘图"工具栏中的"直线"按钮 ，在图形空白位置绘制连续直线，如图 4-72 所示。

2. 单击"绘图"工具栏中的"直线"按钮 ，在上步绘制图形左右两侧分别绘制两段竖直直线，如图 4-73 所示。

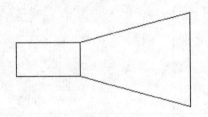

图 4-72　绘制连续直线

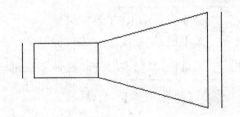

图 4-73　绘制竖直直线

3. 单击"绘图"工具栏中的"多段线"按钮 和"直线"按钮 ，绘制如图 4-74 所示的图形。

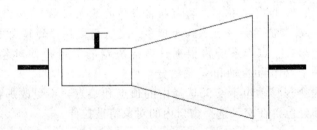

图 4-74　绘制多段线和竖直直线

4. 单击"修改"工具栏中的"拉伸"按钮 ，选择右侧多段线为拉伸对象并对其进行拉伸操作，命令行提示与操作如下：

命令：_stretch ✓

以交叉窗口或交叉多边形选择要拉伸的对象…

选择对象：✓

指定第一个角点：✓（采用交叉窗口的方式选择要拉伸的对象）

指定对角点：✓（框选梯形右侧以及水平多段线）

指定基点或［位移(D)］＜位移＞：✓（指定拉伸的基点）

指定第二个点或＜使用第一个点作为位移＞：✓（指定拉伸的移至点）

（选择图形右侧水平多段线）

选择对象：✓

指定基点或［位移(D)］＜位移＞：✓（选择右侧竖直直线上任意一点）

指定第二个点或＜使用第一个点作为位移＞：✓

结果如图 4-71 所示。

4.6.10 拉长命令

【执行方式】

命令行：LENGTHEN

菜单栏："修改"→"拉长"

【操作步骤】

命令：LENGTHEN✓

选择对象或［增量(DE)/百分数(P)/全部(T)/动态(DY)］：✓（选定对象）

当前长度：30.5001✓（给出选定对象的长度，如果选择圆弧则还将给出圆弧的包含角）

选择对象或［增量(DE)/百分数(P)/全部(T)/动态(DY)］：DE✓（选择拉长或缩短的方式。如选择"增量(DE)"方式）

输入长度增量或［角度(A)］＜0.0000＞：10✓（输入长度增量数值。如果选择圆弧段，则可输入选项"A"给定角度增量）

选择要修改的对象或［放弃(U)］：✓（选定要修改的对象，进行拉长操作）

选择要修改的对象或［放弃(U)］：✓（继续选择，按 Enter 键，结束命令）

【选项说明】

1. 增量（DE）

用指定增加量的方法来改变对象的长度或角度。

2. 百分数（P）

用指定要修改对象的长度占总长度的百分比的方法来改变圆弧或直线段的长度。

3. 全部（T）

用指定新的总长度或总角度值的方法来改变对象的长度或角度。

4. 动态（DY）

在这种模式下，可以使用拖拉鼠标的方法来动态地改变对象的长度或角度。

4.6.11 打断命令

【执行方式】

命令行：BREAK

菜单栏："修改"→"打断"

工具栏："修改"→"打断"按钮 🖵

【操作步骤】

命令:BREAK↙

选择对象:↙（选择要打断的对象）

指定第二个打断点或［第一点(F)］:↙（指定第二个断开点或键入"F"）

【选项说明】

如果选择"第一点（F）"选项，系统将丢弃前面的第一个选择点，重新提示用户指定两个打断点。

4.6.12　打断于点

打断于点是指在对象上指定一点，从而把对象在此点拆分成两部分。此命令与打断命令类似。

【执行方式】

工具栏:"修改"→"打断于点"按钮 ⊏

【操作步骤】

输入此命令后，命令行提示与操作如下：

选择对象:↙（选择要打断的对象）

指定第二个打断点或［第一点(F)］:_f↙（系统自动执行"第一点（F）"选项）

指定第一个打断点:↙（选择打断点）

指定第二个打断点:@↙（系统自动忽略此提示）

4.6.13　分解命令

【执行方式】

命令行:EXPLODE

菜单栏:"修改"→"分解"

工具栏:"修改"→"分解"按钮 ⑩

【操作步骤】

命令:EXPLODE↙

选择对象:↙（选择要分解的对象）

选择一个对象后，该对象会被分解。系统继续提示该行信息，允许分解多个对象。

4.6.14　合并命令

可以将直线、圆弧、椭圆弧和样条曲线等独立的对象合并为一个对象，如图 4-75

所示。

【执行方式】

命令行：JOIN

菜单栏："修改"→"合并"

工具栏："修改"→"合并"按钮 ⊷

【操作步骤】

命令：JOIN↙

选择源对象或要一次合并的多个对象：↙
（选择一个对象）

找到 1 个

选择要合并的对象：↙（选择另一个对象）

找到 1 个,总计 2 个

选择要合并的对象：↙

2 条直线已合并为 1 条直线

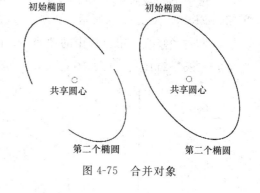

图 4-75　合并对象

4.6.15　实例——绘制变更管径套管接头

绘制思路

绘制如图 4-76 所示的变更管径套管接头符号。

光盘\视频教学\第 4 章\绘制变更管径套管街头.avi

1. 单击"绘图"工具栏中的"直线"按钮 ╱，绘制竖直中心线。

2. 在"线型控制"下拉列表中选择"其他"，弹出"线型管理器"对话框，单击"加载"按钮，加载线型"CENTER2"、"DASHED2"，如图 4-77 所示。

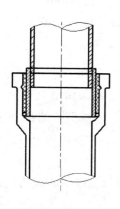

图 4-76　变更管径套管接头符号

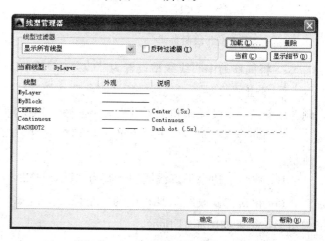

图 4-77　"线型管理器"对话框

3. 选中中心线，在右键快捷菜单中选择特性选项，打开特性对话框，将线型改为
"CENTER2"，如图 4-78 所示。

4. 单击"修改"工具栏中的"偏移"按钮，将竖直中心线向右偏移，偏移距离依
次为 1541.5、211.5、211、198、334、258，结果如图 4-79 所示。

图 4-78　绘制中心线　　　　　　　　　　　　图 4-79　偏移中心线

5. 单击"绘图"工具栏中的"直线"按钮，绘制水平直线，结果如图 4-80 所示。

6. 单击"修改"工具栏中的"偏移"按钮，将水平直线依次向下偏移，偏移距离
依次为 276、744、324、1262、251、182、615，结果如图 4-81 所示。

图 4-80　绘制直线　　　　　　　　　　　　图 4-81　偏移直线

7. 将偏移的中心线线型设置为"CONTINUOUS"，线宽设置为 0.3。

8. 单击"绘图"工具栏中的"直线"按钮、"圆弧"按钮和"圆"按钮，绘
制 3 段斜线、2 段圆弧和 1 个适当大小的圆，将线宽设置为 0.3，结果如图 4-82 所示。

9. 单击"修改"工具栏中的"修剪"按钮，将图形进行修剪，结果如图 4-83
所示。

10. 将最上边水平直线线型修改为"DASHED2"。

11. 单击"修改"工具栏中的"镜像"按钮，将绘制的图形以中心线为镜像线镜
像图形，结果如图 4-84 所示。

12. 单击"修改"工具栏中的"打断"按钮，将多段线 1 打断，命令行中的提示

图 4-82　绘制直线、圆弧及圆

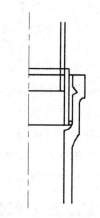

图 4-83　修剪图形

与操作如下：

命令：_break ↙

选择对象：↙

指定第二个打断点 或 ［第一点(F)］：f ↙

指定第一个打断点：↙（选择多段线 1 上端点为第一打断点）

指定第二个打断点：↙（选择多段线 1 上适当一点为第二打断点）

13. 重复"打断"命令，将多段线 2、3、4、5、6、7 和 8 在适当位置打断。结果如图 4-85 所示。

14. 单击"绘图"工具栏中的"圆弧"按钮 ，绘制 6 段圆弧，完成变更管径套管接头的绘制，最终如图 4-86 所示。

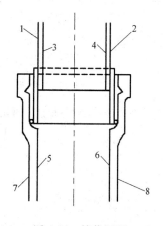

图 4-84　镜像图形

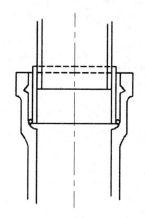

图 4-85　打断多段线

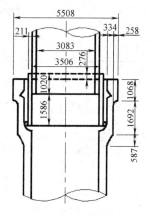

图 4-86　绘制圆弧

15. 单击"绘图"工具栏中的"图案填充"按钮 ，打开"图案填充和渐变色"对话框，如图 4-87 所示，选择"ANSI31"图案，角度设置为 90，比例设置为 50，对图形 1 区域进行图案填充，命令行中的提示与操作如下：

命令：_hatch ↙

拾取内部点或 ［选择对象(S)/删除边界(B)］：↙　正在选择所有对象……

125

正在选择所有可见对象…

正在分析所选数据…

正在分析内部孤岛…

拾取内部点或 [选择对象(S)/删除边界(B)]： ✓   正在选择所有对象…

正在选择所有可见对象…

正在分析所选数据…

正在分析内部孤岛…

拾取内部点或 [选择对象(S)/删除边界(B)]： ✓

结果如图 4-88 所示。

图 4-87 "图案填充和渐变色"对话框

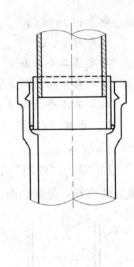

图 4-88 图案填充

16. 重复"图案填充"命令，对图形 2 区域进行图案填充，选择"ANSI31"图案，角度设置为 0 或 90，比例设置为 50，对图形进行图案填充。

最终结果如图 4-76 所示。

第 5 章

文字与表格

文字注释是图形中很重要的一部分内容，在进行各种设计时，通常不仅要绘出图形，还要在图形中标注一些文字，如技术要求、注释说明等，对图形对象加以解释。AutoCAD 提供了多种写入文字的方法，本章将介绍文本的标注和编辑功能。图表在 AutoCAD 图形中也有大量的应用，如明经表、参数表和标题标等，本章还介绍了与图表有关的内容。

     学 习 要 点

◎ 文本样式

◎ 文本标注

◎ 文本编辑

◎ 表格

◎ 实例——绘制 A3 图框

5.1 文本样式

所有 AutoCAD 图形中的文字都有和其相对应的文本样式。当输入文字对象时，AutoCAD 使用当前设置的文本样式。文本样式是用来控制文字基本形状的一组设置。通过"文字样式"对话框，用户可方便直观地设置自己需要的文本样式，或是对已有文本样式进行修改。

【执行方式】

命令行：STYLE 或 DDSTYLE
菜单栏："格式"→"文字样式"
工具栏："文字"→"文字样式"按钮 **A**

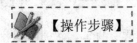【操作步骤】

执行上述命令后，AutoCAD 打开"文字样式"对话框，如图 5-1 所示。

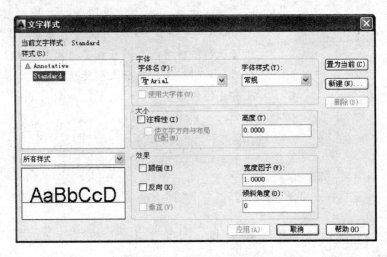

图 5-1 "文字样式"对话框

【选项说明】

1. "样式"选项组

该选项组主要用于命名新样式名或对已有样式名进行相关操作。单击"新建"按钮，AutoCAD 打开如图 5-2 所示的"新建文字样式"对话框。在"新建文字样式"对话框中，可以为新建的样式输入名字。

2. "字体"选项组

确定字体式样。文字的字体确定字符的形状，在 AutoCAD 中，除了它固有的 SHX

形状的字体文件外，还可以使用 TrueType 字体（如宋体、楷体、italley 等）。一种字体可以设置不同的样式从而被多种文本样式使用，例如，图 5-3 所示就是同一字体（宋体）的不同样式。

"字体"选项组用来确定文本样式使用的字体文件、字体风格及字高等。其中，如果在此文本框中输入一个数值，作为创建文字时的固定字高，那么在用 TEXT 命令输入文字时，AutoCAD 不再提示输入字高。如果在此文本框中设置字高为 0，AutoCAD 则会在每一次创建文字时都提示输入字高。所以，如果不想固定字高，就可以在样式中设置字高为 0。

图 5-2　"新建文字样式"对话框

给排水给排水
给排水给排水
给排水给排水
给排水给排水
给排水给排水

图 5-3　同一字体的不同样式

3. "大小"选项组

（1）"注释性"复选框：指定文字为注释性文字。

（2）"使文字方向与布局匹配"复选框：指定图纸空间视口中的文字方向与布局方向匹配。如果没有选中"注释性"复选框，则该选项不可用。

（3）"高度"文本框：设置文字高度。如果输入 0.0，则每次用该样式输入文字时，文字高度默认值为 0.2。输入大于 0.0 的高度值时，则为该样式设置固定的文字高度。在相同的高度设置下，TrueType 字体显示的高度要小于 SHX 字体显示的高度。如果选中"注释性"复选框，则将设置要在图纸空间中显示的文字的高度。

4. "效果"选项组

（1）"颠倒"复选框：选中此复选框，表示将文本文字倒置标注，如图 5-4（*a*）所示。

（2）"反向"复选框：确定是否将文本文字反向标注。图 5-4（*b*）给出了这种标注的效果。

ABCDEFGHIJKLMN

ABCDEFGHIJKLMN

（*a*）

（*b*）

图 5-4　文字倒置标注与反向标注

（3）"垂直"复选框：确定文本文字是水平标注还是垂直标注。

选中此复选框时，为垂直标注，否则为水平标注，如图 5-5 所示。

abcd
a
b
c
d

图 5-5　垂直标注文字

说明：本复选框只有在 SHX 字体下才可用。

（4）"宽度因子"文本框：设置宽度系数，确定文本字符的宽高比。当比例系数为 1 时，表示将按字体文件中定义的宽高比标注文字。当此系数小于 1 时，字会变窄；反之，字会变宽。

（5）"倾斜角度"文本框：用于确定文字的倾斜角度。角度为 0 时不倾斜，大于 0 时向右倾斜，小于 0 时向左倾斜。

5. "应用"按钮

确认对文本样式的设置。当建立新的样式或者对现有样式的某些特征进行修改后，都需单击此按钮，AutoCAD 确认所做的改动。

5.2　文本标注

在绘图过程中，文字传递了很多设计信息，它可能是一个很长很复杂的说明，也可能是一个简短的文字信息。当需要标注的文本不太长时，用户可以利用 TEXT 命令创建单行文本。当需要标注很长、很复杂的文字信息时，用户可以用 MTEXT 命令创建多行文本。

5.2.1　单行文本标注

【执行方式】

命令行：TEXT
菜单栏："绘图"→"文字"→"单行文字"
工具栏："文字"→"单行文字"按钮 AI

【操作步骤】

命令：TEXT ✓
单击相应的菜单项或在命令行输入 TEXT 命令后按 Enter 键，AutoCAD 提示：
当前文字样式：　Standard　当前文字高度：　0.2000
指定文字的起点或 [对正（J）/样式（S)]：

【选项说明】

1. 指定文字的起点

在此提示下，直接在绘图屏幕上点取一点作为文本的起始点，AutoCAD 提示：
指定高度 <0.2000>：（确定字符的高度）
指定文字的旋转角度 <0>：（确定文本行的倾斜角度）
输入文字：（输入文本）

在此提示下，输入一行文本后按 Enter 键，AutoCAD 继续显示"输入文字："提示，可继续输入文本，在全部输入完后，在此提示下直接按 Enter 键，则退出 TEXT 命令。可见，使用 TEXT 命令也可创建多行文本，只是这种多行文本的每一行是一个对象，不能同时对多行文本进行操作。

 技巧荟萃

只有当前文本样式中设置的字符高度为 0 时，在使用 TEXT 命令时 AutoCAD 才出现要求用户确定字符高度的提示。

AutoCAD 允许将文本行倾斜排列，图 5-6 所示为倾斜角度分别是 0 度、45 度和 45 度时的排列效果。在"指定文字的旋转角度＜0＞："提示下，通过输入文本行的倾斜角度或在屏幕上拉出一条直线来指定倾斜角度。

2. 对正（J）

在命令行提示下键入 J，用来确定文本的对齐方式，对齐方式决定文本的哪一部分与所选的插入点对齐。执行此选项后，命令行提示如下：

输入选项［对齐（A）/调整（F）/中心（C）/中间（M）/右®/左上（TL）/中上（TC）/右上（TR）/左中（ML）/正中（MC）/右中（MR）/左下（BL）/中下（BC）/右下（BR）］：

图 5-6　文本行倾斜排列的效果

在此提示下选择一个选项作为文本的对齐方式。当文本串水平排列时，AutoCAD 为标注文本串定义了如图 5-7 所示的文本行顶线、中线、基线和底线，各种对齐方式如图 5-8 所示，图中大写字母对应上述提示中的各命令。下面以"对齐"为例，进行简要说明。

图 5-7　文本行的底线、基线、中线和顶线

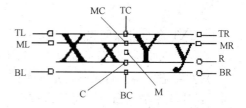

图 5-8　文本的对齐方式

对齐（A）：选择此选项，要求用户指定文本行的基线的起始点与终止点的位置，命令行提示如下：

指定文字基线的第一个端点：（指定文本行基线的起始点位置）

指定文字基线的第二个端点：（指定文本行基线的终止点位置）

输入文字：（输入一行文本后按 Enter 键）

输入文字：（继续输入文本或直接按 Enter 键结束命令）

执行结果：所输入的文本字符均匀地分布于指定的两端点之间，如果两端点间的连线不水平，则文本行倾斜放置，倾斜角度由两端点间的连线与 X 轴的夹角确定；字高、字宽则根据两端点间的距离、字符的多少以及文本样式中设置的宽度因子自动确定。指定了两端点之后，每行输入的字符越多，字宽和字高越小。

其他选项与"对齐"类似，在此不再赘述。

在实际绘图时，有时需要标注一些特殊字符，例如直径符号、上画线或下画线、温度符号等，由于这些符号不能直接从键盘上输入，AutoCAD 提供了一些控制码，用来实现特殊字符的标注。控制码由两个百分号（％％）加一个字符构成，常用的控制码如表 5-1 所示。

AutoCAD 常用控制码 表 5-1

符号	功能	符号	功能
％％O	上画线	\u+0278	电相位
％％U	下画线	\u+E101	流线
％％D	"度"符号	\u+2261	标识
％％P	正负符号	\u+E102	界碑线
％％C	直径符号	\u+2260	不相等
％％％	百分号%	\u+2126	欧姆
\u+2248	几乎相等	\u+03A9	欧米加
\u+2220	角度	\u+214A	低界线
\u+E100	边界线	\u+2082	下标 2
\u+2104	中心线	\u+00B2	上标 2
\u+0394	差值		

其中，％％O 和 ％％U 分别是上画线和下画线的开关，第一次出现此符号时，开始画上画线和下画线，第二次出现此符号时，上画线和下画线终止。例如在"Text："提示后输入"I want to ％％U go to Beijing％％U."，则得到如图 5-9（a）所示的文本行，输入"50％％D＋％％C75％％P12"，则得到如图 5-9（b）所示的文本行。

I want to go to Beijing. (a)

50°+ø75±12 (b)

图 5-9 文本行

用 TEXT 命令可以创建一个或若干个单行文本，也就是说，用此命令可以标注多行文本。在"输入文本："提示下输入一行文本后按 Enter 键，AutoCAD 继续提示"输入文本："，用户可输入第二行文本，依次类推，直到文本全部输完，再在此提示下直接按 Enter 键，结束文本输入命令。每一次按 Enter 键就结束一个单行文本的输入，每一个单行文本是一个对象，可以单独修改其文本样式、字高、旋转角度和对齐方式等。

用 TEXT 命令创建文本时，在命令行输入的文字同时显示在屏幕上，而且在创建过程中可以随时改变文本的位置，只要将光标移到新的位置单击，则当前行结束，随后输入的文本就会在新的位置出现。用这种方法可以把多个单行文本标注到屏幕的任何地方。

5.2.2 多行文本标注

【执行方式】

命令行：MTEXT

菜单栏:"绘图"→"文字"→"多行文字"

工具栏:"绘图"→"多行文字"按钮**A**或"文字"→"多行文字"按钮**A**

【操作步骤】

命令:MTEXT ✓

单击相应的菜单项或工具栏图标,或在命令行输入 MTEXT 命令后按 Enter 键,命令行提示如下:

命令:MTEXT ✓

当前文字样式:"Standard"　当前文字高度:5.9122　　注释性:　否

指定第一角点:指定矩形框的第一个角点

指定对角点或[高度(H)/对正(J)/行距(L)/旋转(R)/样式(S)/宽度(W)/栏(C)]

【选项说明】

1. 指定对角点

直接在屏幕上拾取一个点作为矩形框的第二个角点,AutoCAD 以这两个点为对角点形成一个矩形区域,其宽度作为将来要标注的多行文本的宽度,而且以第一个点作为第一行文本顶线的起点。响应后 AutoCAD 打开如图 5-10 所示的多行文字编辑器,可利用此编辑器输入多行文本并对其格式进行设置。关于编辑器中各项的含义与功能,稍后再详细介绍。

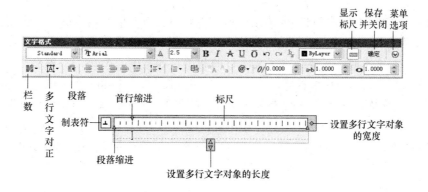

图 5-10　多行文字编辑器

2. 对正 (J)

确定所标注文本的对齐方式。选取此选项,AutoCAD 提示:

输入对正方式[左上(TL)/中上(TC)/右上(TR)/左中(ML)/正中(MC)/右中(MR)/左下(BL)/中下(BC)/右下(BR)]<左上(TL)>:

这些对正方式与 TEXT 命令中的各对齐方式相同,在此不再重复。选取一种对正方式后按 Enter 键,AutoCAD 回到上一级提示。

3. 行距（L）

确定多行文本的行间距，这里所说的行间距是指相邻两文本行的基线之间的垂直距离。执行此选项，AutoCAD 提示：

输入行距类型［至少（A）/精确（E)］＜至少（A）＞：

在此提示下，有两种确定行间距的方式，"至少"方式和"精确"方式。在"至少"方式下，AutoCAD 根据每行文本中最大的字符自动调整行间距。在"精确"方式下，AutoCAD 给多行文本赋予一个固定的行间距。可以直接输入一个确切的间距值，也可以输入"nx"的形式，其中 n 是一个具体数，表示行间距设置为单行文本高度的 n 倍，而单行文本高度是本行文本字符高度的 5.66 倍。

4. 旋转（R）

确定文本行的倾斜角度。执行此选项，AutoCAD 提示：

指定旋转角度＜0＞：（输入倾斜角度）

输入角度值后按 Enter 键，AutoCAD 返回到"指定对角点或［高度（H）/对正（J）/行距（L）/旋转®/样式（S）/宽度（W)］："提示。

5. 样式（S）

确定当前的文本样式。

6. 宽度（W）

指定多行文本的宽度。可在屏幕上选取一点，以此点与前面确定的第一个角点组成矩形框的宽作为多行文本的宽度。也可以输入一个数值，精确设置多行文本的宽度。

在创建多行文本时，只要给定了文本行的起始点和宽度，AutoCAD 就会打开如图5-10所示的多行文字编辑器，该编辑器包含一个"文字格式"工具栏和一个右键快捷菜单。用户可以在该编辑器中输入和编辑多行文本，包括设置字高、文本样式以及倾斜角度等。

该编辑器的界面与 Microsoft 的 Word 编辑器界面类似，事实上该编辑器与 Word 编辑器在某些功能上趋于一致。这样既增强了多行文字编辑功能，又使用户更熟悉和方便，效果很好。

7. 栏（C）

根据栏宽，栏间距宽度和栏高组成矩形框，打开如图 5-10 所示的多行文字编辑器。

8. "文字格式"工具栏

"文字格式"工具栏用来控制文本的显示特性。用户可以在输入文本之前设置文本的特性，也可以改变已输入文本的特性。要改变已有文本的显示特性，首先应选择要修改的文本，选择文本有以下 3 种方法：

（1）将光标定位到文本开始处，拖动鼠标到文本末尾。

（2）双击某一个字，则该字被选中。

（3）连续单击3次则选中全部内容。

下面介绍一下多行文字编辑器中部分选项的功能：

1）"高度"下拉列表框：该下拉列表框用来确定文本的字符高度，可在文本编辑框中直接输入新的字符高度，也可从下拉列表中选择已设定过的高度。

2）"加粗" **B** 和"斜体" *I* 按钮：这两个按钮用来设置字体的黑体或斜体效果。这两个按钮只对 TrueType 字体有效。

3）"删除线"按钮 **A**：这个按钮用来设置在文字上加删除线。

4）"下画线" **U** 和"上画线" **O** 按钮：这两个按钮用于设置或取消上（下）画线。

5）"堆叠"按钮 **b/a**：该按钮为层叠/非层叠文本按钮，用于层叠所选的文本，也就是创建分数形式的文本。当文本中某处出现 "/"、"^" 或 "♯" 这3种层叠符号之一时可层叠文本，方法是选中需层叠的文字，然后单击此按钮，则符号左边文字作为分子，右边文字作为分母。AutoCAD 提供了3种分数形式，如选中 "abcd/efgh" 后单击此按钮，得到如图 5-11（a）所示的分数形式，如果选中 "abcd^efgh" 后单击此按钮，则得到如图 5-11（b）所示的形式，此形式多用于标注极限偏差，如果选中 "abcd ♯ efgh" 后单击此按钮，则创建斜排的分数形式，如图 5-11（c）所示。如果选中已经层叠的文本对象后单击此按钮，则文本恢复到非层叠形式。

6）"倾斜角度"下拉列表框 **0/**：设置文字的倾斜角度。

技巧荟萃

倾斜角度与斜体效果是两个不同概念，前者可以设置任意倾斜角度，后者是在任意倾斜角度的基础上设置斜体效果，如图 5-12 所示。第一行倾斜角度为 0°，非斜体；第二行倾斜角度为 12°，非斜体；第三行倾斜角度为 12°，斜体。

---

abcd   abcd   abcd/efgh
efgh   efgh
 (a)   (b)   (c)

给排水给排水
给排水给排水
给排水给排水

图 5-11　文本层叠　　　　图 5-12　倾斜角度与斜体效果

7）"符号"按钮 **@▾**：用于输入各种符号。单击该按钮，系统打开符号列表，如图 5-13所示。可以从中选择符号输入到文本中。

8）"插入字段"按钮 **▦**：插入一些常用或预设字段。单击该按钮，系统打开"字段"对话框，如图 5-14 所示。用户可以从中选择字段并插入到标注文本中。

9）"追踪"下拉列表框 **a↔b**：增大或减小选定字符之间的间距。设置为 5.0 是常规间距，设置为大于 5.0 可增大间距，设置为小于 5.0 可减小间距。

10）"栏"下拉列表框 **▤**：显示"栏"弹出菜单，该菜单提供3个"栏"选项："不

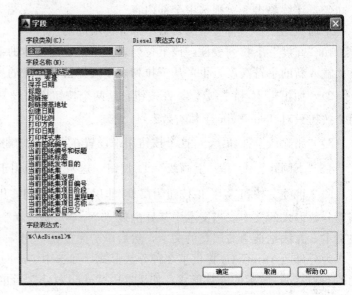

图 5-13　符号列表　　　　　　　　　图 5-14　"字段"对话框

分栏"、"静态栏"和"动态栏"。

11）"多行文字对正"下拉列表框 ：显示"多行文字对正"菜单，并且有 9 个对正选项可用。"左上"为默认。

12）"宽度"下拉列表框 ：扩展或收缩选定字符。设置为 5.0 代表此字体中字母是常规宽度。可以增大该宽度或减小该宽度。

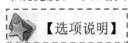

【选项说明】

在"文字格式"工具栏上单击"选项"按钮 ，系统打开"选项"菜单，如图 5-15所示。其中许多选项与 Microsoft Word 中的相关选项类似，下面只对其中比较特殊的选项进行简单介绍。

9．"选项"菜单

在"文字格式"工具栏上单击"选项"按钮 ，系统打开"选项"菜单，如图 5-15所示。其中许多选项与 Word 中相关选项类似，这里只对其中比较特殊的选项简单介绍一下。

（1）符号：在光标位置插入列出的符号或不间断空格。也可以手动插入符号。

（2）输入文字：显示"选择文件"对话框，如图 5-16 所示。选择任意 ASCII 或 RTF格式的文件。输入的文字保留原始字符格式和样式特性，但可以在多行文字编辑器中编辑和格式化输入的文字。选择要输入的文本文件后，可以在文字编辑框中替换选定的文字或全部文字，或在文字边界内将插入的文字附加到选定的文字中。输入文字的文件必须小于 32K。

（3）背景遮罩：用设定的背景对标注的文字进行遮罩。选择该命令，系统打开"背景遮罩"对话框，如图 5-17 所示。

图 5-15　"选项"菜单　　　　　　　　　　图 5-16　"选择文件"对话框

（4）删除格式：清除选定文字的粗体、斜体或下画线格式。

（5）插入字段："字段"对话框中可用的选项随字段类别和字段名称的变化而变化。选择该命令，系统打开"字段"对话框如图 5-18 所示。

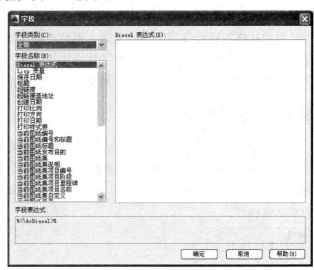

图 5-17　"背景遮罩"对话框　　　　　　　图 5-18　"字段"对话框

（6）字符集：显示代码页菜单。选择一个代码页并将其应用到选定的文字。

5.3　文　本　编　辑

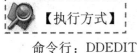

【执行方式】

命令行：DDEDIT

菜单栏:"修改"→"对象"→"文字"→"编辑"

工具栏:"文字"→"编辑"按钮

快捷菜单:"修改多行文字"或"编辑文字"

【操作步骤】

单击相应的菜单项,或在命令行输入 DDEDIT 命令后按 Enter 键,AutoCAD 提示:

命令:DDEDIT ✓

选择注释对象或[放弃(U)]:

选择要修改的文本,同时光标变为拾取框。用拾取框单击对象,如果选取的文本是用 TEXT 命令创建的单行文本,选取后则深显该文本,可对其进行修改。如果选取的文本是用 MTEXT 命令创建的多行文本,选取后则打开多行文字编辑器(如图 5-10 所示),可根据前面的介绍对各项设置或内容进行修改。

5.4 表 格

在以前的版本中,必须采用绘制图线或者图线结合偏移或复制等编辑命令来完成表格的绘制。这样的操作过程烦琐而复杂,不利于提高绘图效率。从 AutoCAD 2005 开始,新增加了一个"表格"绘图功能,有了该功能,创建表格就变得非常容易,用户可以直接插入设置好样式的表格,而不用绘制由单独的图线组成的表格。

5.4.1 定义表格样式

和文字样式一样,所有 AutoCAD 图形中的表格都有和其相对应的表格样式。当插入表格对象时,AutoCAD 使用当前设置的表格样式。表格样式是用来控制表格基本形状和间距的一组设置。模板文件 ACAD.DWT 和 ACADISO.DWT 中定义了名叫 STANDARD 的默认表格样式。

【执行方式】

命令行:TABLESTYLE

菜单栏:"格式"→"表格样式"

工具栏:"样式"→"表格样式管理器"按钮

【操作步骤】

命令:TABLESTYLE ✓

在命令行输入 TABLESTYLE 命令,或在"格式"菜单中单击"文字样式"命令,或者在"样式"工具栏中单击"表格样式管理器"按钮,AutoCAD 就会打开"表格样式"对话框,如图 5-19 所示。

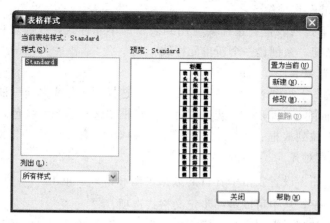

图 5-19 "表格样式"对话框

【选项说明】

1. "新建"按钮

单击该按钮，系统打开"创建新的表格样式"对话框，如图 5-20 所示。输入新的表格样式名后，单击"继续"按钮，系统打开"新建表格样式"对话框，如图 5-21 所示。用户可以从中定义新建表格样式。

图 5-20 "创建新的表格样式"对话框

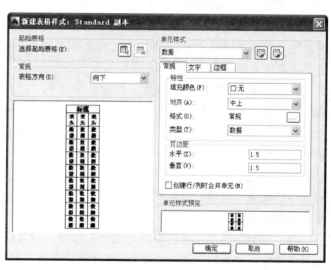

图 5-21 "新建表格样式"对话框

（1）"起始表格"选项组。

选择起始表格：可以在图形中选择一个要应用新表格样式设置的表格。

（2）"基本"选项组。

"表格方向"下拉列表框：包括"向下"或"向上"选项。选择"向上"选项，是指创建由下而上读取的表格，标题行和列标题行都在表格的底部。选择"向下"选项，是指创建由上而下读取的表格，标题行和列标题行都在表格的顶部。

（3）"单元样式"选项组。

"单元样式"下拉列表框：选择要应用到表格的单元样式，或通过单击"单元样式"下拉列表右侧的按钮，来创建一个新单元样式。

（4）"基本"选项卡。

1）"填充颜色"下拉列表框：指定填充颜色。选择"无"或选择一种背景色，或者单击"选择颜色"命令，在打开的"选择颜色"对话框中选择适当的颜色。

2）"对齐"下拉列表框：为单元内容指定一种对齐方式。"中心"对齐指水平对齐；"中间"对齐指垂直对齐。

3）"格式"按钮：设置表格中各行的数据类型和格式。单击"..."按钮，弹出"表格单元格式"对话框，从中可以进一步定义格式选项。

4）"类型"下拉列表框：将单元样式指定为"标签"格式或"数据"格式，在包含起始表格的表格样式中插入默认文字时使用。也用于在工具选项板上创建表格工具的情况。

5）"页边距-水平"文本框：设置单元中的文字或块与左右单元边界之间的距离。

6）"页边距-垂直"文本框：设置单元中的文字或块与上下单元边界之间的距离。

7）"创建行/列时合并单元"复选框：把使用当前单元样式创建的所有新行或新列合并到一个单元中。

（5）"文字"选项卡。

1）"文字样式"选项：指定文字样式。选择文字样式，或单击"..."按钮，在弹出的"文字样式"对话框中，创建新的文字样式。

2）"文字高度"文本框：指定文字高度。此选项仅在选定文字样式的文字高度为 0 时适用（默认文字样式 STANDARD 的文字高度为 0）。如果选定的文字样式指定了固定的文字高度，则此选项不可用。

3）"文字颜色"下拉列表框：指定文字颜色。选择一种颜色，或者单击"选择颜色"命令，在弹出的"选择颜色"对话框中，选择适当的颜色。

4）"文字角度"文本框：设置文字角度，默认的文字角度为 0 度。可以输入-359 度至＋359 度之间的任何角度。

（6）"边框"选项卡。

1）"线宽"选项：设置要用于显示的边界的线宽。如果使用加粗的线宽，可能必须修改单元边距才能看到文字。

2）"线型"选项：通过单击"边框"按钮，设置线型以应用于指定边框。将显示标准线型"随块"、"随层"和"连续"，或者可以选择"其他"来加载自定义线型。

3）"颜色"选项：指定颜色以应用于显示的边界。单击"选择颜色"命令，在弹出的"选择颜色"对话框中选择适当的颜色。

4）"双线"选项：指定选定的边框为双线型。可以通过在"间距"框中输入值来更改行距。

5）"边框显示"按钮：应用选定的边框选项。单击此按钮可以将选定的边框选项应用到所有的单元边框，外部边框、内部边框、底部边框、左边框、顶部边框、右边框或无边框。对话框中的"单元样式预览"将更新及显示设置后的效果。

2. "修改"按钮

对当前表格样式进行修改，方式与新建表格样式相同。

5.4.2 创建表格

在设置好表格样式后，用户可以利用 TABLE 命令创建表格。

【执行方式】

命令行：TABLE
菜单栏："绘图"→"表格"
工具栏："绘图"→"表格"按钮 ▦

【操作步骤】

命令：TABLE↙

在命令行输入 TABLE 命令，或者在"绘图"菜单中单击"表格"命令，或者在"绘图"工具栏中单击"表格"按钮，AutoCAD 都会打开"插入表格"对话框，如图 5-22所示。

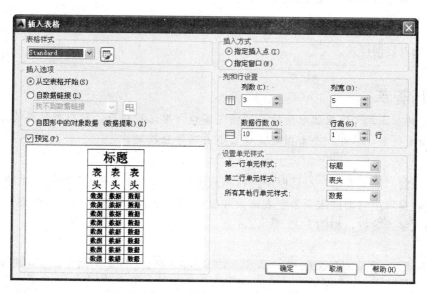

图 5-22 "插入表格"对话框

【选项说明】

1. "表格样式"选项组

可以在"表格样式"下拉列表框中选择一种表格样式，也可以通过单击后面的
"⋯"按钮来新建或修改表格样式。

2. "插入选项"选项组

（1）"从空表格开始"单选钮：创建可以手动填充数据的空表格。

（2）"自数据连接"单选钮：通过启动数据连接管理器来创建表格。

（3）"自图形中的对象数据"单选钮：通过启动"数据提取"向导来创建表格。

3. "插入方式"选项组

（1）"指定插入点"单选钮

指定表格的左上角的位置。可以使用定点设备，也可以在命令行中输入坐标值。如果表格样式将表格的方向设置为由下而上读取，则插入点位于表格的左下角。

（2）"指定窗口"单选钮

指定表的大小和位置。可以使用定点设备，也可以在命令行中输入坐标值。选定此选项时，行数、列数、列宽和行高取决于窗口的大小以及列和行设置。

4. "列和行设置"选项组

指定列和数据行的数目以及列宽与行高。

5. "设置单元样式"选项组

指定"第一行单元样式"、"第二行单元样式"和"所有其他行单元样式"分别为标题、表头或者数据样式。

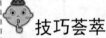 技巧荟萃

在"插入方式"选项组中选择了"指定窗口"单选按钮后，列与行设置的两个参数中只能指定一个，另外一个由指定窗口大小自动等分指定。

在上面的"插入表格"对话框中进行相应设置后，单击"确定"按钮，系统在指定的插入点或在窗口中自动插入一个空表格，并显示多行文字编辑器，用户可以逐行逐列地输入相应的文字或数据，如图 5-23 所示。

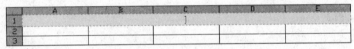

图 5-23　多行文字编辑器

说明：在插入表格后的表格中选择某一个单元格，单击后出现钳夹点，通过移动钳夹点可以改变单元格的大小。如图 5-24 所示。

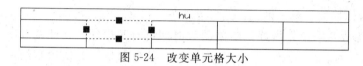

图 5-24　改变单元格大小

5.4.3　表格文字编辑

命令行：TABLEDIT

快捷菜单：选定表格的一个或多个单元格后，右击，弹出一个右键快捷菜单，单击此菜单上的"编辑文字"命令（如图 5-25 所示）

命令：TABLEDIT↙

系统打开多行文字编辑器，用户可以对指定表格的单元格中的文字进行编辑。

图 5-25　快捷菜单

5.5　实例——绘制 A3 图框

绘制思路

计算机绘图跟手工画图一样，如要绘制一张标准图纸，也要做很多必要的准备。如设

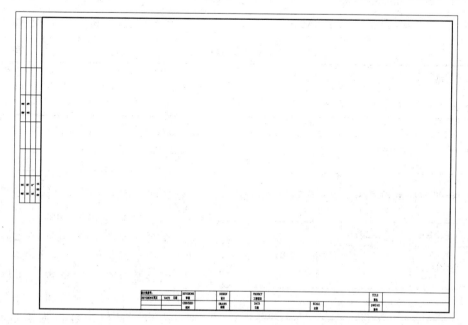

图 5-26　A3 图框

置图层、线型、标注样式、目标捕捉、单位格式、图形界限等。很多重复性的基本设置工作则可以在模板图如 ACAD.DWT 中预先做好，绘制图纸时即可打开模板，在此基础上开始绘制新图。本例讲述如何绘制 A3 图框，并保存为样板文件或图块，方便后期绘制使用。

 参见光盘 　　　光盘 \ 视频教学 \ 第 5 章 \ 绘制 A3 图框 .avi

5.5.1　图框概述

图幅即图面的大小。根据国家规范的规定，按图面的长和宽的大小确定图幅的等级。室内设计常用的图幅有 A0（也称 0 号图幅，其余类推）、A1、A2、A3 及 A4，每种图幅的长宽尺寸见表 5-2，表中的尺寸代号意义如图 5-27、图 5-28 所示。

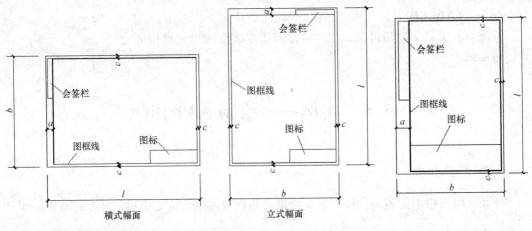

图 5-27　A0-A3 图幅格式

图 5-28　A4 图幅格式

图幅标准（mm）　　　　　　　　　　　　　　　　　　　　　　　　　表 5-2

尺寸代号 ＼ 图幅代号	A0	A1	A2	A3	A4
$b \times l$	841×1189	594×841	420×594	297×420	210×297
c	10			5	
a	25				

图标即图样的图标栏，它包括设计单位名称、工程名称、签字区、图名区及图号区等内容。一般图标格式如图 5-29 所示，如今不少设计单位采用个性化的图标格式，但是仍必须包括这几项内容。

设计单位名称	工程名称区	图号区
签字区	图名区	

40(30,50)

180

图 5-29　图标格式

图签是为各工种负责人审核后签名用的表格，它包括专业、姓名、日期等内容，具体内容根据需要设置，如图 5-30 所示为其中一种格式。对于

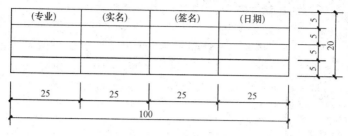

图 5-30　图签格式

不需要会签的图样，可以不设此栏。

5.5.2　图框模块绘制

1. 设置单位和图形边界

（1）打开 AutoCAD 2014 程序，系统自动建立新图形文件。

（2）设置单位。选择菜单栏中的"格式"→
"单位"命令，AutoCAD 打开"图形单位"对话
框，如图 5-31 所示。设置"长度"的类型为"小
数"，"精度"为 0；"角度"的类型为"十进制度
数"，"精度"为 0，系统默认逆时针方向为正，
插入时的缩放单位为"无单位"。

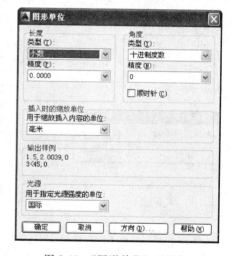

（3）设置图形边界。国标对图纸的幅面大小
作了严格规定，国标 A3 图纸幅面设置图形边界
幅面为 420mm×297mm，这里，为了后期使用，
将图框扩大 100 倍，命令行提示与操作如下：

图 5-31　"图形单位"对话框

命令：LIMITS

重新设置模型空间界限：

指定左下角点或［开（ON）/关（OFF）］＜
0，0＞：

指定右上角点＜420，297＞：42000，29700

2. 设置图层

设置层名。单击"图层"工具栏中的"图层"按钮 ，AutoCAD 打开"图层特性管
理器"对话框，如图 5-32 所示。在该对话框中单击"新建"按钮，建立"图框"图层，
并将该图层置为当前。

3. 设置文本样式

（1）单击"样式"工具栏中的"文字样式"按钮 ，打开"文字样式"对话框，单
击"新建"按钮，系统打开"新建文字样式"对话框，如图 5-33 所示。新建"01"文字

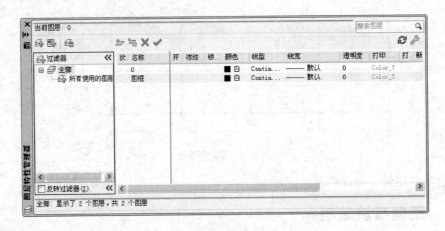

图 5-32 "图层特性管理器"对话框

样式名，确认退出。

（2）系统回到"文字样式"对话框，在"字体名"下拉列表框中选择"黑体"选项；将文字高度设置为 200，宽度因子为 0.7，如图 5-34 所示。

图 5-33 "新建文字样式"对话框

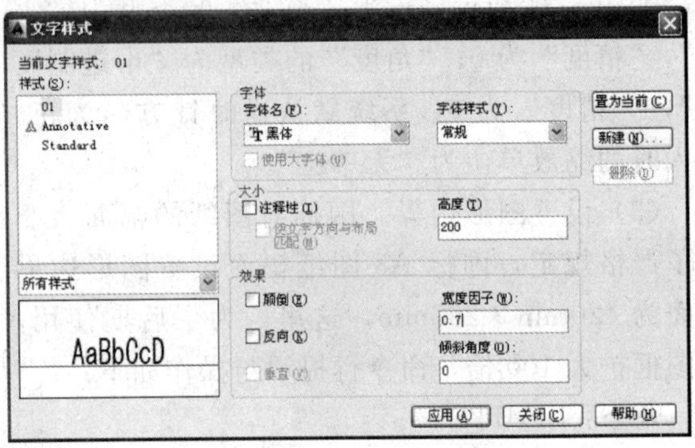

图 5-34 "文字样式"对话框

（3）单击"新建"按钮，新建"02"文字样式名，参数设置如图 5-35 所示，单击"关闭"按钮。

图 5-35 新建文字样式

4. 绘制图框线

（1）单击"绘图"工具栏中的"矩形"按钮 ▢，在图形空白位置任选一点为矩形起点绘制一个"42000×29700"大小的矩形，作为绘制 A3 图框的外框，如图 5-36所示。

（2）单击"修改"工具栏中的"分解"按钮 ▨，选择上步绘制的矩形为分解对象，回车确认进行分解，使上步绘制矩形成为四条独立边。

（3）单击"修改"工具栏中的"偏移"按钮，选择上步分解矩形的四边为偏移对象，分别向内进行偏移，左侧竖直边偏移距离为2500，剩余三边偏移距离分别为500，如图5-37所示。

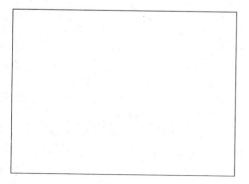

图 5-36　绘制矩形

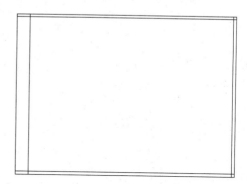

图 5-37　偏移矩形边

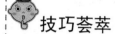 技巧荟萃

偏移命令的操作技巧？

偏移命令可以将对象根据平移方向，偏移一个指定的距离，创建一个与原对象相同或类似的新对象，它可操作的图元包括直线、圆、圆弧、多段线、椭圆、构造线、样条曲线等（类似是于"复制"），当偏移一个圆时，它还可创建同心圆。当偏移一条闭合的多义线时，也可建立一个与原对象形状相同的闭合图形，可见偏移命令应用相当灵活，因此 Offset 命令无疑成了 AutoCAD 修改命令中使用频率最高的一条命令。

在使用偏移时，用户可以通过两种方式创建新线段，一种是输入平行线间的距离，这也是我们最常使用的方式；另一种是指定新平行线通过的点，输入提示参数"T"后，捕捉某个点作为新平行线的通过点，这样就在不便知道平行线距离时，而不需输入平行线之间的距离了，而且还不易出错（此也可以过复制来实现）。

（4）单击"修改"工具栏中的"修剪"按钮，选择上步偏移线段为修剪对象，对其进行修剪处理，如图5-38所示。

技巧荟萃

《国家标准》规定 A3 图纸的幅面大小是 420×297，这里留出了带装订边的图框到纸面边界的距离。

（5）单击"绘图"工具栏中的"多段线"按钮，指定起点宽度为80，端点宽度为80，沿上步绘制内部矩形边进行绘制，如图5-39所示。

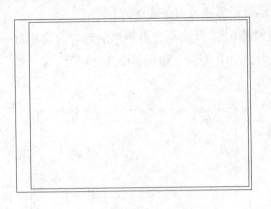

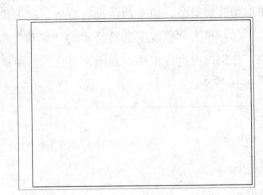

图 5-38 修剪图形　　　　　　　　　　　图 5-39 绘制外边

 技巧荟萃

　　选中底部水平线时选中整个多段线，单击右键选择快捷菜单中的"绘图次序"→"后置"命令，再次选择时，则选中底部水平直线。

　　（6）单击"修改"工具栏中的"偏移"按钮 ，选择底部水平线段为偏移对象向上进行偏移，偏移距离为 1788，如图 5-40 所示。

　　（7）单击"修改"工具栏中的"偏移"按钮 ，选择左侧偏移后的竖直线段为偏移对象，向右进行偏移，偏移距离为 9707，修剪结果如图 5-41 所示。

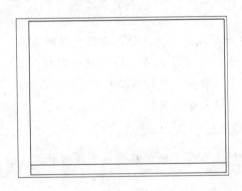

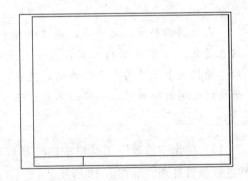

图 5-40 偏移水平边　　　　　　　　　　图 5-41 偏移竖直直线

　　（8）单击"修改"工具栏中的"偏移"按钮 ，选择上步绘制的竖直直线为偏移对象，分别向右侧进行偏移，偏移距离为 1911、1911、1257、2023、1257、2023、1257、4404、1257、4330、1257，如图 5-42 所示。

　　（9）单击"修改"工具栏中的"偏移"按钮 ，选择底部水平多段线为偏移对象分别向上进行偏移，偏移距离为 442、463、452，如图 5-43 所示。

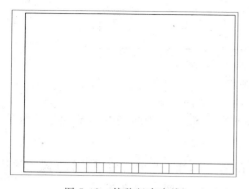

图 5-42　偏移竖直直线

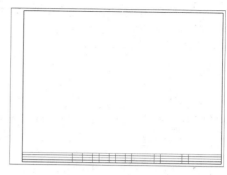

图 5-43　偏移水平多段线

（10）单击"修改"工具栏中的"修剪"按钮 ⊬，选择上步分解后的直线为修剪对象，对其进行修剪处理，结果如图 5-44 所示。

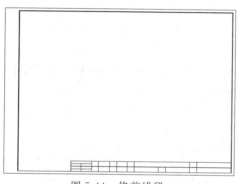

图 5-44　修剪线段

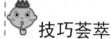技巧荟萃

修剪命令的操作技巧

在使用修剪这个命令的时候，通常在选择修剪对象的时候，是逐个点击选择的，有时显得效率不高，要比较快的实现修剪的过程，可以这样操作：执行修剪命令"TR"或"TRIM"，命令行提示"选择修剪对象"时，不选择对象，继续回车或单击空格键，系统默认选择全部对象！这样做可以很快地完成修剪的过程，没用过的读者不妨一试。

（11）单击"绘图"工具栏中的"多行文字"按钮 **A**，在上步修剪完成的标题栏内添加文字，其中，汉字文字样式为"01"，其余字符、数字文字样式为"02"，结果如图5-45所示。

设计资质号：			REVISIONS 审核		DESIGN 设计		PROJECT 工程项目				TITLE 图名	
REVISIONS 更正	DATE 日期		CHECKED 校对		DRAWN 绘图		DATE 日期		SCALE 比例		DWG NO 图号	

图 5-45　添加文字

（12）单击"绘图"工具栏中的"矩形"按钮 ☐，在图形空白位置任选一点为矩形起点绘制一个"17114×1992"的矩形，如图 5-46 所示。

图 5-46 绘制矩形

（13）单击"修改"工具栏中的"分解"按钮，选择上步绘制的矩形为分解对象，回车确认进行分解。

（14）单击"修改"工具栏中的"偏移"按钮，选择上步分解后矩形的顶端水平边为偏移对象向下进行偏移，偏移距离为 498、498、498，如图 5-47 所示。

图 5-47 偏移水平线段

（15）单击"修改"工具栏中的"偏移"按钮，选择分解矩形左侧竖直边为偏移对象向右进行偏移，偏移距离为 2489、2489、2489、2489、2489，如图 5-48 所示。

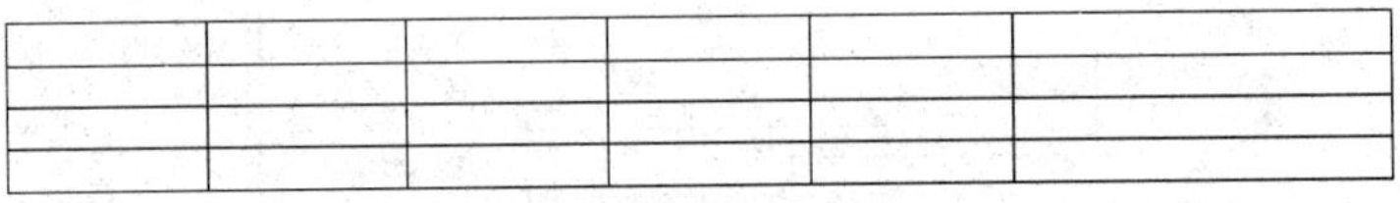

图 5-48 偏移竖直直线

（16）单击"绘图"工具栏中的"多行文字"按钮 A，在上步偏移线段内添加文字，字体为黑体，字高为 200，如图 5-49 所示。

建 筑			暖 通		
结 构			装 饰		
电 气					
给水排水					

图 5-49 添加文字

（17）单击"修改"工具栏中的"旋转"按钮，选择上步绘制图形为旋转对象，选择上步图形左下角点为旋转基点对其进行旋转，将图形旋转 90°，如图 5-50 所示。

（18）单击"修改"工具栏中的"移动"按钮，选择上步图形为移动对象，将其移动放置到前面绘制的图框内，完成 A3 图框的绘制，如图 5-51 所示。

（19）单击"绘图"工具栏中的"创建块"按钮，弹出"块定义"对话框，如图 5-52 所示。选择上步绘制图形为定义对象，选择任意点为基点，将其定义为块，块名为"A3 图框"。

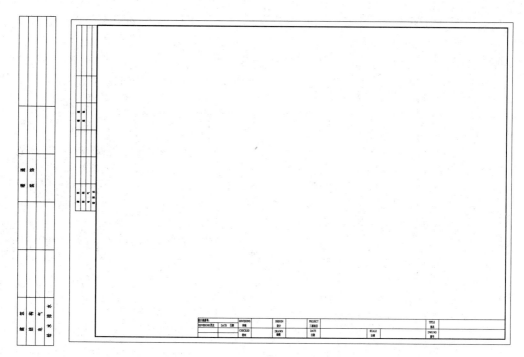

图 5-50 旋转图形   图 5-51 A3 图框

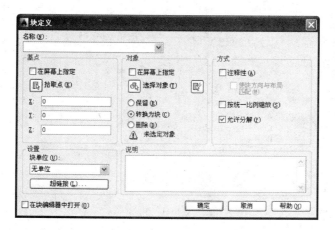

图 5-52 "块定义"对话框

 技巧荟萃

块的作用是什么？

用户可以将绘制的图例，创建为块，即将图例以块为单位进行保存，并归类于每一个文件夹内，以后再次需要利用此图例制图时，只需"插入"该图块即可，同时还可以对块进行属性赋值。图块的使用可以大大提高制图效率。

第 6 章

尺寸标注

尺寸标注是绘图设计过程当中相当重要的一个环节。因为图形的主要作用是表达物体的形状，而物体各部分的真实大小和确切位置只能通过尺寸标注来描述。因此，如果没有正确的尺寸标注，绘制出的图纸对于加工制造就没什么意义。本章介绍 AutoCAD 的尺寸标注功能，主要内容包括：尺寸标注的规则与组成、尺寸样式、尺寸标注、引线标注、尺寸标注编辑等。

◉ 尺寸样式

◉ 标注尺寸

◉ 引线标注

◉ 编辑尺寸标注

◉ 实例——卫生间给水平面图

6.1 尺寸样式

组成尺寸标注的尺寸界线、尺寸线、尺寸文本及箭头等都可以采用多种多样的形式，在实际标注一个几何对象的尺寸时，尺寸标注样式决定尺寸标注以什么形态出现。它主要决定尺寸标注的形式，包括尺寸线、尺寸界线、箭头和中心标记等的形式，以及尺寸文本的位置、特性等。在 AutoCAD 2014 中，用户可以利用"标注样式管理器"对话框方便地设置自己需要的尺寸标注样式。下面介绍如何定制尺寸标注样式。

6.1.1 新建或修改尺寸样式

在进行尺寸标注之前，要建立尺寸标注的样式。如果用户不建立尺寸样式而直接进行标注，系统就会使用默认的、名称为 STANDARD 的样式。如果用户认为使用的标注样式有某些设置不合适，那么也可以修改标注样式。

【执行方式】

命令行：DIMSTYLE

菜单："格式"→"标注样式"或"标注"→"标注样式"

工具栏："标注"→"标注样式"

【操作步骤】

命令：DIMSTYLE↙

执行上述命令后，AutoCAD 打开"标注样式管理器"对话框，如图 6-1 所示。利用此对话框用户可方便直观地设置和浏览尺寸标注样式，包括建立新的标注样式、修改已存在的样式、设置当前尺寸标注样式、标注样式重命名以及删除一个已存在的标注样式等。

【选项说明】

1. "置为当前"按钮

单击此按钮，把在"样式"列表框中选中的标注样式设置为当前尺寸标注样式。

2. "新建"按钮

定义一个新的尺寸标注样式。单击此按钮，AutoCAD 打开"创建新标注样式"对话框，如图 6-2 所示，利用此对话框可创建一个新的尺寸标注样式。下面介绍其中各选项的功能。

（1）新样式名：给新的尺寸标注样式命名。

（2）基础样式：选取创建新样式所基于的标注样式。单击右侧的下三角按钮，显示当前已存在的标注样式列表，从中选取一个样式作为定义新样式的基础样式，新的样式是在这个样式的基础上修改一些特性得到的。

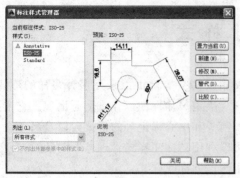

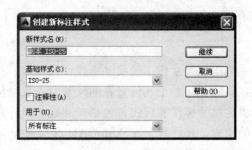

图 6-1　"标注样式管理器"对话框　　　　　图 6-2　"创建新标注样式"对话框

（3）用于：指定新样式应用的尺寸类型。单击右侧的下三角按钮，显示尺寸类型列表，如果新建样式应用于所有尺寸标注，则选"所有标注"；如果新建样式只应用于特定的尺寸标注（例如只在标注直径时使用此样式），则选取相应的尺寸类型。

（4）继续：设置好各选项以后，单击"继续"按钮，AutoCAD 打开"新建标注样式"对话框，如图 6-3 所示，利用此对话框可对新样式的各项特性进行设置。该对话框中各部分的含义和功能将在后面介绍。

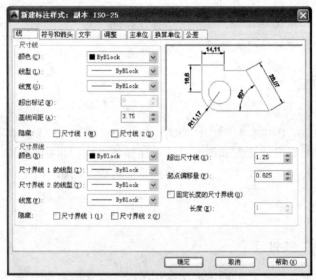

图 6-3　"新建标注样式"对话框

3．"修改"按钮

修改一个已存在的尺寸标注样式。单击此按钮，AutoCAD 打开"修改标注样式"对话框，该对话框中的各选项与"新建标注样式"对话框中的各选项完全相同，用户可以在此对话框中对已有标注样式进行修改。

4．"替代"按钮

设置临时覆盖尺寸标注样式。单击此按钮，AutoCAD 打开"替代当前样式"对话框，该对话框中的各选项与"新建标注样式"对话框中的各选项完全相同，用户可通过改变选项的设置来覆盖原来的设置，但这种修改只对指定的尺寸标注起作用，而不影响当前尺寸样式变量的设置。

5."比较"按钮

比较两个尺寸标注样式在参数上的区别，或浏览一个尺寸标注样式的参数设置。单击此按钮，AutoCAD 打开"比较标注样式"对话框，如图 6-4 所示。用户可以把比较结果复制到剪贴板上，然后再粘贴到其他的 Windows 应用软件上。

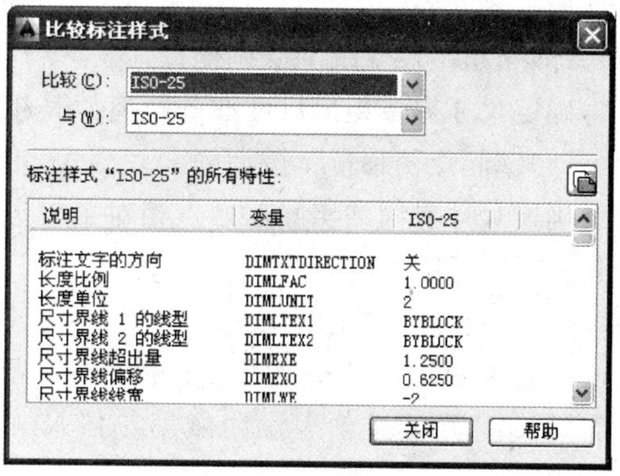

图 6-4 "比较标注样式"对话框

6.1.2 线

在"新建标注样式"对话框中，第 1 个选项卡就是"线"选项卡，如图 6-3 所示。该选项卡用于设置尺寸线、尺寸界线的形式和特性。下面分别进行说明。

1."尺寸线"选项组

该选项组用于设置尺寸线的特性。其中各主要选项的含义如下：

（1）"颜色"下拉列表框

设置尺寸线的颜色。可直接输入颜色名字，也可从下拉列表中选择，或者单击"选择颜色"命令，AutoCAD 打开"选择颜色"对话框，用户可从中选择其他颜色。

（2）"线型"下拉列表框

设定尺寸线的线型。

（3）"线宽"下拉列表框

设置尺寸线的线宽，下拉列表中列出了各种线宽的名字和宽度。AutoCAD 把设置值保存在 DIMLWD 变量中。

（4）"超出标记"微调框

当尺寸箭头设置为短斜线、短波浪线等，或尺寸线上无箭头时，可利用此微调框设置尺寸线超出尺寸界线的距离。其相应的尺寸变量是 DIMDLE。

（5）"基线间距"微调框

以基线方式标注尺寸时，设置相邻两尺寸线之间的距离，其相应的尺寸变量是 DIMDLI。

（6）"隐藏"复选框组

确定是否隐藏尺寸线及其相应的箭头。选中"尺寸线 1"复选框表示隐藏第一段尺寸线，选中"尺寸线 2"复选框表示隐藏第二段尺寸线。其相应的尺寸变量分别为 DIMSD1 和 DIMSD2。

2."尺寸界线"选项组

该选项组用于确定尺寸界线的形式。其中各主要选项的含义如下：

(1)"颜色"下拉列表框

设置尺寸界线的颜色。

(2)"线宽"下拉列表框

设置尺寸界线的线宽，AutoCAD 把其值保存在 DIMLWE 变量中。

(3)"超出尺寸线"微调框

确定尺寸界线超出尺寸线的距离，其相应的尺寸变量是 DIMEXE。

(4)"起点偏移量"微调框

确定尺寸界线的实际起始点相对于指定的尺寸界线的起始点的偏移量，其相应的尺寸变量是 DIMEXO。

(5)"隐藏"复选框组

确定是否隐藏尺寸界线。选中"尺寸界线 1"复选框表示隐藏第一段尺寸界线，选中"尺寸界线 2"复选框表示隐藏第二段尺寸界线。其相应的尺寸变量分别为 DIMSE1 和 DIMSE2。

(6)"固定长度的尺寸界线"复选框

选中该复选框，表示系统以固定长度的尺寸界线标注尺寸。可以在下面的"长度"微调框中输入长度值。

3. 尺寸样式显示框

在"新建标注样式"对话框的右上方，有一个尺寸样式显示框，该显示框以样例的形式显示用户设置的尺寸样式。

6.1.3 符号和箭头

在"新建标注样式"对话框中，第 2 个选项卡是"符号和箭头"选项卡，如图 6-5 所示。该选项卡用于设置箭头、圆心标记、弧长符号和半径折弯标注等的形式和特性。下面分别进行说明。

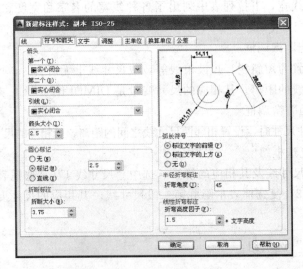

图 6-5 "新建标注样式"对话框的"符号和箭头"选项卡

1. "箭头"选项组

设置尺寸箭头的形式，AutoCAD 提供了多种多样的箭头形状，列在"第一个"和"第二个"下拉列表框中。另外，系统还允许用户采用自定义的箭头形式。两个尺寸箭头可以采用相同的形式，也可以采用不同的形式。

（1）"第一个"下拉列表框

用于设置第一个尺寸箭头的形式。此下拉列表框中列出各种箭头形式的名字及其形状，用户可从中选择自己需要的形式。一旦确定了第一个箭头的类型，第二个箭头则自动与其匹配，要想第二个箭头选用不同的类型，可在"第二个"下拉列表框中进行设定。AutoCAD 把第一个箭头类型名存放在尺寸变量 DIMBLK1 中。

（2）"第二个"下拉列表框

确定第二个尺寸箭头的形式，可与第一个箭头类型不同。AutoCAD 把第二个箭头的名字存放在尺寸变量 DIMBLK2 中。

（3）"引线"下拉列表框

确定引线箭头的形式，与"第一个"下拉列表框的设置类似。

（4）"箭头大小"微调框

设置箭头的大小，其相应的尺寸变量是 DIMASZ。

2. "圆心标记"选项组

设置半径标注、直径标注和中心标注中的中心标记和中心线的形式。其相应的尺寸变量是 DIMCEN。其中各项的含义如下：

（1）"无"单选钮

既不产生中心标记，也不产生中心线。此时 DIMCEN 变量的值为 0。

（2）"标记"单选钮

中心标记为一个记号。AutoCAD 将标记大小以一个正值存放在 DIMCEN 变量中。

（3）"直线"单选钮

中心标记采用中心线的形式。AutoCAD 将中心线的大小以一个负值存放在 DIMCEN 变量中。

（4）微调框

设置中心标记和中心线的大小和粗细。

3. "弧长符号"选项组

控制弧长标注中圆弧符号的显示。有 3 个单选按钮：

（1）"标注文字的前缀"单选钮

将弧长符号放在标注文字的前面，如图 6-6（a）所示。

（2）"标注文字的上方"单选钮

将弧长符号放在标注文字的上方，如图 6-6（b）所示。

（3）"无"单选钮

不显示弧长符号，如图 6-6（c）所示。

图 6-6 弧长符号

4. "半径折弯标注"选项组

控制折弯（Z字形）半径标注的显示。

5. "线性折弯标注"选项组

控制线性标注折弯的显示。

6.1.4 文字

在"新建标注样式"对话框中，第3个选项卡是"文字"选项卡，如图 6-7 所示。该选项卡用于设置尺寸文本的形式、位置和对齐方式等。

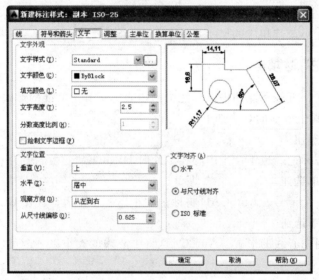

图 6-7 "新建标注样式"对话框的"文字"选项卡

1. "文字外观"选项组

（1）"文字样式"下拉列表框

选择当前尺寸文本采用的文本样式。可在下拉列表中选取一个样式，也可单击右侧的 ⋯ 按钮，打开"文字样式"对话框，以创建新的文字样式或对已存在的文字样式进行修改。AutoCAD 将当前文字样式保存在 DIMTXSTY 系统变量中。

（2）"文字颜色"下拉列表框

设置尺寸文本的颜色，其操作方法与设置尺寸线颜色的方法相同。与其对应的尺寸变量是 DIMCLRT。

（3）"文字高度"微调框

设置尺寸文本的字高，其相应的尺寸变量是 DIMTXT。如果选用的文字样式中已设置了具体的字高（不是 0），则此处的设置无效；如果文字样式中设置的字高为 0，那么以此处的设置为准。

（4）"分数高度比例"微调框

确定尺寸文本的比例系数，其相应的尺寸变量是 DIMTFAC。

（5）"绘制文字边框"复选框

选中此复选框，AutoCAD 将在尺寸文本的周围加上边框。

2. "文字位置"选项组

（1）"垂直"下拉列表框

确定尺寸文本相对于尺寸线在垂直方向上的对齐方式，其相应的尺寸变量是 DIMTAD。在该下拉列表框中，用户可选择的对齐方式有以下 4 种：

1）置中：将尺寸文本放在尺寸线的中间，此时 DIMTAD＝0。

2）上方：将尺寸文本放在尺寸线的上方，此时 DIMTAD＝1。

3）外部：将尺寸文本放在远离第一条尺寸界线起点的位置，即尺寸文本和所标注的对象分列于尺寸线的两侧，此时 DIMTAD＝2。

4）JIS：使尺寸文本的放置符合 JIS（日本工业标准）规则，此时 DIMTAD＝3。

上面几种尺寸文本布置方式如图 6-8 所示。

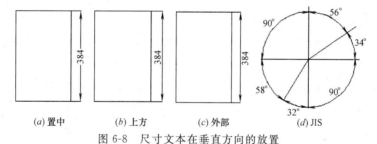

图 6-8　尺寸文本在垂直方向的放置

（2）"水平"下拉列表框

用来确定尺寸文本相对于尺寸线和尺寸界线在水平方向上的对齐方式，其相应的尺寸变量是 DIMJUST。在此下拉列表框中，用户可选择的对齐方式有以下 5 种：置中、第一条尺寸界线、第二条尺寸界线、第一条尺寸界线上方、第二条尺寸界线上方，如图 6-9（a）～（e）所示。

（3）"从尺寸线偏移"微调框

当尺寸文本放在断开的尺寸线中间时，此微调框用来设置尺寸文本与尺寸线之间的距

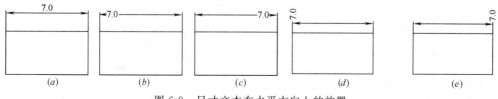

图 6-9　尺寸文本在水平方向上的放置

离（尺寸文本间隙），这个值保存在尺寸变量 DIMGAP 中。

3.＂文字对齐＂选项组

用来控制尺寸文本排列的方向。当尺寸文本在尺寸界线之内时，与其对应的尺寸变量是 DIMTIH；当尺寸文本在尺寸界线之外时，与其对应的尺寸变量是 DIMTOH。

（1）＂水平＂单选钮

尺寸文本沿水平方向放置。不论标注什么方向的尺寸，尺寸文本总保持水平。

（2）＂与尺寸线对齐＂单选钮

尺寸文本沿尺寸线方向放置。

（3）＂ISO 标准＂单选钮

当尺寸文本在尺寸界线之间时，沿尺寸线方向放置；当尺寸文本在尺寸界线之外时，沿水平方向放置。

6.2 标 注 尺 寸

正确地进行尺寸标注是绘图设计过程中非常重要的一个环节，AutoCAD 2014 提供了方便快捷的尺寸标注方法，可通过执行命令实现，也可利用菜单或工具图标实现。本节重点介绍如何对各种类型的尺寸进行标注。

6.2.1 线性标注

【执行方式】

命令行:DIMLINEAR(缩写名 DIMLIN)

菜单:＂标注＂→＂线性＂

工具栏:＂标注＂→＂线性＂ ⊢⊣

【操作步骤】

命令:DIMLIN↙

指定第一个尺寸界线原点或 ＜选择对象＞:

【选项说明】

在此提示下有两种选择方法，直接按 Enter 键选择要标注的对象或确定尺寸界线的起始点。

1. 直接按 Enter 键

光标变为拾取框，并且在命令行提示:

选择标注对象:

用拾取框点取要标注尺寸的线段，命令行提示如下:

指定尺寸线位置或［多行文字（M）/文字（T）/角度（A）/水平（H）/垂直（V）/旋转（R）］：

各项的含义如下：

（1）指定尺寸线位置：确定尺寸线的位置。用户可通过移动鼠标来选择合适的尺寸线位置，然后按 Enter 键或单击，AutoCAD 将自动测量所标注线段的长度并标注出相应的尺寸。

（2）多行文字（M）：用多行文字编辑器确定尺寸文本。

（3）文字（T）：在命令行提示下输入或编辑尺寸文本。选择此选项后，AutoCAD 提示：

输入标注文字 ＜默认值＞：

其中的默认值是 AutoCAD 自动测量得到的被标注线段的长度，直接按 Enter 键即可采用此长度值，也可输入其他数值代替默认值。当尺寸文本中包含默认值时，可使用尖括号"＜＞"表示默认值。

（4）角度（A）：确定尺寸文本的倾斜角度。

（5）水平（H）：水平标注尺寸，不论被标注线段沿什么方向，尺寸线均水平放置。

（6）垂直（V）：垂直标注尺寸，不论被标注线段沿什么方向，尺寸线总保持垂直。

（7）旋转（R）：旋转标注尺寸，输入尺寸线旋转的角度值。

2. 指定第一条尺寸界线的起始点

指定第一条尺寸界线的起始点。

6.2.2　对齐标注

命令行：DIMALIGNED
菜单："标注"→"对齐"
工具栏："标注"→"对齐"

命令：DIMALIGNED ↙
指定第一个尺寸界线原点或 ＜选择对象＞：

这种命令标注的尺寸线与所标注轮廓线平行，标注的尺寸是起始点到终点之间的距离尺寸。

6.2.3　基线标注

基线标注用于产生一系列基于同一条尺寸界线的尺寸标注，适用于长度尺寸标注、角度标注和坐标标注等。在使用基线标注方式之前，应该先标注出一个相关的尺寸。

命令行：DIMBASELINE

菜单:"标注"→"基线"

工具栏:"标注"→"基线"

【操作步骤】

命令:DIMBASELINE↙

指定第二条尺寸界线原点或 [放弃(U)/选择(S)] <选择>:

【选项说明】

1. 指定第二条尺寸界线原点

直接确定另一个尺寸的第二条尺寸界线的起始点,AutoCAD 以上次标注的尺寸为基准,标注出相应尺寸。

2. 选择 (S)

在上述提示下直接按 Enter 键,AutoCAD 提示:

选择基准标注:(选取作为基准的尺寸标注)

6.2.4 连续标注

连续标注又叫尺寸链标注,用于产生一系列连续的尺寸标注,后一个尺寸标注均把前一个尺寸标注的第二条尺寸界线作为它的第一条尺寸界线。适用于长度尺寸标注、角度标注和坐标标注等。在使用连续标注方式之前,应该先标注出一个相关的尺寸。

 【执行方式】

命令行:DIMCONTINUE

菜单:"标注"→"连续"

工具栏:"标注"→"继续"

 【操作步骤】

命令:DIMCONTINUE↙

指定第二条尺寸界线原点或 [放弃 (U)/选择 (S)] <选择>:

在此提示下的各选项与基线标注中的各选项完全相同,在此不再赘述。

6.2.5 半径标注

 【执行方式】

命令行:DIMRADIUS

菜单:"标注"→"直径标注"

工具栏:"标注"→"直径标注"

【操作步骤】

命令：DIMRADIUS↙

选择圆弧或圆：(选择要标注半径的圆或圆弧)

指定尺寸线位置或［多行文字(M)/文字(T)/角度(A)］：(确定尺寸线的位置或选某一选项)

用户可以通过选择"多行文字（M）"项、"文字（T）"项或"角度（A）"项来输入、编辑尺寸文本或确定尺寸文本的倾斜角度，也可以通过直接指定尺寸线的位置来标注出指定圆或圆弧的半径。

其他标注类型还有直径标注、圆心标记和中心线标注、角度标注、快速标注等标注，这里不再赘述。

6.2.6　标注打断

【执行方式】

命令行：DIMBREAK

菜单："标注"→"标注打断"

工具栏："标注"→"折断标注" ┴ᴴ

【操作步骤】

命令：DIMBREAK↙

选择要添加/删除折断的标注或［多个(M)］：选择标注，或输入 m 并按 ENTER 键

选择标注后，将显示以下提示：

选择要折断标注的对象或［自动(A)/手动(R)/删除(M)］＜自动＞：选择与标注相交或与选定标注的延伸线相交的对象，输入选项，或按 ENTER 键

选择要折断标注的对象后，将显示以下提示：

选择要折断标注的对象：选择通过标注的对象或按 ENTER 键以结束命令

选择多个指定要向其中添加折断或要从中删除折断的多个标注。选择自动将折断标注放置在与选定标注相交的对象的所有交点处。修改标注或相交对象时，会自动更新使用此选项创建的所有折断标注。在具有任何折断标注的标注上方绘制新对象后，在交点处不会沿标注对象自动应用任何新的折断标注。要添加新的折断标注，必须再次运行此命令。选择删除从选定的标注中删除所有折断标注。选择手动放置折断标注。为折断位置指定标注或延伸线上的两点。如果修改标注或相交对象，则不会更新使用此选项创建的任何折断标注。使用此选项，一次仅可以放置一个手动折断标注。

6.3　引线标注

AutoCAD 提供了引线标注功能，利用该功能用户不仅可以标注特定的尺寸，如圆角、

倒角等,还可以在图中添加多行旁注、说明。在引线标注中,指引线可以是折线,也可以是曲线;指引线端部可以有箭头,也可以没有箭头。

6.3.1 利用 LEADER 命令进行引线标注

LEADER 命令可以创建灵活多样的引线标注形式,用户可根据自己的需要把指引线设置为折线或曲线;指引线可带箭头,也可不带箭头;注释文本可以是多行文本,也可以是形位公差,或是从图形其他部位复制的部分图形,还可以是一个图块。

【执行方式】

命令行:LEADER

【操作步骤】

命令:LEADER↙

指定引线起点:(输入指引线的起始点)

指定下一点:(输入指引线的另一点)

AutoCAD 由上面两点画出指引线并继续提示:

指定下一点或[注释(A)/格式(F)/放弃(U)]<注释>:

【选项说明】

1. 指定下一点

直接输入一点,AutoCAD 根据前面的点画出折线作为指引线。

2. 注释(A)

输入注释文本,为默认项。在上面提示下直接按 Enter 键,AutoCAD 提示:

输入注释文字的第一行或 <选项>:

(1)输入注释文本的第一行

在此提示下输入第一行文本后按 Enter 键,用户可继续输入第二行文本,如此反复执行,直到输入全部注释文本,然后在此提示下直接按 Enter 键,AutoCAD 会在指引线终端标注出所输入的多行文本,并结束 LEADER 命令。

(2)直接按 Enter 键

如果在上面的提示下直接按 Enter 键,命令行提示如下:

输入注释选项[公差(T)/副本(C)/块(B)/无(N)/多行文字(M)]<多行文字>:

在此提示下输入一个注释选项或直接按 Enter 键,即选择"多行文字"选项。

3. 格式 (F)

确定指引线的形式。选择该项,命令行提示如下:

输入指引线格式选项[样条曲线(S)/直线(ST)/箭头(A)/无(N)]<退出>:(选择指引线形式,或直接按 Enter 键回到上一级提示)

（1）样条曲线（S）：设置指引线为样条曲线。

（2）直线（ST）：设置指引线为折线。

（3）箭头（A）：在指引线的端部位置画箭头。

（4）无（N）：在指引线的端部位置不画箭头。

（5）＜退出＞：此项为默认选项，选取该项退出"格式"选项。

6.3.2 利用 QLEADER 命令进行引线标注

利用 QLEADER 命令可快速生成指引线及注释，而且可以通过命令行来优化对话框进行用户自定义，由此可以消除不必要的命令行提示，取得更高的工作效率。

【执行方式】

命令行：QLEADER

【操作步骤】

命令：QLEADER↙

指定第一个引线点或［设置（S）］＜设置＞：

【选项说明】

1. 指定第一个引线点

在上面的提示下确定一点作为指引线的第一点，命令行提示如下：

指定下一点：（输入指引线的第二点）

指定下一点：（输入指引线的第三点）

AutoCAD 提示用户输入的点的数目由"引线设置"对话框确定，如图 6-10 所示。输入完指引线的点后，命令行提示如下：

指定文字宽度＜0.0000＞：（输入多行文本的宽度）

输入注释文字的第一行＜多行文字（M）＞：

（1）输入注释文字的第一行

在命令行输入第一行文本。系统继续提示：

输入注释文字的下一行：（输入另一行文本）

输入注释文字的下一行：（输入另一行文本或按 Enter 键）

（2）多行文字（M）

打开多行文字编辑器，输入、编辑多行文字。输入全部注释文本后，在此提示下直接按 Enter 键，AutoCAD 结束 QLEADER 命令并把多行文本标注在指引线的末端附近。

2. 设置（S）

在上面提示下直接按 Enter 键或键入 S，AutoCAD 将打开如图 6-10 所示的"引线设置"对话框，允许对引线标注进行设置。该对话框包含"注释"、"引线和箭头"、"附着" 3 个选项卡，下面分别进行介绍。

图 6-10 "引线和箭头"选项卡

（1）"引线和箭头"选项卡如图 6-10 所示。

（2）"注释"选项卡如图 6-11 所示。

用于设置引线标注中注释文本的类型、多行文字的格式并确定注释文本是否多次使用。

用来设置引线标注中引线和箭头的形式。其中"点数"选项组用来设置执行 QLEADER 命令时，AutoCAD 提示用户输入的点的数目。例如，设置点数为 3，执行 QLEADER 命令时，当用户在提示下指定 3 个点后，AutoCAD 自动提示用户输入注释文本。注意，设置的点数要比用户希望的指引线的段数多 1，可利用微调框进行设置。如果选中"无限制"复选框，AutoCAD 会一直提示用户输入点直到连续按 Enter 键两次为止。"角度约束"选项组用来设置第一段和第二段指引线的角度约束。

（3）"附着"选项卡如图 6-12 所示。

设置注释文本和指引线的相对位置。如果最后一段指引线指向右边，AutoCAD 则自动把注释文本放在右侧；如果最后一段指引线指向左边，则 AutoCAD 自动把注释文本放在左侧。利用该选项卡中左侧和右侧的单选按钮，分别设置位于左侧和右侧的注释文本与最后一段指引线的相对位置，二者可相同也可不同。

图 6-11 "注释"选项卡

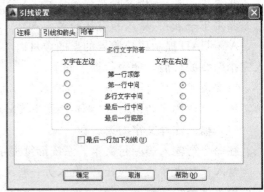

图 6-12 "附着"选项卡

6.4 编辑尺寸标注

AutoCAD 允许用户对已经创建好的尺寸标注进行编辑修改，包括修改尺寸文本的内容、改变其位置、使尺寸文本倾斜一定的角度等，还可以对尺寸界线进行编辑。

6.4.1 尺寸编辑

通过 DIMEDIT 命令，用户可以修改已有尺寸标注的文本内容、使尺寸文本倾斜一定的角度，还可以对尺寸界线进行修改，使其旋转一定角度，从而标注一个线段在某一方向上的投影的尺寸。DIMEDIT 命令可以同时对多个尺寸标注进行编辑。

【执行方式】

命令行：DIMEDIT
菜单："标注"→"对齐文字"→"默认"
工具栏："标注"→"编辑标注"

【操作步骤】

命令：DIMEDIT↙
输入标注编辑类型［默认(H)/新建(N)/旋转(R)/倾斜(O)］＜默认＞：

【选项说明】

1. 默认（H）

按尺寸标注样式中设置的默认位置和方向放置尺寸文本，如图 6-13（a）所示。选择此选项，AutoCAD 提示：

选择对象：（选择要编辑的尺寸标注）

2. 新建（N）

选择此选项后，AutoCAD 打开多行文字编辑器，可利用此编辑器对尺寸文本进行修改。

3. 旋转（R）

改变尺寸文本行的倾斜角度。尺寸文本的中心点不变，使文本沿给定的角度方向倾斜排列，如图 6-13（b）所示。若输入角度为 0，则按"新建标注样式"对话框的"文字"选项卡中设置的默认方向排列。

4. 倾斜（O）

修改长度型尺寸标注的尺寸界线，使其倾斜一定的角度，与尺寸线不垂直，如图 6-13（c）所示。

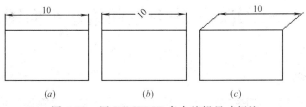

图 6-13　用 DIMEDIT 命令编辑尺寸标注

6.4.2 利用 DIMTEDIT 命令编辑尺寸标注

利用 DIMTEDIT 命令可以改变尺寸文本的位置，使其位于尺寸线上面左端、右端或中间，而且可使尺寸文本倾斜一定的角度。

【执行方式】

命令：DIMTEDIT

菜单："标注"→"对齐文字"→（除"默认"命令外其他命令）

工具栏："标注"→"编辑标注文字"

【操作步骤】

命令：DIMTEDIT ✓

选择标注：（选择一个尺寸标注）

为标注文字指定新位置或［左对齐(L)/右对齐(R)/居中(C)/默认(H)/角度(A)］：

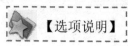【选项说明】

1. 指定标注文字的新位置

更新尺寸文本的位置。拖动文本到新的位置，这时系统变量 DIMSHO 为 ON。

2. 左对齐（L)/右对齐（R)

使尺寸文本沿尺寸线左（右）对齐，如图 6-14 (a) 和 (b) 所示。此选项只对长度型、半径型、直径型尺寸标注起作用。

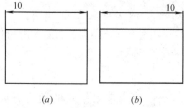

(a)　　　　　　　(b)

图 6-14　用 DIMTEDIT 命令编辑尺寸标注

3. 居中（C)

把尺寸文本放在尺寸线上的中间位置如图 6-13 (a) 所示。

4. 默认（H)

把尺寸文本按默认位置放置。

5. 角度（A)

改变尺寸文本行的倾斜角度。

6.5　实例——卫生间给水平面图

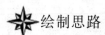绘制思路

卫生间给水管道平面图主要是在平面图上绘制给水排水的管道。给水管道是将水从室

外给水管引入室内，在满足用户对水质、水量、水压要求的前提下，把水送至各个配水点，如配水龙头、消防用水设备等。排水管道线绘制比较简单。排水管道从地漏起，经过各污水收集设备（各卫生器具等）直到室外。排水管道大部分都是掩埋在建筑物内部的或是埋在地下的，因此需要虚线来绘制。

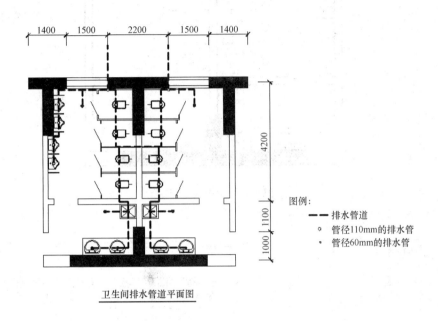

卫生间排水管道平面图

图 6-15　卫生间给水平面图

参见光盘　光盘 \ 视频教学 \ 第 6 章 \ 卫生间给水平面图.avi

6.5.1　设置绘图环境

1. 建立新文件

打开 AutoCAD 2014 应用程序，选取"文件"→"打开"命令，打开随书光盘中的第 4 章中"卫生间平面图"，如图 6-16 所示。将图形文件存为"卫生间给水管道平面图"。

2. 创建新图层

单击"图层"工具栏上的"图层特性管理器"按钮，或者单击菜单栏中"格式"→"图层"选项，或者在命令行中输入"Layer"，弹出"图层特性管理器"对话框，新建图层"给水管道"、"排水管道"、"尺寸标注"、"文字标注"等。图层参数设置如图 6-17 所示。

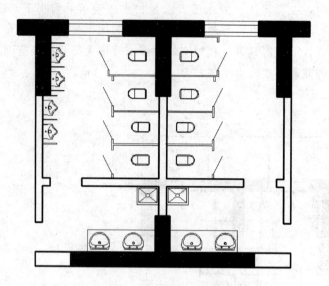

图 6-16 卫生间平面图

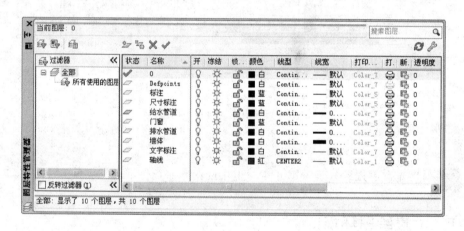

图 6-17 新图层参数设置

6.5.2 给水管道平面图的绘制

1. 给水管道绘制

图 6-18 图层控制列表

（1）将前面设置的图层"给水管道"置为当前，如图 6-18 所示。

（2）按 F8 键打开"正交"模式。单击"直线"命令按钮，按照图 6-19 绘制直线。

（3）单击"修改"工具栏中的"修剪"按钮，将多余的线删除掉，结果如图 6-20 所示。

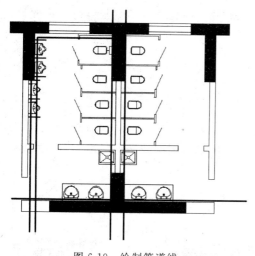

图 6-19　绘制管道线

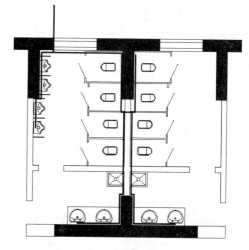

图 6-20　修剪管道结果

　　室内给水排水平面图中的设备、管道等均用规定的图例表示其类型及平面位置。这些图例符号只是起表示具体的某个设备，并不完全反映设备的真实形状和大小，在绘制过程中，可以适当地放大或缩小，也可以旋转适当角度来配合整个图样。

2. 绘制蹲便器高位水箱

　　（1）打开"图层管理器"对话框，新建图层"设备线"，颜色设为"黄色"，一切采用默认设置，将"设备线"图层置为当前。单击"确定"，退出"图层特性管理器"对话框。

　　（2）单击"绘图"工具栏中的"矩形"按钮□，绘制一个小矩形。尺寸为 275mm×150mm。

　　（3）单击"绘图"工具栏中的"直线"按钮╱，绘制处"L"形线和倒"T"形线。

　　（4）单击"绘图"工具栏中的"圆"按钮◎，在"L"形线与倒"T"形线相交处绘制一个小圆。这样就绘制出蹲便器高位水箱，如图 6-21 所示。

　　（5）将高位水箱复制到蹲便器处，并在中点处用直线连接，得到蹲便和高位水箱的示意图，如图 6-22 所示。

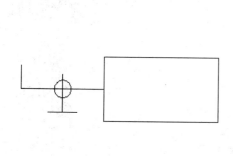

图 6-21　蹲便器高位水箱示意图

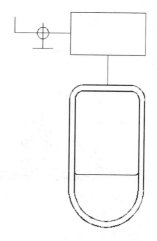

图 6-22　蹲便器和高位水箱示意图

（6）单击"修改"工具栏中的"复制"按钮 ，将高位水箱复制到每个蹲便器的上方，结果如图 6-23 所示。

3. 绘制立管

（1）单击"绘图"工具栏中的"圆"按钮 ⊘，在水管的左上方处绘制一个小圆作为立管，管径 100mm。结果如图 6-24 所示。

（2）单击"修改"工具栏中的"修剪"按钮 ⊹，将圆中线条修剪掉，得到立管，结果如图 6-25 所示。

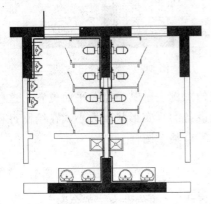 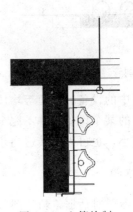 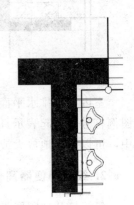

图 6-23　所有蹲便器与高位水箱绘制结果　　图 6-24　立管绘制　　图 6-25　立管绘制结果

4. 绘制分水管

（1）单击"绘图"工具栏中的"圆"按钮 ⊘，在洗手池和拖把池中绘制出水口，管径 20mm。

（2）单击"绘图"工具栏中的"直线"按钮 ⁄。绘制出水口和主水管之间的分水管，

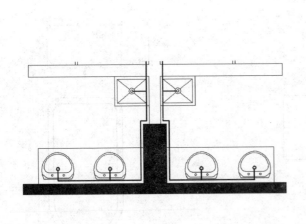 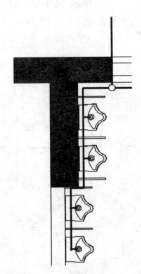

图 6-26　洗手池和拖把池给水示意图　　　　　图 6-27　小便池给水示意图

172

结果如图 6-26 所示。

（3）在小便池中绘制直线作为多孔水管，然后用直线把多孔水管和主水管连接，结果如图 6-27 所示。

5. 绘制地漏

（1）单击"绘图"工具栏中的"圆"按钮⊘，在拖把池的旁边和小便器的右边绘制地漏，管径为 100mm。

（2）单击"绘图"工具栏中的"图案填充"按钮▨，则系统弹出"图案填充和渐变色"对话框，在"图案"选项卡选择"其他预定义"，选择"SOLID"图案，单击"确定"，返回"图案填充和渐变色"对话框，如图 6-28、图 6-29 所示。单击"拾取点"按钮⊞，拾取地漏中间区域，完成地漏填充。

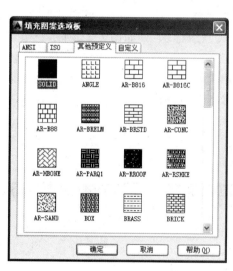

图 6-28 "填充图案选项板"对话框

图 6-29 "图案填充和渐变色"对话框

（3）单击"修改"工具栏中的"镜像"按钮⚠，镜像地漏到对称的卫生间，完成地漏绘制，结果如图 6-30 所示。

6. 绘制阀门

（1）单击"绘图"工具栏中的"圆"按钮⊘，在进水管上绘制圆，直径 200mm。

（2）单击"修改"工具栏中的"修剪"命令按钮✂，将圆中的线条剪掉。

（3）单击"绘图"工具栏中的"直线"按钮╱，在圆中绘制如图 6-31 所示的图案。

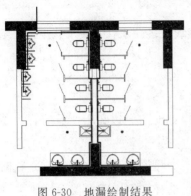

图 6-30 地漏绘制结果

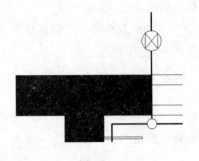

图 6-31 阀门绘制结果

6.5.3 给水管道尺寸标注与文字说明

1. 尺寸标注

（1）将前面设置的图层"尺寸标注"置为当前。

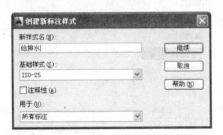

图 6-32 创建"给排水"标注样式

（2）选取菜单栏"格式"→"标注样式"命令，新建标注样式"给排水"，如图 6-32 所示。单击"继续"。

（3）弹出"新建标注样式：给排水"的对话框，单击"文字"选项卡，设置参数如图 6-33 所示。

（4）单击"符号和箭头"选项卡，设置参数如图 6-34 所示。

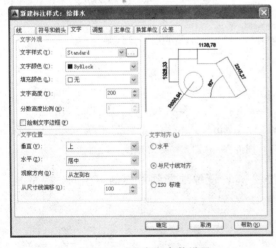

图 6-33 "文字"参数设置

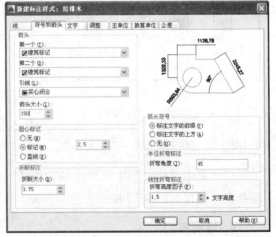

图 6-34 "符号与箭头"参数设置

（5）单击"线"选项卡，修改参数如图 6-35 所示。

（6）单击"确定"，返回"标注样式管理器"对话框，将"给排水"标注样式"置为当前"。

（7）单击"关闭"按钮，退出"标注样式管理器"对话框。

这样完成标注样式的新建，下面开始尺寸标注。

（8）选取菜单栏"标注"→"线性"命令，标注卫生间的尺寸，结果如图6-36所示。

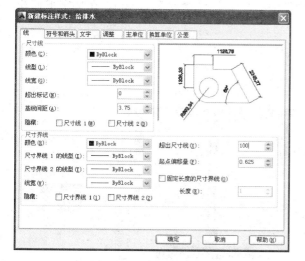

图6-35 "线"参数设置

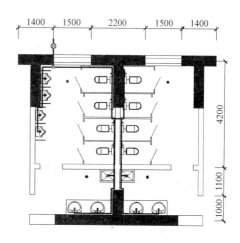

图6-36 尺寸标注结果

2. 文字说明

（1）将前面设置的图层"文字说明"置为当前。

（2）选取菜单栏"格式"→"文字样式"命令，新建文字样式"给排水文字"，单击"确定"按钮，如图6-37所示。

（3）弹出"文字样式"对话框，设置参数如图6-38所示。

（4）单击"修改"工具栏中的"复制"按钮，将需要说明的图例复制到平面图的右边。

（5）单击"绘图"工具栏中的"多行文字"按钮A，在图例的旁边附上文字说明，结果如图6-39所示。

图6-37 新建"给排水文字"样式

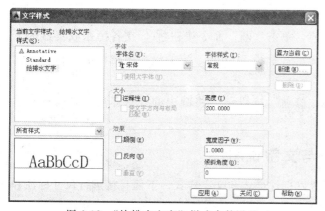

图6-38 "给排水文字"样式参数设置

图6-39 图例绘制结果

这样"卫生间给水管道平面图绘制完毕",下面需要插上图名。

（6）选取菜单栏"绘图"→"文字"→"单行文字"命令,在平面图下方绘制"卫生间给水管道平面图"。

（7）单击"绘图"工具栏中的"多段线"按钮 ，线宽设为 50mm,在文字下面绘制一条多段线。结果 6-40 所示。

卫生间给水管道平面图绘制结果,如图 6-41 所示。

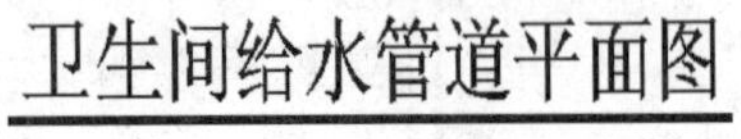

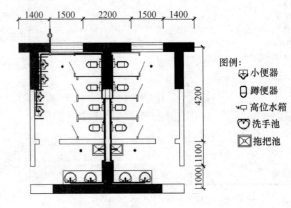

卫生间给水管道平面图

图 6-40　图名绘制结果

图 6-41　卫生间给水管道平面图

6.5.4　排水管道平面图的绘制

1. 排水管道绘制

（1）删除"给水管道"、"设备线"、"尺寸标注"、"文字说明"。得到原始卫生间平面图和地漏的图形,如图 6-42 所示。

（2）单击对象特性工具栏上"图层控制列表",将前面设置图层"排水管道"置为当前。

（3）单击"绘图"工具栏中的"直线"按钮 ，从地漏开始起,经过各污水收集设备直至室外,绘制排水管道线,结果如图 6-43 所示。

2. 绘制排水立管

（1）将"设备层"图层置为当前,单击"圆"命令按钮 ，在各污水收集器的下方绘制立管,蹲便器和小便器下方的排水管管径 110mm。洗手池和拖把池的排水立管管径 50mm。总的排水立管管径 110mm。

（2）单击"修改"工具栏中的"修剪"按钮 ，将圆中的线条修剪掉,得到立管结果如图 6-44 所示。

6.5.5　排水管道尺寸标注与文字说明

绘制给水管道平面图时已经设置好标注样式和文字样式。下面直接进行尺寸标注和文字说明。

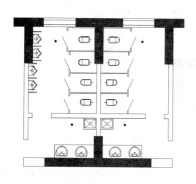 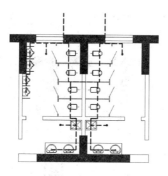 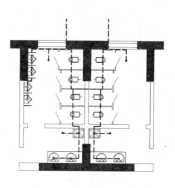

图 6-42　修改后得到的平面图　　图 6-43　排水管道绘制结果　　图 6-44　排水立管绘制结果

1. 尺寸标注

（1）将前面设置的图层"尺寸标注"置为当前。

（2）选取菜单栏"标注"→"线性"命令，标注卫生间的尺寸，结果如图 6-45 所示。

2. 文字说明

（1）将前面设置的图层"文字说明"置为当前。

（2）单击"修改"工具栏中的"复制"按钮^{oo}，将需要说明的图例复制到平面图的右边。

（3）单击"绘图"工具栏中的"多行文字"按钮 **A**，在图例的旁边附上文字说明，结果如图 6-46 所示。

这样卫生间排水管道平面图绘制完毕，下面需要插上图名。

（4）选取菜单栏"绘图"→"文字"→"单行文字"命令，在平面图下方绘制"卫生间排水管道平面图"。

单击"绘图"工具栏中的"多段线"按钮，线宽设为 50mm，在文字下面绘制一条多段线，结果 6-47 所示。

卫生间排水管道平面图绘制结果如图 6-48 所示。

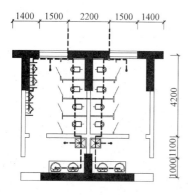

图 6-45　尺寸标注结果

图例：

— —　排水管道

　o　管径110mm的排水管

　o　管径50mm的排水管

图 6-46　图例绘制结果

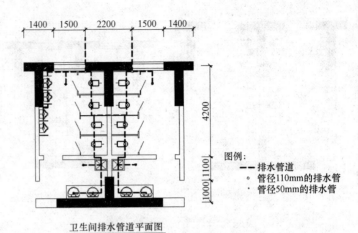

卫生间排水管道平面图

图 6-47　图名绘制结果

图 6-48　卫生间排水管道平面图

第 **7** 章

模块化绘图

　　在绘图设计过程中，经常会遇到一些重复出现的图形（例如建筑设计中的桌椅、门窗等），如果每次都重新绘制这些图形，不仅会造成大量的重复工作，而且存储这些图形及其信息也会占据相当大的磁盘空间。图块与设计中心，提出了模块化绘图的方法，这样不仅避免了大量的重复工作，提高了绘图速度和工作效率，而且还可以大大节省磁盘空间。本章主要介绍图块和设计中心功能，主要内容包括图块操作、图块属性、设计中心、工具选项板等知识。

- 图块的操作
- 图块的属性
- 设计中心
- 工具选项板
- 查询工具

7.1　图块的操作

图块也叫块，它是由一组图形对象组成的集合，一组对象一旦被定义为图块，它们将成为一个整体，拾取图块中任意一个图形对象即可选中构成图块的所有图形对象。AutoCAD 把一个图块作为一个对象进行编辑修改等操作，用户可根据绘图需要把图块插入到图中任意指定的位置，而且在插入时，还可以指定不同的缩放比例和旋转角度。如果需要对图块中的单个图形对象进行修改，那么还可以利用"分解"命令把图块分解成若干个对象。图块还可以被重新定义，一旦被重新定义，整个图中基于该块的对象都将随之改变。

7.1.1　定义图块

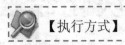【执行方式】

命令行：BLOCK
菜单："绘图"→"块"→"创建"
工具栏："绘图"→"创建块"

【操作步骤】

命令：BLOCK

单击相应的菜单命令或工具栏图标，或在命令行输入 BLOCK 后按 Enter 键，AutoCAD 打开如图 7-1 所示的"块定义"对话框，利用该对话框可定义图块并为之命名。

【选项说明】

图 7-1　"块定义"对话框

1. "基点"选项组

确定图块的基点，默认值是（0，0，0）。也可以在下面的"X"（"Y"、"Z"）文本框中输入块的基点坐标值。单击"拾取点"按钮，AutoCAD 临时切换到绘图屏幕，用鼠标在图形中拾取一点后，返回"块定义"对话框，把所拾取的点作为图块的基点。

2. "对象"选项组

该选项组用于选择制绘图块的对象以及设置对象的相关属性。

如图 7-2 所示，把图（a）中的正五边形定义为图块中的一个对象，（b）为选中"删除"单选钮的结果，(c) 为选中"保留"单选钮的结果。

3. "设置"选项组

指定在 AutoCAD 设计中心拖动图块时用于测量图块的单位，以及缩放、分解和超链接等设置。

4. "方式"选项组

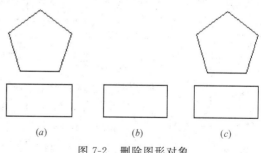

图 7-2　删除图形对象

(1) "注释性"复选框：指定块为注释性。

(2) "使块方向与布局匹配"复选框：指定在图纸空间视口中的块参照的方向与布局空间视口的方向匹配，如果未选择"注释性"选项，则该选项不可用。

(3) "按统一比例缩放"复选框：指定是否阻止块参照按统一比例缩放。

(4) "允许分解"复选框：指定块参照是否可以被分解。

(5) "在块编辑器中打开"复选框

选中此复选框，系统则打开块编辑器，可以定义动态块。后面将详细讲述。

7.1.2　图块的存盘

用 BLOCK 命令定义的图块保存在其所属的图形当中，该图块只能插入到该图中，而不能插入到其他的图中，但是有些图块要在许多图中会用到，这时可以用 WBLOCK 命令把图块以图形文件的形式（后缀为.DWG）写入磁盘，图形文件可以在任意图形中用 IN-SERT 命令插入。

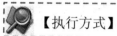

【执行方式】

命令行：WBLOCK

【操作步骤】

图 7-3　"写块"对话框

命令：WBLOCK↙

在命令行输入 WBLOCK 后按 Enter 键，AutoCAD 打开"写块"对话框，如图 7-3 所示，利用此对话框可把图形对象保存为图形文件或把图块转换成图形文件。

【选项说明】

1. "源"选项组

确定要保存为图形文件的图块或图形对象。如果选中"块"单选钮，单击右侧的向下箭头，在下拉列表框中选择一个图块，则将其保存为图形文件。如果选中"整个图形"单选钮，则把当前的整个图形保存为图形文件。如果选中"对象"单选按钮，则把不属于图块的图形对象保存为图形文件。对象的选取通过"对象"选项组来完成。

2. "目标"选项组

用于指定图形文件的名字、保存路径和插入单位等。

7.1.3　图块的插入

在用 AutoCAD 绘图的过程中，用户可根据需要随时把已经定义好的图块或图形文件插入到当前图形的任意位置，在插入的同时还可以改变图块的大小、旋转一定角度或把图块分解等。插入图块的方法有多种，本节逐一进行介绍。

 【执行方式】

命令行：INSERT
菜单："插入"→"块"
工具栏："插入点"→"插入块" 或"绘图"→"插入块"

 【操作步骤】

命令：INSERT ✓

执行上述命令后，AutoCAD 打开"插入"对话框，如图 7-4 所示，用户可以指定要插入的图块及插入位置。

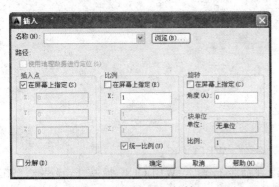

图 7-4　"插入"对话框

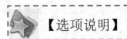 【选项说明】

1. "名称"文本框

指定插入图块的名称。

2. "插入点"选项组

指定插入点，插入图块时该点与图块的基点重合。可以在屏幕上用鼠标指定该点，也可以通过在下面的文本框中输入该点坐标值来指定该点。

3. "比例"选项组

确定插入图块时的缩放比例。图块被插入到当前图形中时，可以以任意比例进行放大或缩小，如图 7-5 所示，图 7-5 (a) 图是被插入的图块，图 7-5 (b) 是取比例系数为 1.5 时插入该图块的结果，图 7-5 (c) 是取比例系数为 0.5 时插入块的结果，X 轴方向和 Y 轴方向的比例系数也可以取不同值，如图 7-5 (d) 所示，X 轴方向的比例系数为 1，Y 轴方向的比例系数为 1.5。另外，比例系数还可以是一个负数，当为负数时表示插入图块的镜像，其效果如图 7-6 所示。

4. "旋转"选项组

指定插入图块时的旋转角度。图块被插入到当前图形中时,可以绕其基点旋转一定的角度,角度可以是正数(表示沿逆时针方向旋转),也可以是负数(表示沿顺时针方向旋转)。图 7-7(b)所示是图 7-7(a)所示的图块旋转 30°后插入的效果,图 7-7(c)所示是旋转-30°后插入的效果。

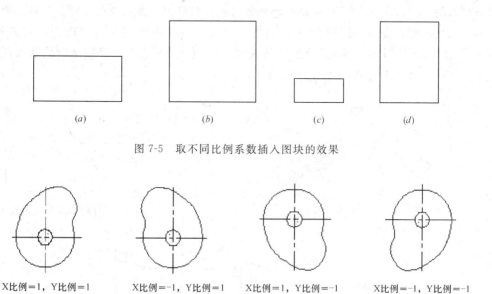

图 7-5 取不同比例系数插入图块的效果

X比例=1, Y比例=1   X比例=-1, Y比例=1   X比例=1, Y比例=-1   X比例=-1, Y比例=-1

图 7-6 取比例系数为负值时插入图块的效果

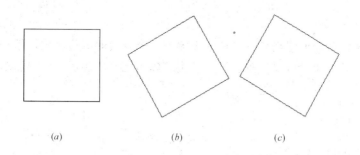

图 7-7 以不同旋转角度插入图块的效果

如果选中"在屏幕上指定"复选框,系统将切换到绘图屏幕,在屏幕上拾取一点,AutoCAD 自动测量插入点与该点的连线和 X 轴正方向之间的夹角,并把它作为块的旋转角。也可以在"角度"文本框中直接输入插入图块时的旋转角度。

5. "分解"复选框

选中此复选框,则在插入块的同时将其分解,插入到图形中的组成块的对象不再是一个整体，因此可对每个对象单独进行编辑操作。

7.1.4 动态块

动态块具有灵活性和智能性。用户在操作时可以轻松地更改图形中的动态块参照，可以通过自定义夹点或自定义特性来操作动态块参照中的几何图形，这使得用户可以根据需要再微调整块，而不用搜索另一个块以插入或重定义现有的块。

例如，在图形中插入一个门块参照，用户编辑图形时可能需要更改门的大小。如果该块是动态的，并且定义为可调整大小，那么只需拖动自定义夹点或在"特性"选项板中指定不同的大小就可以修改门的大小，如图7-8所示。用户可能还需要修改门的打开角度，如图7-9所示。该门块还可能会包含对齐夹点，使用对齐夹点可以轻松地将门块参照与图形中的其他几何图形对齐，如图7-10所示。

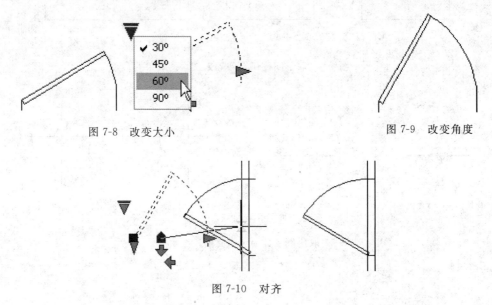

图 7-8　改变大小　　　　　　　　　　　　　图 7-9　改变角度

图 7-10　对齐

可以使用块编辑器创建动态块。块编辑器是一个专门的编写区域，用于添加能够使块成为动态块的元素。用户可以从头创建块，也可以向现有的块定义中添加动态行为，还可以像在绘图区域中一样创建几何图形。

【执行方式】

命令行：BEDIT

菜单："工具"→"块编辑器"

工具栏："标准"→"块编辑器"　

快捷菜单：选择一个块参照。在绘图区域中右击，在弹出的右键快捷菜单中，选择"块编辑器"项。

【操作步骤】

命令：BEDIT✓

　　执行上述命令后，系统打开"编辑块定义"对话框，如图 7-11 所示，单击"否"按钮后，系统打开"块编写"选项板和"块编辑器"工具栏，如图 7-12 所示。

图 7-11　　"编辑块定义"对话框

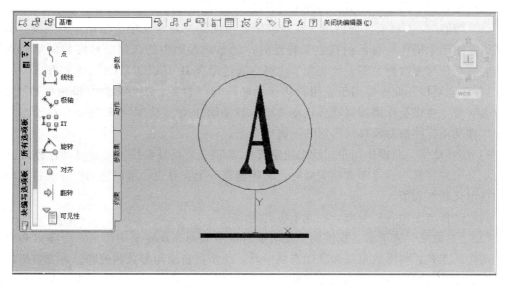

图 7-12　　"块编写"选项板和"块编辑器"工具栏

【选项说明】

1. "块编写"选项板

该选项板中有 4 个选项卡：

（1）"参数"选项卡。提供用于在块编辑器中向动态块定义中添加参数的工具。参数用于指定几何图形在块参照中的位置、距离和角度。将参数添加到动态块定义中时，该参数将定义块的一个或多个自定义特性。此选项卡也可以通过命令 BPARAMETER 来打开。

　　1）点参数：此操作用于向动态块定义中添加一个点参数，并定义块参照的自定义 X 和 Y 特性。点参数定义图形中的 X 方向和 Y 方向的位置。在块编辑器中，点参数类似于一个坐标标注。

2）可见性参数：此操作将用于动态块定义中添加一个可见性参数，并定义块参照的自定义可见性特性。可见性参数允许用户创建可见性状态并控制对象在块中的可见性。可见性参数总是应用于整个块，并且无须与任何动作相关联。在图形中，单击夹点可以显示块参照中的所有可见性状态的列表。在块编辑器中，可见性参数显示为带有关联夹点的文字。

3）查寻参数：此操作用于向动态块定义中添加一个查寻参数，并定义块参照的自定义查寻特性。查寻参数用于定义自定义查寻特性，用户可以指定或设置该特性，以便从定义的列表或表格中计算出某个值。该参数可以与单个查寻夹点相关联。在块参照中单击该夹点可以显示可用值的列表。在块编辑器中，查寻参数显示为文字。

4）基点参数：此操作用于向动态块定义中添加一个基点参数。基点参数用于定义动态块参照相对于块中的几何图形的基点。基点参数无法与任何动作相关联，但可以属于某个动作的选择集。在块编辑器中，基点参数显示为带有十字光标的圆。

其他参数与上面各项类似，在此不再赘述。

（2）"动作"选项卡。提供用于在块编辑器中向动态块定义中添加动作的工具。动作定义了在图形中操作块参照的自定义特性时，动态块参照中的几何图形将如何移动或变化。应将动作与参数相关联。此选项卡也可以通过命令 BACTIONTOOL 来打开。

1）移动动作：此操作用于在用户将移动动作与点参数、线性参数、极轴参数或 XY 参数关联时，将该动作添加到动态块定义中。移动动作类似于 MOVE 命令。在动态块参照中，移动动作将使对象移动指定的距离或角度。

2）查寻动作：此操作用于向动态块定义中添加一个查寻动作。将查寻动作添加到动态块定义中并将其与查寻参数相关联时，它将创建一个查寻表。可以使用查寻表指定动态块的自定义特性和值。

其他动作与上面各项类似，在此不再赘述。

（3）"参数集"选项卡。提供用于在块编辑器中向动态块定义中添加一个参数和至少一个动作的工具。将参数集添加到动态块中时，动作将自动与参数相关联。将参数集添加到动态块中后，双击黄色警示图标（或使用 BACTIONSET 命令），然后按照命令行上的提示将动作与几何图形选择集相关联。此选项卡也可以通过命令 BPARAMETER 来打开。

1）点移动：此操作用于向动态块定义中添加一个点参数。系统会自动添加与该点参数相关联的移动动作。

2）线性移动：此操作用于向动态块定义中添加一个线性参数。系统会自动添加与该线性参数的端点相关联的移动动作。

3）可见性集：此操作用于向动态块定义中添加一个可见性参数并允许用户定义可见性状态。无须添加与可见性参数相关联的动作。

4）查寻集：此操作用于向动态块定义中添加一个查寻参数。系统会自动添加与该查寻参数相关联的查寻动作。

其他参数集与上面各项类似，在此不再赘述。

（4）"约束"选项卡。应用对象之间或对象上的点之间的几何关系或使其永久保持。

将几何约束应用于一对对象时，选择对象的顺序以及选择每个对象的点可能会影响对象彼此间的放置方式。

1）重合：约束两个点使其重合，或者约束一个点使其位于曲线（或曲线的延长线）上。
2）垂直：使选定的直线位于彼此垂直的位置。
3）平行：使选定的直线彼此平行。
4）相切：将两条曲线约束为保持彼此相切或其延长线保持彼此相切。
5）水平：使直线或点对位于与当前坐标系的 X 轴平行的位置。
其他约束与上面各项类似，在此不再赘述。

2.　"块编辑器"工具栏

该工具栏提供了用于在块编辑器中使用、创建动态块以及设置可见性状态的工具。
（1）定义属性：打开"属性定义"对话框。
（2）更新参数和动作文字大小：此操作用于在块编辑器中重生成显示，并更新参数和动作的文字、箭头、图标以及夹点大小。在块编辑器中进行对象缩放时，文字、箭头、图标和夹点大小将根据缩放比例发生相应的变化。在块编辑器中重生成显示时，文字、箭头、图标和夹点将按指定的值显示。如图 7-13 所示。

(a)原始图形　　　　　(b)缩小显示　　　　　(c)更新参数和动作文字大小后情形

图 7-13　更新参数和动作文字大小

（3）可见性模式：设置 BVMODE 系统变量，此操作可以使在当前可见性状态中不可见的对象变暗或隐藏。
（4）管理可见性状态：打开"可见性状态"对话框，如图 7-14 所示。用户从中可以创建、删除、重命名或设置当前可见性状态。在列表框中选择一种状态，右击，选择右键快捷菜单中"新状态"项，打开"新建可见性状态"对话框，如图 7-15 所示，用户可以从中设置可见性状态。

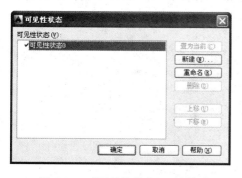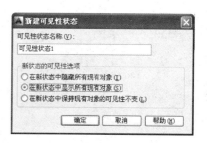

图 7-14　"可见性状态"对话框　　　　图 7-15　"新建可见性状态"对话框

其他选项与块编写选项板中的相关选项类似，在此不再赘述。

图 7-16　指北针图块

7.1.5　实例——绘制指北针图块

绘制思路

本实例绘制一个指北针图块，如图 7-16 所示。本例应用二维绘图及编辑命令绘制指北针，利用写块命令，将其定义为图块。

参见光盘　光盘 \ 视频教学 \ 第 7 章 \ 绘制指北针图块 . avi

1. 单击"绘图"工具栏中的"圆"按钮⊘，绘制一个半径为 24 的圆。

2. 单击"绘图"工具栏中的"直线"按钮∕，绘制圆的竖直直径。结果如图 7-17 所示。

3. 单击"修改"工具栏中的"偏移"按钮⟵，使直径向左右两边各偏移 1.5。结果如图 7-18 所示。

4. 单击"修改"工具栏中的"修剪"按钮⊹，选取圆作为修剪边界，修剪偏移后的直线。

5. 单击"绘图"工具栏中的"直线"按钮∕，绘制直线。结果如图 7-19 所示。

6. 单击"修改"工具栏中的"删除"按钮⌫，删除多余直线。

7. 单击"绘图"工具栏中的"图案填充"按钮▧，选择图案填充选项板的"Solid"图标，选择指针作为图案填充对象进行填充，结果如图 7-16 所示。

图 7-17　绘制竖直直线　　　　图 7-18　偏移直线　　　　图 7-19　绘制直线

图 7-20　"写块"对话框　　　　　　图 7-21　"属性定义"对话框

8. 执行 wblock 命令，弹出"写块"对话框，如图 7-20 所示。单击"拾取点"按钮，拾取指北针的顶点为基点，单击"选择对象"按钮，拾取下面的图形为对象，输入图块名称"指北针图块"并指定路径，确认保存。

7.2 图块的属性

图块除了包含图形对象以外，还可以包含非图形信息，例如把一个椅子的图形定义为图块后，还可把椅子的号码、材料、重量、价格以及说明等文本信息一并加入到图块当中。图块的这些非图形信息，叫做图块的属性，它是图块的一个组成部分，与图形对象一起构成一个整体，在插入图块时，AutoCAD 把图形对象连同图块属性一起插入到图形中。

7.2.1 定义图块属性

 【执行方式】

命令行：ATTDEF
菜单："绘图"→"块"→"定义属性"

 【操作步骤】

命令：ATTDEF ↙
单击相应的菜单项或在命令行输入 ATTDEF 后按 Enter 键，系统打开"属性定义"对话框，如图 7-21 所示。

 【选项说明】

1."模式"选项组

用于确定属性的模式。

（1）"不可见"复选框：选中此复选框则属性为不可见显示方式，即插入图块并输入属性值后，属性值在图中并不显示出来。

（2）"固定"复选框：选中此复选框则属性值为常量，即属性值在定义属性时给定，在插入图块时，AutoCAD 不再提示输入属性值。

（3）"验证"复选框：选中此复选框，当插入图块时，AutoCAD 重新显示属性值并让用户验证该值是否正确。

（4）"预设"复选框：选中此复选框，当插入图块时，AutoCAD 自动把事先设置好的默认值赋予属性，而不再提示输入属性值。

（5）"锁定位置"复选框：选中此复选框，当插入图块时，AutoCAD 锁定块参照中属性的位置。解锁后，属性值可以相对于使用夹点编辑的块的其他部分进行移动，并且可以调整多行属性值的大小。

（6）"多行"复选框：指定属性值可以包含多行文字。选中此复选框后，用户可以指定属性值的边界宽度。

2. "属性"选项组

用于设置属性值。在每个文本框中 AutoCAD 允许用户输入不超过 256 个字符。

（1）"标记"文本框：输入属性标签。属性标签可由除空格和感叹号以外的所有字符组成，AutoCAD 自动把小写字母改为大写字母。

（2）"提示"文本框：输入属性提示。属性提示是插入图块时 AutoCAD 要求输入属性值的提示，如果不在此文本框内输入文本，则以属性标签作为提示。如果在"模式"选项组中选中"固定"复选框，即设置属性为常量，则不需设置属性提示。

（3）"默认"文本框：设置默认的属性值。可把使用次数较多的属性值作为默认值，也可不设默认值。

3. "插入点"选项组

确定属性文本的位置。可以在插入时由用户在图形中确定属性文本的位置，也可在"X"、"Y"、"Z"文本框中直接输入属性文本的位置坐标值。

4. "文字设置"选项组

设置属性文本的对正方式、文字样式、字高和旋转角度等。

5. "在上一个属性定义下对齐"复选框

选中此复选框表示把属性标签直接放在前一个属性的下面，而且该属性继承前一个属性的文字样式、字高和倾斜角度等特性。

技巧荟萃

在动态块中，由于属性的位置包括在动作的选择集中，因此必须将其锁定。

7.2.2 修改属性的定义

在定义图块之前，可以对属性的定义加以修改，不仅可以修改属性标签，还可以修改属性提示和属性默认值。

 【执行方式】

命令行：DDEDIT

菜单："修改"→"对象"→"文字"→"编辑"

 【操作步骤】

命令：DDEDIT ↙

选择注释对象或［放弃（U）］：

在此提示下选择要修改的属性定义，AutoCAD 打开"编辑属性定义"对话框，如图 7-22 所示，对话框表示要修改的属性的标记为"文字"，提示为"数值"，无默认值，可在各文本框中对各项进行修改。

7.2.3 图块属性编辑

当属性被定义到图块中，甚至图块被插入到图形中之后，用户还可以对属性进行编辑。利用 ATTEDIT 命令可以通过对话框对指定图块的属性值进行修改，利用-ATTEDIT 命令不仅可以修改属性值，而且还可以对属性的位置、文本等其他设置进行编辑。

图 7-22 "编辑属性定义"对话框

【执行方式】

命令行：ATTEDIT

菜单："修改"→"对象"→"属性"→"单个"

工具栏："修改 II"→"编辑属性"

【操作步骤】

命令：ATTEDIT↙

选择块参照：

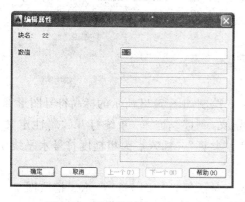

图 7-23 "编辑属性"对话框

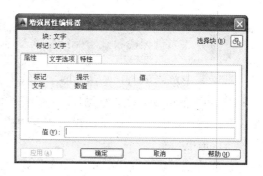

图 7-24 "增强属性编辑器"对话框

执行上述命令后，光标变为拾取框，选择要修改属性的图块，则 AutoCAD 打开如图 7-23 所示的"编辑属性"对话框，对话框中显示出所选图块包含的前 8 个属性的值，用户可对这些属性值进行修改。如果该图块中还有其他的属性，可单击"上一个"或"下一个"按钮对它们进行查看和修改。

当用户通过菜单执行上述命令时，系统打开"增强属性编辑器"对话框，如图 7-24 所示。该对话框不仅可以用来编辑属性值，还可以编辑属性的文字选项和图层、线型、颜色等特性值。

另外，用户还可以通过"块属性管理器"对话框来编辑属性，方法是：工具栏：修改II→块属性管理器。执行此命令后，系统打开"块属性管理器"对话框，如图7-25所示。单击"编辑"按钮，系统打开"编辑属性"对话框，如图7-26所示。用户可以通过该对话框来编辑属性。

图7-25 "块属性管理器"对话框

图7-26 "编辑属性"对话框

7.2.4 实例——标注标高符号

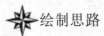 绘制思路

标注标高符号如图7-27所示。

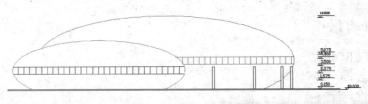

图7-27 标注标高符号

 参见光盘 光盘\视频教学\第7章\标注高符号.avi

1. 选择菜单栏中的"绘图"→"直线"命令，绘制如图7-28所示的标高符号图形。

2. 选择菜单栏中的"绘图"→"块"→"定义属性"命令，系统打开"属性定义"对话框，进行如图7-29所示的设置，其中模式为"验证"，插入点为粗糙度符号水平线中点，确认退出。

3. 在命令行输入WBLOCK命令打开"写块"对话框，如图7-30所示。拾取图7-31图形下尖点为基点，以此图形为对象，输入图块名称并指定路径，确认退出。

4. 选择菜单栏中的"绘图"→"插入块"命令，打开"插入"对话框，如图7-31所示。单击"浏览"按钮找到刚才保存的图块，在屏幕上指定插入点和旋转角度，将该图块插入到如图7-27所示的图形中，这时，命令行会提示输入属性，并要求验证属性值，此时输入标高数值0.150，就完成了一个标高的标注。命令行提示如下：

命令：INSERT↙

指定插入点或［基点(b)/比例(S)/X/Y/Z/旋转(R)/预览比例(PS)/PX/PY/PZ/预览旋转(PR)］:(在对话框中指定相关参数)

输入属性值
数值：0.150 ↙
验证属性值
数值 ＜0.150＞： ↙

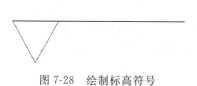

图 7-28　绘制标高符号

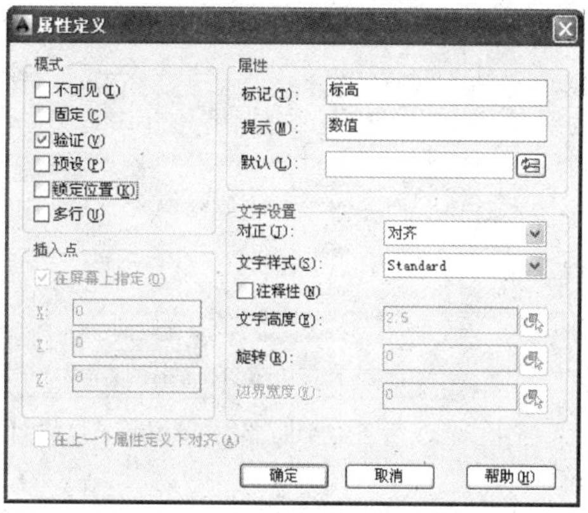

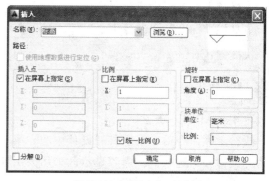

图 7-29　"属性定义"对话框

5. 继续插入标高符号图块，并输入不同的属性值作为标高数值，直到完成所有标高符号标注。

图 7-30　"写块"对话框

图 7-31　"插入"对话框

7.3　设 计 中 心

通过使用 AutoCAD 设计中心，用户可以很容易地组织设计内容，并把它们拖动到自己的图形中，同时，用户还可以使用 AutoCAD 设计中心窗口的内容显示框，来观察用 AutoCAD 设计中心的资源管理器所浏览资源的细目，如图 7-32 所示。在图 7-32 中，左边方框为 AutoCAD 设计中心的资源管理器，右边方框为 AutoCAD 设计中心窗口的内容显示框。内容显示框的上面窗口为文件显示框，中间窗口为图形预览显示框，下面窗口为说明文本显示框。

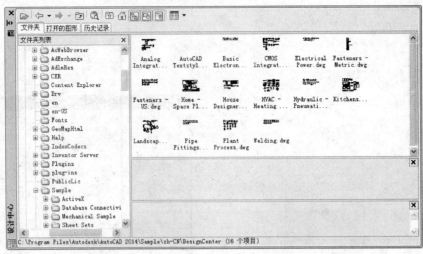

图 7-32　AutoCAD 设计中心的资源管理器和内容显示区

7.3.1　启动设计中心

【执行方式】

命令行：ADCEnter

菜单："工具"→"选项板"→"设计中心"

工具栏："标准"→"设计中心"

快捷键：Ctrl＋2

【操作步骤】

命令：ADCEnter↙

执行上述命令后，系统打开设计中心。第一次启动设计中心时，它的默认打开的选项卡为"文件夹"选项卡。内容显示区采用大图标显示方式显示图标，左边的资源管理器采用 tree view 显示方式显示系统文件的树形结构，浏览资源的同时，在内容显示区显示所浏览资源的有关细目或内容。

可以通过拖动边框来改变 AutoCAD 设计中心资源管理器和内容显示区以及 AutoCAD 绘图区的大小，但内容显示区的最小尺寸应能显示两列大图标。

如果要改变 AutoCAD 设计中心的位置，可拖动设计中心工具栏的上部到相应位置，松开鼠标后，AutoCAD 设计中心便处于当前位置，到新位置后，仍可以用鼠标改变各窗口的大小。也可以通过设计中心边框左边下方的"自动隐藏"按钮来自动隐藏设计中心。

7.3.2　显示图形信息

在 AutoCAD 设计中心中，可以通过"选项卡"和"工具栏"两种方式来显示图形信息。下面分别作简要介绍：

1. 选项卡

AutoCAD 设计中心有以下 4 个选项卡：

（1）"文件夹"选项卡：显示设计中心的资源，如图 7-31 所示。该选项卡与 Windows 资源管理器类似。"文件夹"选项卡用于显示导航图标的层次结构，包括网络和计算机、Web 地址（URL）、计算机驱动器、文件夹、图形和相关的支持文件、外部参照、布局、填充样式和命名对象，包括图形中的块、图层、线型、文字样式、标注样式和打印样式等。

（2）"打开的图形"选项卡：显示在当前环境中打开的所有图形，其中包括已经最小化的图形，如图 7-33 所示。此时选择某个文件，就可以在右边的内容显示框中显示该图形的有关设置，如标注样式、布局块、图层外部参照等。

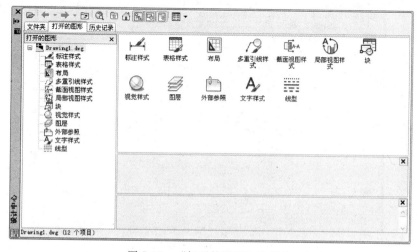

图 7-33　"打开的图形"选项卡

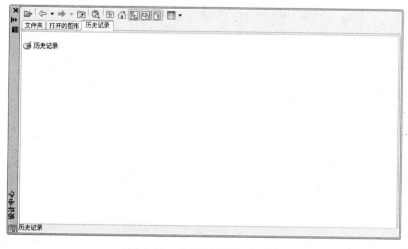

图 7-34　"历史记录"选项卡

（3）"历史记录"选项卡：显示用户最近访问过的文件及其具体路径，如图 7-34 所示。双击列表中的某个图形文件，则可以在"文件夹"选项卡中的树状视图中定位此图形文件并将其内容加载到内容区域中。

2. 工具栏

设计中心窗口顶部是工具栏，其中包括"加载"、"上一页（下一页或上一级）"、"搜索"、"收藏夹"、"主页"、"树状图切换"、"预览"、"说明"和"视图"等按钮。

（1）"加载"按钮📂：打开"加载"对话框，利用该对话框用户可以从 Windows 桌面、收藏夹或 Internet 中加载文件。

（2）"搜索"按钮🔍：查找对象。单击该按钮，打开"搜索"对话框，如图 7-35 所示。

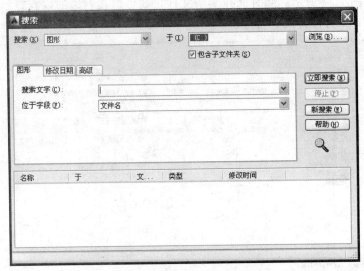

图 7-35　"搜索"对话框

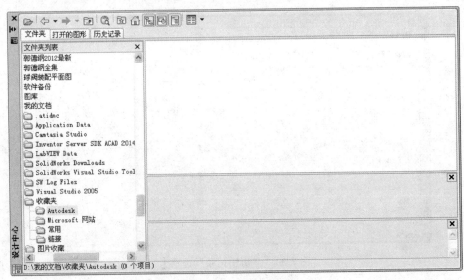

图 7-36　"收藏夹"按钮

（3）"收藏夹"按钮📁：在"文件夹列表"中显示 Favorites/Autodesk 文件夹中的内容。用户可以通过收藏夹来标记存放在本地磁盘、网络驱动器或 Internet 网页上的内容。

196

如图 7-36 所示。

（4）"主页"按钮 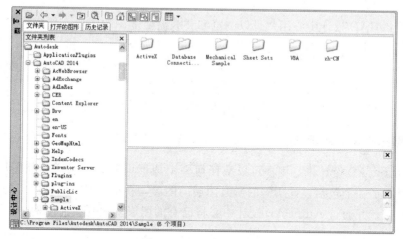：快速定位到设计中心文件夹中，该文件夹位于/AutoCAD 2014/Sample 下，如图 7-37 所示。

图 7-37 "主页"按钮

7.3.3 查找内容

可以单击 AutoCAD 2014 设计中心工具栏中的"搜索"按钮，弹出"搜索"对话框，寻找图形和其他的内容。在设计中心可以查找的内容有：图形、填充图案、填充图案文件、图层、块、图形和块、外部参照、文字样式、线型、标注样式和布局等。

在"搜索"对话框中有 3 个选项卡，分别给出 3 种搜索方式：通过"图形"信息搜索、通过"修改日期"信息搜索和通过"高级"信息搜索。

7.3.4 插入图块

可以将图块插入到图形中。当将一个图块插入到图形中时，块定义就被复制到图形数据库中。在一个图块被插入图形中后，如果原来的图块被修改，那么插入到图形中的图块也随之改变。

当其他命令正在执行时，不能插入图块到图形中。例如，如果在插入块时，提示行正在执行一个命令，那么光标会变成一个带斜线的圆，提示操作无效。另外，一次只能插入一个图块。

系统根据鼠标拉出的线段的长度与角度确定比例与旋转角度。插入图块的步骤如下：

1. 从文件夹列表或查找结果列表选择要插入的图块，将其拖动到打开的图形中。

此时，选中的对象被插入到当前打开的图形中。利用当前设置的捕捉方式，可以将对象插入到任何存在的图形中。

2. 按下鼠标左键，指定一点作为插入点，移动鼠标，鼠标位置点与插入点之间的距离为缩放比例，单击确定比例。用同样方法移动鼠标，鼠标指定位置与插入点之间的连线与水平线角度所成的为旋转角度。被选择的对象就根据鼠标指定的缩放比例和旋转角度插入到图形当中。

7.3.5 图形复制

1. 在图形之间复制图块

利用 AutoCAD 设计中心用户可以浏览和装载需要复制的图块，然后将图块复制到剪贴板上，利用剪贴板将图块粘贴到图形中。具体方法如下：

（1）在控制板选择需要的图块，右击打开右键快捷菜单，从中选择"复制"命令。

（2）将图块复制到剪贴板上，然后通过"粘贴"命令将图块粘贴到当前图形上。

2. 在图形之间复制图层

利用 AutoCAD 设计中心用户可以从任何一个图形中复制图层到其他图形中。例如，如果已经绘制了一个包括设计所需的所有图层的图形，在绘制另外的新图形的时候，可以新建一个图形，并通过 AutoCAD 设计中心将已有的图层复制到新的图形中，这样不仅可以节省时间，而且可以保证图形间的一致性。

（1）拖动图层到已打开的图形中：确认要复制图层的目标图形文件已被打开，并且是当前的图形文件。在控制板或查找结果列表框选择要复制的一个或多个图层。拖动图层到打开的图形文件中。松开鼠标后被选择的图层被复制到打开的图形中。

（2）复制或粘贴图层到打开的图形：确认要复制的图层的图形文件已被打开，并且是当前的图形文件。在控制板或查找结果列表框选择要复制的一个或多个图层。右击打开右键快捷菜单，从中选择"复制到粘贴板"命令。如果要粘贴图层，确认粘贴的目标图形文件已被打开，并为当前文件。右击打开右键快捷菜单，从中选择"粘贴"命令。

7.4 工具选项板

工具选项板可以提供组织、共享和放置块及填充图案等有效方法。工具选项板还可以包含由第三方开发人员提供的自定义工具。

7.4.1 打开工具选项板

【执行方式】

命令行：TOOLPALETTES

菜单："工具"→"选项"→"工具选项板窗口"

工具栏："标准"→"工具选项板"

快捷键：Ctrl＋3

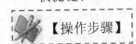
【操作步骤】

命令：TOOLPALETTES✓

执行上述命令后，系统自动打开工具选项板窗口，如图 7-38 所示。

图 7-38　工具选项板窗口

 【选项说明】

在工具选项板中，系统设置了一些常用图形的选项卡，这些选项卡可以方便用户绘图。

7.4.2　工具选项板的显示控制

1. 移动和缩放工具选项板窗口

用户可以用鼠标按住工具选项板窗口的深色边框，移动鼠标，即可移动工具选项板窗口。将鼠标指向工具选项板的窗口边缘，会出现一个双向伸缩箭头，拖动即可缩放工具选项板窗口。

2. 自动隐藏

在工具选项板窗口的深色边框下面有一个"自动隐藏"按钮，单击该按钮可自动隐藏工具选项板窗口，再次单击，则自动打开工具选项板窗口。

3. "透明度"控制

在工具选项板窗口的深色边框下面有一个"特性"按钮，单击该按钮，打开快捷菜单，如图 7-39 所示。选择"透明度"命令，系统打开"透明"对话框。通过调节按钮可以调节工具选项板窗口的透明度。

图 7-39　快捷菜单

7.4.3　新建工具选项板

用户可以建立新工具选项板，这样有利于个性化绘图。也能够满足用户特殊作图的需要。

 【执行方式】

命令行：CUSTOMIZE

菜单："工具"→"自定义"→"工具选项板"

快捷菜单：在任意工具栏上右击，然后选择"自定义"项。

工具选项板："特性"按钮→自定义（或新建选项板）

 【操作步骤】

命令：CUSTOMIZE↙

执行上述命令后，系统打开"自定义"对话框，如图 7-40 所示。在"选项板"列表框中右击，打开快捷菜单，如图 7-41 所示，从中选择"新建选项板"项，打开"新建选项板"对话框在对话框，可以为新建的工具选项板命名。单击"确定"按钮后，工具选项板中就增加了一个新的选项卡，如图 7-42 所示。

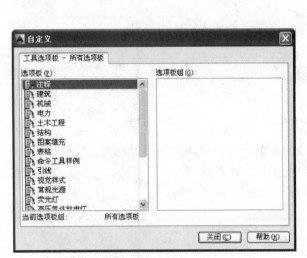

图 7-40　"自定义"对话框　　　　图 7-41　快捷键图　　7-42　新增选项卡

7.4.4　向工具选项板添加内容

1. 将图形、块和图案填充从设计中心拖动到工具选项板上。

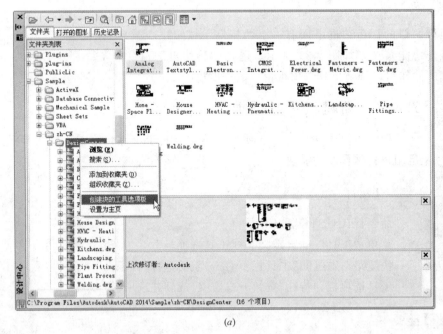

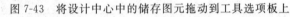

(a)　　　　　　　　　　　　　　　　　　　　　　*(b)*

图 7-43　将设计中心中的储存图元拖动到工具选项板上

　　例如，在 Designcenter 文件夹上右击，系统打开右键快捷菜单，从中选择"创建块的工具选项板"命令，如图 7-43（*a*）所示。设计中心中储存的图元就出现在工具选项板中新建的 Designcenter 选项卡上，如图 7-43（b）所示。这样就可以将设计中心与工具选项板结合起来，建立一个快捷方便的工具选项板。将工具选项板中的图形拖动到另一个图形中时，图形将作为块插入。

2. 使用"剪切"、"复制"和"粘贴"命令将一个工具选项板中的工具移动或复制到另一个工具选项板中。

7.5 查 询 工 具

7.5.1 距离查询

 【执行方式】

命令行：MEASUREGEOM

菜单："工具"→"查询"→"距离"

工具栏：查询

 【操作步骤】

命令：MEASUREGEOM

输入选项［距离（D）/半径（R）/角度（A）/面积（AR）/体积（V）］＜距离＞：距离

指定第一点：指定点

指定第二点或［多点］：指定第二点或输入 m 表示多个点

距离 = 4.4931，XY 平面中的倾角 = 0，与 XY 平面的夹角 = 0

X 增量 = 4.4931，Y 增量 = 0.0000，Z 增量 = 0.0000

输入选项［距离（D）/半径（R）/角度（A）/面积（AR）/体积（V）/退出（X）］＜距离＞：退出

 【选项说明】

多点：

如果使用此选项，将基于现有直线段和当前橡皮线即时计算总距离。

7.5.2 面积查询

 【执行方式】

命令行：MEASUREGEOM

菜单："工具"→"查询"→"面积"

工具栏：面积

 【操作步骤】

命令：MEASUREGEOM

输入选项［距离（D）/半径（R）/角度（A）/面积（AR）/体积（V）］＜距离＞：面积

指定第一个角点或［对象（O）/增加面积（A）/减少面积（S）/退出（X）］＜对象＞：选择选项

【选项说明】

在工具选项板中，系统设置了一些常用图形的选项卡，这些选项卡可以方便用户绘图。

1. 指定角点

计算由指定点所定义的面积和周长。

2. 增加面积

打开"加"模式，并在定义区域时即时保持总面积。

3. 减少面积

从总面积中减去指定的面积。

第  章

布图与输出

建筑图形设计完毕后，通常要输出到图纸上，输出绘图纸是计算机制图的最后一道工序。而这个环节往往在其他类似学习书籍中没有讲到，鉴于广大读者对怎样正确出图常常感到非常迷惑，本章将重点介绍 AutoCAD 中图形输出的具体方法与技巧。

◎ 概述

◎ 工作空间和布局

◎ 打印输出

8.1 概　　述

输出绘图纸包括布图和输出两个步骤。布图就是将不同的图样结合在同一张图纸中，在 AutoCAD 中有两种途径可以实现：一种是在"模型空间"中进行，另一种是在"图纸空间"中进行。对于输出，在设计工作中常用到两种方式：一种是输出为光栅图像，以便在 Photoshop 等图像处理软件中应用；另一种是输出为工程图纸。完成这些操作，需要熟悉模型空间、布局（图纸空间）、页面设置、打印样式设置、添加绘图仪和打印输出等功能。

8.2 工作空间和布局

AutoCAD 为我们提供了两种工作空间：模型空间和图纸空间，来进行图形绘制与编辑。当打开 AutoCAD 时，将自动新建一个 dwg 格式的图形文件，在绘图左下边缘可以看到"模型"、"布局1"、"布局2" 3个选项卡。默认状态是"模型"选项卡，当处于"模型"选项卡时，绘图区就属于模型空间状态。当处于"布局"选项卡时，绘图区就属于图纸空间状态。

8.2.1 工作空间

1. 模型空间

模型空间是指可以在其中绘制二维和三维模型的三维空间，即一种造型工作环境。在这个空间中可以使用 AutoCAD 的全部绘图、编辑和显示命令，它是 AutoCAD 为用户提供的主要工作空间。前面各章节实例的绘制都是在模型空间中进行的。AutoCAD 在运行时自动默认以在模型空间中进行图形的绘制与编辑。

2. 图纸空间

图纸空间是一个二维空间，类似于我们绘图时的绘图纸，把模型空间中的模型投影到图纸空间，我们就可以在图纸空间绘制模型的各种视图，并在图中标注尺寸和文字。图纸空间，则主要用于图纸打印前的布图、排版、添加注释、图框、设置比例等工作。

图纸空间作为模拟的平面空间，对于在模型空间中完成的图形是不可再编辑的，其所有坐标都是二维的，其采用的坐标和在模型空间中采用的坐标是一样的，只是 UCS 图标变为三角形显示。图纸空间主要用户安排在模型空间中所绘制的图形对象的各种视图，以不同比例显示模型的视图以便输出，以及添加图框、注释等内容。同时还可以将视图作为一个对象，进行复制、移动和缩放等操作。

单击"布局"选项卡，进入图纸状态。图纸空间就如同一张白纸蒙在模型空间上面，通过在这张"纸"上开一个个"视口"（就是线条围绕成的一个个开口）透出模型空间中的图形，如果删除视口，则看不到图形。图纸空间又如同一个屏幕，模型空间中的图形通过视口透射到这个"屏幕"上。这张"白纸"或"屏幕"的大小由页面设置确定，虚线范围内为打印区域。

3. 模型空间和图纸空间的切换

在"布局"选项卡中，也可以在图纸空间和模型空间这两种状态之间切换，状态栏中将显示出当前所处状态，单击该按钮可以进行切换，如图 8-1 所示。也可以用"ms"（模型）和"ps"（图纸）快捷命令进行切换。

图 8-1　图纸空间状态

图纸空间中创建的视口为浮动视口，浮动视口相当于模型空间中的视图对象，用户可以在浮动视口中处理编辑模型空间的对象。用户在模型空间中的所有操作都会反映到所有图纸空间视口中。如果再浮动视口外的布局区域双击鼠标左键，则回到图纸空间。

当切换到图纸空间状态时，可以进行视口创建、修改、删除操作，也可以将这张"白纸"当作平面绘图板进行图形绘制、文字注写、尺寸标注、图框插入等操作，但是不能修改视口后面模型空间中的图形。而且，在此状态中绘制的图形、注写的文字只是存在于图形空间中，当切换到"模型"选项卡中查看时，将看不到这些操作的结果。当切换到模型空间状态时，视口被激活，即通过视口进入了模型空间，可以对其中的图形进行各种操作。

由此可见，在"布局"选项卡中，就是通过在图纸空间中开不同的视口，让模型空间中不同的图样以需要的比例投射到一张图纸上，从而达到布图的效果。这一过程称为布局操作。

8.2.2　布局功能

1. 布局的概念

AutoCAD 中，"布局"的设定源于几个方面的考虑：

（1）简化两个工作空间之间的复杂操作；

（2）多元化单一的图纸。

我们在"布局"中可以创建并放置视口对象，还可以添加标题栏或其他几何图形。可以在图形中创建多个布局以显示不同的视图，每个布局可以包含不同的打印比例和图纸尺寸。

使用"布局"可以把当前图形转化成两部分：

1）一个是以模型空间为工作空间，也是我们绘制编辑图形对象的视面，即"模型"布局。通常情况下，我们将"模型"与"布局"区分开来对待，而事实上，"模型"是一种特殊的布局。

2）一个是以图纸空间为主的，但可以根据需要随时切换到模型空间，即通常所说的布局。

用户可以通过选择"布局"选项卡区的"布局选项卡"，快速地在"模型空间视面"和"图纸空间视面"之间进行切换。"布局"可以显示出页面的边框和实际的打印区域。

2. 新建布局

（1）创建新布局主要目的是：

1）创建包含不同图纸尺寸和方向的新图形样板文件；

2）将带有不同的图纸尺寸、方向和标题的布局添加到现有图形中。

（2）创建新布局的方法有两种：

1）直接创建新布局

直接创建新布局是通过鼠标右键点击"布局选项卡"，包括两种模式：

① 新建空白布局，如图 8-2 所示，选择"新建布局"选项。

② 从其他图形文件中选用一个布局来新建布局。选择如图 8-2 所示的"来自样板"选项，弹出一个"从文件选择样板"对话框，如图 8-3 所示。从对话框中选择一个图形样板文件，然后单击"打开"按钮，弹出"插入布局"对话框，如图 8-4 所示。然后单击"确定"按钮，就可以完成一个来自样板的布局创建。

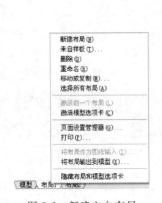

图 8-2　新建空白布局

图 8-3　"从文件选择样板"对话框

2）使用"布局"向导

新建布局最常用的方法是使用"创建布局"向导。一旦创建了布局，就可以替换标题栏并创建、删除和修改编辑布局视口。

① 从菜单栏选择"工具"→"向导"→"创建布局"，启动"layoutwizard"命令，弹出"创建布局-开始"对话框，如图 8-5 所示。在"输入新布局的名称"中输入新布局名称，用户可以自定义，也可以按照默认继续。

② 单击"下一步"按钮，弹出"创建布局-打印机"对话框，如图 8-6 所示。用户可以为新布局选择合适的绘图仪。

③ 单击"下一步"按钮，弹出"创建布局-图纸尺寸"对话框，如图 8-7 所示。用户可以为新布局选择合适的图纸尺寸，并选择新布局的图纸单位。图纸尺寸根据不同的打印设备可以有不同的选择，图纸单位有两种"毫米"和"英寸"，一般以"毫米"为基本单位。

图 8-4 "插入布局"对话框

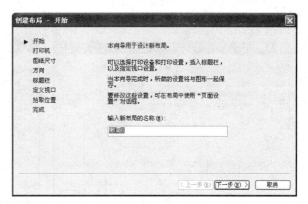

图 8-5 "创建布局-开始"对话框

④ 单击"下一步"按钮,弹出"创建布局-方向"对话框,如图 8-8 所示。用户可以在这个对话框中选择图形在新布局图纸上的排列方向。图形在图纸上有"纵向"和"横向"两种方向,用户根据图形大小和图纸尺寸选择合适的方向。

图 8-6 "创建布局-打印机"对话框

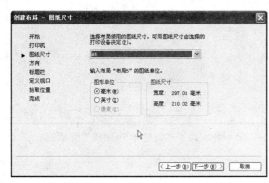

图 8-7 "创建布局-图纸尺寸"对话框

图 8-8 "创建布局-方向"对话框

⑤ 单击"下一步"按钮,弹出"创建布局-标题栏"对话框,如图 8-9 所示。在这个对话框中,用户需要选择用于插入新布局中的标题栏。可以选择插入的标题栏有两种类型:标题栏块和外部参照标题栏。系统提供的标题栏块有很多种,都是根据不同的标准和图纸尺寸定的,用户根据实际情况选择合适的标题栏插入。

⑥ 单击"下一步"按钮,弹出"创建布局-定义视口"对话框,如图 8-10 所示。在对话框中,用户可以选择新布局中视口的数目、类型、比例等。

⑦ 单击"下一步"按钮,弹出"创建布局-拾取位置"对话框,如图 8-11 所示。单击"选择位置"按钮,用户可以在新布局内选择要创建的视口配置的角点,来指定视口配置

的位置。

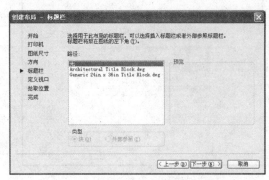

图 8-9 "创建布局-标题栏"对话框　　　　图 8-10 "创建布局-定义视口"对话框

⑧ 单击"下一步"按钮，弹出"创建布局-完成"对话框，如图 8-12 所示。这样就完成了一个新的布局，在新的布局中包括标题框、视口便捷、图纸尺寸界线以及"模型"布局中当前视口里面的图形对象。

3. 删除布局

如果现有的布局已经无用时，可以将其删掉，具体步骤如下：

（1）用鼠标右键单击要删除的布局，如图 8-13 所示，选择"删除"选项。

（2）系统弹出警告窗口，如图 8-14 所示，单击"确定"按钮删除布局。

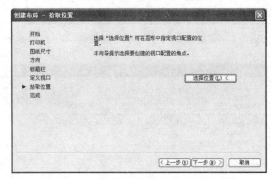

图 8-11 "创建布局-拾取位置"对话框

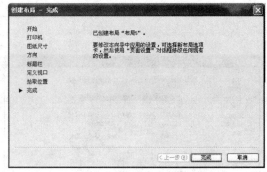

图 8-12 "创建布局-完成"对话框

图 8-13 删除布局

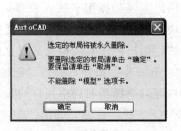

图 8-14 删除警告窗口

4. 重命名布局

对于默认的布局名称和不能让人满意的布局名称，可以进行重命名，具体步骤如下：

（1）用鼠标右键单击重命名的布局，如图 8-15 所示，选择"重命名"选项。

（2）布局名称变为可修改状态，如图 8-16 所示，输入布局名，然后单击"Enter"键，完成重命名操作。

图 8-15　重命名布局

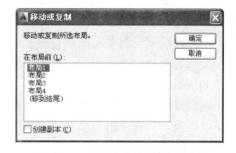

图 8-16　重命名布局对话框

5. 复制和移动布局

在布局安排的时候，有时需要移动某个布局到更适当的地方，或者需要复制某个布局内容，对其稍加修改作为另一个布局，就需要复制或移动布局。具体步骤如下：

（1）用鼠标右键单击要移动的布局，如图 8-17 所示，选择"移动或复制"选项。

（2）系统弹出"移动或复制"对话框，如图 8-18 所示，如果钩选"创建副本"则为复制布局，若不选，则为移动布局。然后单击"确定"按钮完成复制和移动布局的操作。

图 8-17　移动或复制布局

图 8-18　"移动或复制"对话框

6. 图纸空间中的视口

在图纸空间中创建视口的方式与在"模型"布局中创建视口的方法一样，都是通过定义视口命令"vports"来执行的。具体有两种方式可以完成：

（1）从菜单栏的"视图"→"视口"选择需要的选项；

（2）在命令行中输入"vports"，弹出"视口"对话框，如图 8-19 所示，在"新建视口"选项卡下面选择需要的选项，完成视口操作。

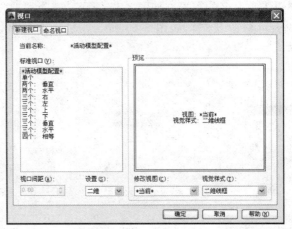

图 8-19 "视口"对话框

8.2.3 布局操作的一般步骤

1. 在"模型"选项卡中完成图形的绘制

在模型空间可以绘制二维和三维图形，也可以进行所有的文字、尺寸标注。在图纸空间中也可以绘制平面图形，也可以进行文字、尺寸标注。那么，在"模型"选项卡中的图形绘制应该进行到何种程度？以下有三种可能：

（1）在模型空间中完成所有的图形、尺寸、文字，图纸空间只用来布图：优点是图形、尺寸、文字均处于模型空间中，缺点是要为不同比例的图样设置不同的字高和不同全局比例的尺寸样式。

（2）在模型空间中完成所有的图形、尺寸，在图形空间中标注文字，完成布图：优点是在图形空间中同类文字只需设一个字高，不会因为图样比例的差别设置不同的字高，缺点是图形与文字分别处于模型和图纸空间，在"模型"选项卡中看不到这些文字。

（3）在模型空间中完成所有的图形，尺寸、文字均在图形空间标注：优点是只要设置一个全局比例的尺寸样式、一种字高的同类文字样式，缺点是图形和尺寸、文字分别处于模型和图纸空间。

明白这些关系以后，读者就可以根据自己的绘图习惯或工作单位的惯例来选择处理方式了。但是，只要采用布局功能来布图，图框最好在图纸空间中插入。

2. 页面设置

默认情况下，每个初始化的布局都有一个与其联系的页面设置。通过在页面设置中将图纸定义为非 0×0 的任何尺寸，可以对布局进行初始化。可以将某个布局中保存的命名页面设置应用到另一个布局中。

单击"文件"菜单中的"页面设置管理器"选项进行设置，如图 8-20 所示。选择页面设置管理器，弹出"页面设置管理器"，如图 8-21 所示。

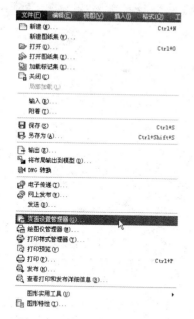

图 8-20 页面设置管理器选项

图 8-21 页面设置管理器

单击"新建"按钮，弹出"新建页面设置"对话框，如图 8-22 所示，在"新页面设置名"区域填写新的名称，然后单击"确定"按钮，弹出"页面设置-模型"对话框，如图 8-23 所示。在"页面设置-模型"下，可以同时进行打印设备、图纸尺寸、打印区域、打印比例和图形方向、打印样式等设置。

如果要新建布局，也可以通过命令行进行操作：

命令：layout ↙

输入布局选项 [复制（C）/删除（D）/新建（N）/样板（T）/重命名（R）/另存为（SA）/设置（S）/?] <设置>：n ↙

输入新布局名 <布局 2>：XXX 布局 ↙

3. 插入图框

将制作好的图框通过"插入块"命令 ，给在绘图区域的合适位置图形插入一个比例合适的图框，使得图形位于图框内部。图框可以是自定义，也可以是系统提供的图框模板。

4. 创建要用于布局视口的新图层

创建一个新图层放置布局视口线。这样，在打印时将图层冻结，以免将视口线也打印出来。

5. 创建视口

根据图纸的图样情况来创建视口。可以打开"视口"工具栏，上面有视口的各种操作按钮，如图 8-24 所示。也可以用"mv"快捷键命令创建视口。

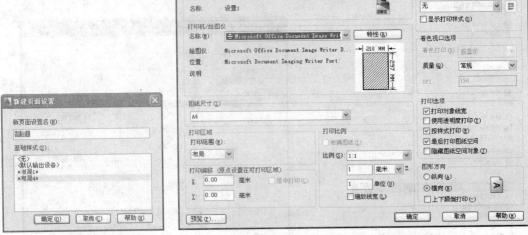

图 8-22 "新建页面设置"对话框

图 8-23 "页面设置-模型"对话框

6. 设置视口

为每个视口设置比例、视图方向、视口图层的可见性等。

比例可以通过"视口"工具栏设置，也可以在视口"特性"中设置。视图方向主要是针对三维模型，可以通过"视图"工具栏设置，如图 8-25 所示。

图 8-24 "视口"工具栏

图 8-25 "视图"工具栏

用"VPLAYER"命令设置视口图层的可见性。该命令与"LAYER"不同的是，它只能控制视口中图层的可见性。比如，用"VPLAYER"命令在一个视口中冻结的图层，在其他视口和"模型"选项卡中同样可以显示，而"LAYER"命令则是全局性地控制图层状态。

7. 根据需要在布局中添加标注和注释

8. 关闭包含布局视口的图层

9. 打印布局

（1）单击菜单栏"文件"→"打印"命令，或者单击"标准"工具栏的"打印"工具按钮，打开"打印"对话框，选择已经设置好的打印机以及打印设置；

（2）选择好合适的打印比例；

（3）设置合适的"打印偏移"参数，设置坐标原点相对于可打印区域左下角点的偏移坐标，默认状态是两点重合。一般都选择"居中"打印；

（4）着色视口选项：设置打印质量、精度（DPI）等；

（5）根据出图需要选择图纸方向；

（6）选择合适的打印范围，包括"窗口"、"范围"、"图形界线"、"显示"，根据实际情况选择合适的范围打印；

（7）单击"预览"按钮，预览打印结果；

（8）单击"打印"按钮，打印出图。

8.2.4　实例——建立多窗口视口

绘制思路

本实例利用视口命令多角度观察图 8-26 所示图形。

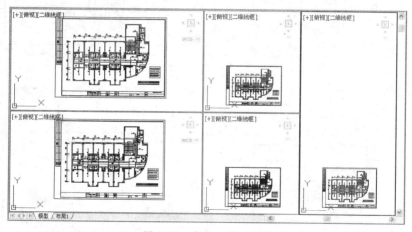

图 8-26　多窗口视口图形

光盘＼视频教学＼第 8 章＼建立多窗口视口.avi

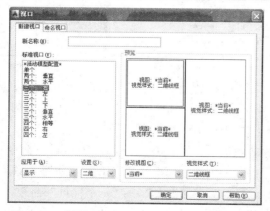

图 8-27　"视口"对话框的"新建视口"选项卡

1. 打开源文件/第 8 章/消防图。

2. 选择菜单栏中的"视图"→"视口"→"新建视口"命令，打开"视口"对话框，切换到"新建视口"选项卡，在"标准视口"列表框中选择"三个：右"，如图 8-27 所示，确认退出。图形视口如图 8-28 所示。

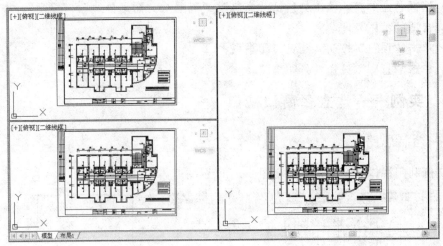

图 8-28　图形视口

3. 单击右边视口，选择右边视口为当前视口。选择菜单栏中的"视图"→"视口"→"四个视口"命令，系统将建立如图 8-29 所示的视口。

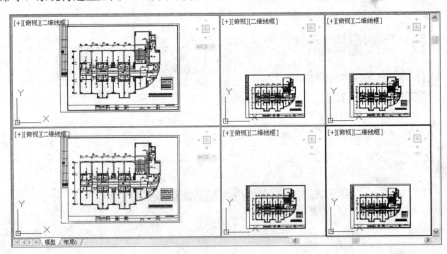

图 8-29　继续建立视口

4. 选择菜单栏中的"视图"→"视口"→"合并"命令，选择右下角视口为主视口，右上角视口为合并视口，结果如图 8-30 所示。

5. 选择菜单栏中的"视图"→"视口"→"新建视口"命令，切换到"新建视口"选项卡，在"新名称"文本框中输入新名称"平面图"，如图 8-31 所示，确认退出。

6. 选择菜单栏中的"视图"→"视口"→"一个视口"命令，视图切换为 1 个视口，如图 8-32 所示。

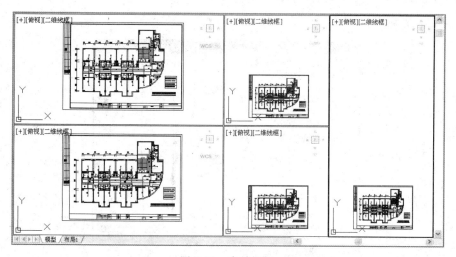

图 8-30　合并视口

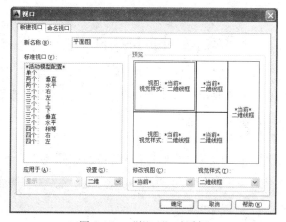

图 8-31　"视口"对话框

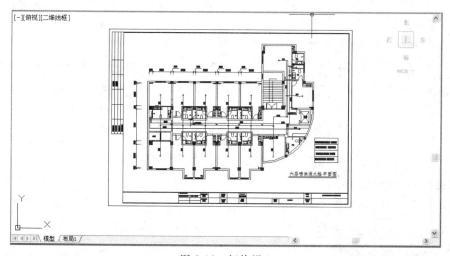

图 8-32　切换视口

7. 选择菜单栏中的"视图"→"视口"→"命名视口"命令，打开"视口"对话框，切换到"命名视口"选项卡，如图 8-33 所示。选择"命名视口"列表中的视口名，可以打开此视口，如图 8-26 所示。

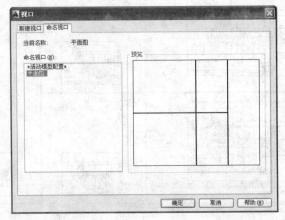

图 8-33 "视口"对话框的"命名视口"选项卡

8.3 打 印 输 出

打印输出是 CAD 输出的重要部分。下面详细介绍打印书处的设置参数情况。

8.3.1 打印样式设置

打印样式用来控制对象的打印特性。可控制的特性有颜色、抖动、灰度、笔号、虚拟

图 8-34 打印样式管理器

笔、淡显、线型、线宽、线条端点样式、线条连接样式和填充样式。在 AutoCAD 中为用户提供了两种类型的打印样式，一种是颜色相关的打印样式，一种是命名打印样式。

单击"文件"菜单下的"打印样式管理器"，弹出打印样式管理器对话框，如图 8-34 所示。对话框中有"打印样式表文件"、"颜色相关打印样式表文件"和"添加打印样式表向导"。单击"添加打印样式表向导"快捷方式可以选择添加前面两种类型的新样式表。

1. 颜色相关的打印样式

（1）颜色相关的打印样式以颜色统领对象的打印特性，用户可以通过打印样式为同一颜色的对象设置一种打印样式。在打印样式管理器中任意打开一个颜色相关的打印样式表文件，即打开了打印样式表编辑器，其中包括常规、表视图、表格视图 3 个选项卡，如图 8-35～图 8-37 所示。

图 8-35　"基本"选项卡

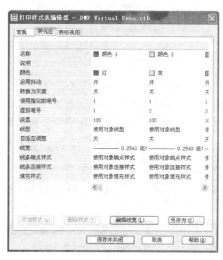

图 8-36　"表视图"选项卡

图 8-37　"格式样式"选项卡

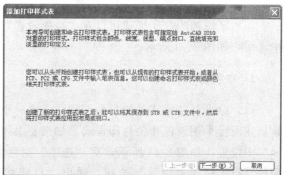

图 8-38　"添加打印样式表"对话框

"常规"选项卡中列出了一些基本信息，在"表视图"选项卡和"表格视图"选项卡中均可以进行颜色、抖动、灰度、笔号、虚拟笔、淡显、线型、线宽、线条端点样式、线条连接样式和填充样式等各项特性的设置。

（2）也可以通过"添加打印样式表向导"来添加自定义的新样式。双击"添加打印样式表向导"弹出"添加打印样式表"对话框，如图 8-38 所示。

（3）单击"下一步"按钮，弹出"添加打印样式表-开始"对话框，如图 8-39 所示。选择"创建新打印样式表"选项，然后单击"下一步"按钮，弹出"选择打印样式表"对话框，如图 8-40 所示。选择"颜色相关打印样式表"选项。

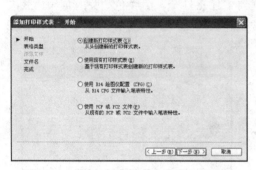

图 8-39　"添加打印样式表-开始"对话框

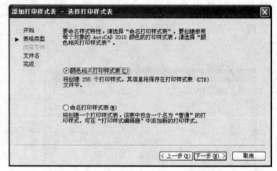

图 8-40　"选择打印样式表"对话框

（4）单击"下一步"按钮，弹出"添加打印样式表-文件名"对话框，如图 8-41 所示。填写"文件名"，然后单击"下一步"按钮，弹出"添加打印样式表-完成"对话框，如图 8-42 所示。单击"完成"按钮，完成新样式的添加。

图 8-41　"添加打印样式表-文件名"对话框

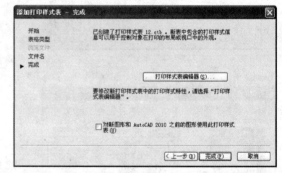

图 8-42　"添加打印样式表-完成"对话框

（5）新添加的打印样式可以在"页面设置"对话框中选用，也可以在"打印"对话框中选用，如图 8-43 所示。

2. 命名打印样式

（1）命名打印样式是指每个打印样式由一个名称管理。在启动 AutoCAD 时，系统默认新建图形采用颜色相关打印样式。如果要采用命名打印样式，可以在"工具"菜单"选项"中设置。如图 8-44 所示，在"选项"对话框中选择"打印和发布"选项，单击右下角的"打印样式表设置"按钮，弹出"打印样式表设置"对话框，如图 8-45 所示。在"新图形的默认打印样式"区域选择"使用命名打印样式"，然后单击"确定"按钮完成

"使用命名打印样式"的设置。

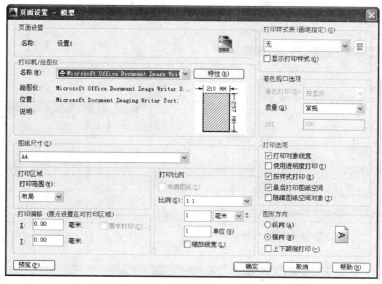

图 8-43　打印样式选用

（2）设置命名打印样式后，用户可以在同一个样式表中修改、添加命名样式。相同颜色的对象可以采用不同的命名样式，不同颜色的对象也可以采用相同的命名样式，关键在于将样式设定给特定的对象。可以在"特性"窗口、图层管理器、页面设置或打印对话框中进行设置。下面以在页面设置中进行操作为例。

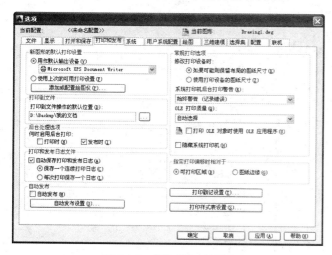

图 8-44　"选项"对话框

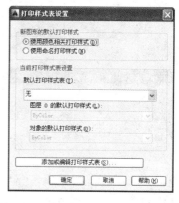

图 8-45　"打印样式表设置"对话框

（3）打开工具栏中的"文件"菜单，选择"页面设置管理器"选项，弹出"页面设置管理器"对话框，如图 8-46 所示。单击"新建"按钮，弹出"新建页面设置"对话框，如图 8-47 所示，输入新页面设置名，然后选择新建页面设置"设置 1"，单击"确定"按钮，弹出"页面设置-设置 1"对话框，如图 8-48 所示。

（4）在"打印样式表"区利用下拉菜单选择打印样式表，然后单击右上角的"编辑"按钮，弹出"打印样式表编辑器"对话框，选择"表视图"选项卡，如图 8-49 所示。在选项卡中可以利用左下角的"添加样式"按钮来添加新的样式，然后就可以进行样式的设置，如颜色、线型、线宽等。也可以在"样式视图"选项卡中进行特性的设置，如图8-50所示。

图 8-46　"页面设置管理器"对话框

图 8-47　"新建页面设置"对话框

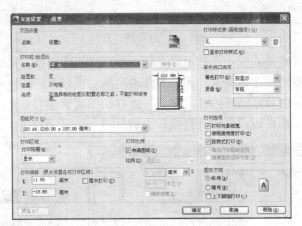

图 8-48　"页面设置-设置1"对话框

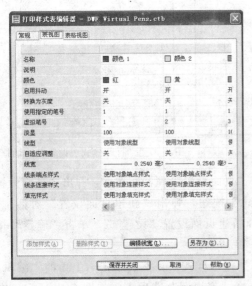

图 8-49　"表视图"选项卡

图 8-50　"样式视图"选项卡

8.3.2　设置绘图仪

　　AutoCAD 配置的绘图仪可以连接在本机上打印，也可以是网络打印机，还可以将图形输出为电子文件的打印程序。在打印之前先检查是否连接了打印机，若需要安装，可以在"文件"菜单中，选择"绘图仪管理器"选项，弹出"打印机"对话框，如图 8-51 所示。可以在已有的打印设备中进行选择，若需添加绘图仪，双击"添加绘图仪向导"来添加绘图仪。在连接打印机之后，用户可以在"页面设置"或"打印"对话框中选择并设置其打印特性。

图 8-51　"打印机"对话框

8.3.3　打印输出

　　打印输出时可以以不同的方式输出，可以输出为工程图纸，也可以输出为光栅图像。

1. 输出为工程图纸

　　选择"文件"菜单中的"打印"选项，弹出"打印-模型"对话框，如图 8-52 所示。在"打印机/绘图仪"中选择已有的打印机名称，在"打印区域"中选择"窗口"打印范围，"打印比例"设置为"布满图纸"。设置好后，单击"确定"按钮，即可完成打印。

2. 输出为光栅图像

　　在 AutoCAD 中，打印输出时，可以将 dwg 的图形文件输出为 jpg、bmp、tif、tga 等格式的光栅图像，以便在其他图像软件中进行处理，还可以根据需要设置图像大小。具体操作步骤如下：

　　（1）添加绘图仪：如果系统中为用户提供了所需图像格式的绘图仪，就可以直接选用，若系统中没有所需图像格式的绘图仪，就需要利用"添加绘图仪向导"进行添加。

图 8-52　"打印-模型"对话框

1）打开"文件"菜单中的"绘图仪管理器"，在弹出的对话框中双击"添加绘图仪向导"，弹出"添加绘图仪-简介"对话框，如图 8-53 所示。单击"下一步"按钮，弹出"添加绘图仪-开始"对话框，如图 8-54 所示，选择"我的电脑"选项。

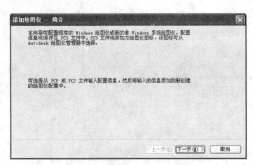

图 8-53　"添加绘图仪-简介"对话框

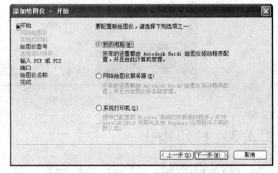

图 8-54　"添加绘图仪-开始"对话框

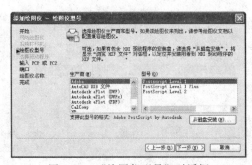

图 8-55　"绘图仪型号"对话框

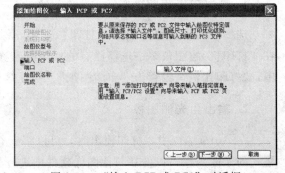

图 8-56　"输入 PCP 或 PC2"对话框

2）单击"下一步"按钮，弹出"添加绘图仪-绘图仪型号"对话框，如图 8-55 所示。在"生产商"选框中选择"光栅文件格式"，在"型号"选框中选择"TIFF Version 6

（不压缩）"。单击"下一步"按钮，弹出"添加绘图仪-输入 PCP 或 PC2"对话框。如图 8-56 所示。

3）单击"下一步"按钮，弹出"添加绘图仪-端口"对话框，如图 8-57 所示。单击"下一步"按钮，弹出"添加绘图仪-绘图仪名称"对话框，如图 8-58 所示。

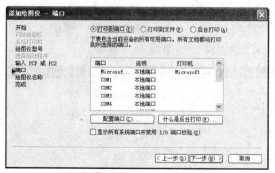 

图 8-57　"添加绘图仪-端口"对话框　　　　图 8-58　"添加绘图仪-绘图仪名称"对话框

4）单击"下一步"按钮，弹出"添加绘图仪-完成"对话框，如图 8-59 所示。单击"完成"按钮，即可完成绘图仪的添加操作。

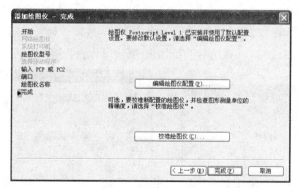

图 8-59　"添加绘图仪-完成"对话框

图 8-60　"绘图仪配置编辑器"对话框

（2）设置图像尺寸：选择"文件"菜单中的"打印"选项，弹出"打印-模型"对话框，在"打印机/绘图仪"选框中选择"TIFF Version 6（不压缩）"。然后在"图纸尺寸"选框中选择合适的图纸尺寸。如果选项中所提供的体制尺寸不能满足要求，就可以单击"绘图仪"右侧的"特性"按钮，弹出"绘图仪配置编辑器"对话框，如图 8-60 所示。

1）选择"自定义图纸尺寸"，然后单击"添加"按钮，弹出"自定义图纸尺寸-开始"对话框，如图 8-61 所示，选择"创建新图纸"选项。单击"下一步"按钮，弹出"自定义图纸尺寸-介质边界"对话框，如图 8-62 所示，设置图纸的宽度、高度等。

图 8-61　"自定义图纸尺寸-开始"对话框

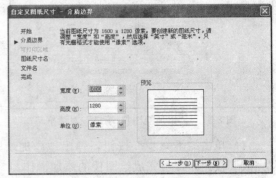

图 8-62　"自定义图纸尺寸-介质边界"对话框

2）单击"下一步"按钮，弹出"自定义图纸尺寸-图纸尺寸名"对话框，如图 8-63 所示。

3）单击"下一步"按钮，弹出"自定义图纸尺寸-文件名"对话框，如图 8-64 所示。

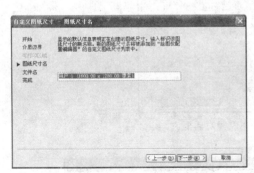

图 8-63　"自定义图纸尺寸-图纸
尺寸名"对话框

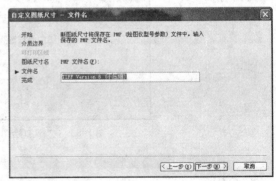

图 8-64　"自定义图纸尺寸-文件名"对话框

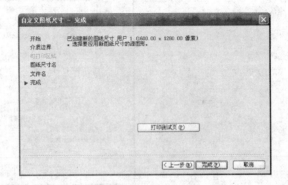

图 8-65　"自定义图纸尺寸-完成"对话框

4）单击"下一步"按钮，弹出"自定义图纸尺寸-完成"对话框，如图 8-65 所示。单击"完成"按钮，即可完成新图纸尺寸的创建。

（3）输出图像：执行"打印"命令，弹出"打印-模型"对话框，单击"确定"按钮，弹出"浏览打印文件"对话框，如图 8-66 所示。以卫生间大样图为例，在"文件名"中输入文件名，然后单击"保存"按钮后完成打印。

最终完成将 DWG 图形输出为光栅图形。

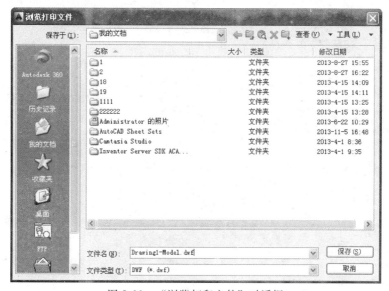

图 8-66　"浏览打印文件"对话框

2

建筑给水是将符合水质标准的水送至生活、生产和消防给水系统的各用水点，满足水量和水压的要求。相对于别墅的给水工程，就是将与人们息息相关的自来水通过管道送进人们的厨房、卫生间等用水点。排水亦然。

对于如何满足别墅的日常用水量，则需要考虑水量及计量、水压、管材、管道敷设四个方面，在这四大原则下，设计出自成一体的给水排水系统。

第二篇　别墅给水排水篇

本篇将介绍建筑给水排水工程图基本知识、别墅给水排水平面图。

在讲解过程中，将结合具体实例进行，以加深读者对 AutoCAD 功能以及典型建筑给水排水设计的基本方法和技巧的理解和掌握。

第 9 章

给水排水工程基础

建筑给水排水工程是现代城市基础设施的重要组成部分，其在城市生活、生产及城市发展中的作用及意义重大。给水排水工程是指城市或工业单位从水源取水到最终处理的整个工业流程，其一般包括给水工程，即水源取水工程、净水工程（水质净化、净水输送、配水使用）；排水工程，即污水净化工程、污泥处理处置工程、污水最终处置工程等。整个给水排水工程由主要枢纽工程及给水排水管道网工程组成。

建筑给水排水工程制图涉及多方面的内容，包括基本工程制图方法、建筑施工图制图方法及建筑结构施工图制图方法等，在识读及绘制建筑给水工程制图前读者应对上述的一些制图方法有所了解，重点学习《建筑给水排水制图标准》GB/T 50106—2010。

- ◎ 给水排水施工图分类
- ◎ 给水排水施工图的表达特点及一般规定
- ◎ 给水排水施工图的表达内容
- ◎ 给水排水工程施工图的设计深度
- ◎ 职业法规及规范标准
- ◎ 建筑给水排水工程制图规定

9.1 给水排水施工图分类

给水排水施工图是建筑工程图的组成部分，按其内容和作用不同，分为室内给水排水施工图和室外给水排水施工图。

室内给水排水施工图表示房屋内给水排水管网的布置、用水设备以及附属配件的设置。

室外给水排水施工图表示某一地区整个城市的给水排水管网的布置以及各种取水、储水、净水结构和水处理的设置。其主要图纸包括：室内给水排水平面图、室内给水排水系统图、室外给水排水平面图及有关详图。

9.2 给水排水施工图的表达特点及一般规定

本节简要介绍一下给水排水施工图的表达特点和一般规定。

9.2.1 一般规定

建筑给水排水工程的 AutoCAD 制图必须遵循我国颁布的相关制图标准，其主要涉及《房屋建筑制图统一标准》GB/T 50001—2010、《建筑给水排水制图标准》GB/T 50106—2010 等多项制图标准，还有一些大型建筑设计单位内部的相关标准，读者可自行查阅，获得详细的相关条文解释，也可查阅相关建筑设备工程制图方面的教材或辅助读物进行参考学习。本节主要以 AutoCAD 2014 应用软件为背景，针对建筑给水排水工程制图的各项基本规定，说明其在 AutoCAD 2014 中的制图操作过程，详细介绍 AutoCAD 在建筑给水排水工程制图方面的一些知识及技巧，以帮助读者迅速提高使用 AutoCAD 进行工程制图的能力。

9.2.2 表达特点

给水排水施工图具有以下表达特点：

1. 给水排水施工图中的平面图、详图等图样采用正投影法绘制。

2. 给水排水系统图宜按 45°正面斜轴测投影法绘制。管道系统图的布图方向应与平面图一致，并宜按比例绘制，当局部管道按比例不易表示清楚时，可不按比例绘制。

3. 给水排水施工图中管道附件和设备等，一般采用标准（统一）图例表示。在绘制和识读给水排水施工图前，应查阅和掌握与图纸有关的图例及其所表征的设备。

4. 给水及排水管道一般采用单线画表示，并以粗线绘制。而建筑与结构的图样及其他有关器材设备均采用中、细实线绘制。

5. 有关管道的连接配件，属于规格统一的定型工业产品，其在图中均可不予画出。

6. 给水排水施工图中，常用 J 作为给水系统和给水管的代号，用 P 作为排水系统和排水管的代号。

7. 给水排水施工图中管道设备的安装应与土建施工图相互配合，尤其在留洞、预埋件、管沟等方面对土建的要求，须在图纸上予以注明。

9.3 给水排水施工图的表达内容

本节简要介绍给水排水施工图的表达内容。

9.3.1 施工设计说明

给水排水施工图设计说明，是整个给水排水工程设计及施工中的指导性文字说明。应主要阐述以下内容：给水排水系统采用何种管材、设备型号及其施工安装中的要求和注意事项；消防设备的选型、阀门符号、系统防腐、保温做法及系统试压的要求以及其他未说明的各项施工要求；给水排水施工图尺寸单位的说明等。施工设计说明包括以下内容：

1. 设计依据简述；

2. 给水排水系统概况，主要的技术指标（如最高日用水量，最大时用水量，最高日排水量，最大时热水用水量、耗热量，循环冷却水量，各消防系统的设计参数及消防总用水量等），控制方法，有大型的净化处理厂（站）或复杂的工艺流程时，还应有运转和操作说明；

3. 凡不能用图示表达的施工要求，均应以设计说明表述；

4. 有特殊需要说明的可分别列在有关图纸上。

9.3.2 室内给水施工图

1. 室内给水平面图的主要内容

室内给水平面图是室内给水系统平面布置图的简称，主要表示房屋内部给水设备的配置和管道的布置情况。其主要内容包括：

（1）建筑平面图及相关给水设备在建筑平面图中的所在平面位置；

（2）各用水设备的平面位置、规格类型及尺寸关系；

（3）给水管网的各干管、立管和支管的平面位置、走向，立管编号和管道安装方式（明装或暗装），管道的名称、规格、尺寸等；

（4）管道器材设备（阀门、消火栓、地漏等）、与给水系统相关的室内引入管、水表节点及加压装置的平面位置；

（5）屋顶给水平面图中应注明屋顶水箱的平面位置、水箱容量，进出水箱的各种管道的平面位置、设备支架及保温措施等内容；

（6）管道及设备安装预留洞位置、预埋件、管沟等方面对土建的要求。

2. 室内给水平面图的表示方法

（1）建筑平面图。室内给水平面图是在建筑平面图上，根据给水设备的配置和管道的布置情况绘出的，因此，建筑轮廓应与建筑平面图一致，一般只抄绘房屋的墙、柱、门窗洞、楼梯等主要构配件（不画建筑材料图例），房屋的细部、门窗代号等均可省略。

（2）卫生器具平面图。房屋卫生器具中的洗脸盆、大便器、小便器等都是工业产品，只需表示它们的类型和位置，按规定用图例画出。

（3）管道的平面布置。通常以单线条的粗实线表示水平管道（包括引入管和水平横管），并标注管径。以小圆圈表示立管，底层平面图中应画出给水引入管，并对其进行系统编号，一般给水管以每一引入管作为一个系统。

（4）图例说明。为便于施工人员阅读图纸，无论是否采用标准图例，最好能附上各种管道及卫生设备的图例，并对施工要求和有关材料等用文字说明。

3. 室内给水系统图

给水系统图是给水系统轴测图的简称，主要表示给水管道的空间布置和连接情况。给水系统图和排水系统图应分别绘制。给水系统图的轴测图宜采用正面斜等轴测绘制。其图示方法如下：

（1）给水系统图与给水平面图采用相同的比例；

（2）按平面图上的编号分别绘制管道图；

（3）轴向选择，通常将房屋的高度方向作为 Z 轴，以房屋的横向作为 X 轴，房屋的纵向作为 Y 轴；

（4）系统图中水平方向的长度尺寸可直接在平面图中量取，高度方向的尺寸可根据建筑物的层高和卫生器具的安装高度确定；

（5）在给水系统图中，管道用粗实线表示；

（6）在给水系统图中出现管道交叉时，要判别可见性，将后面的管道线断开；

（7）给水系统图中的尺寸标注主要包括管径、坡度、标高等几个方面。

9.3.3 室内排水施工图

1. 室内排水平面图的主要内容

室内给水系统图即室内给水系统平面布置图，主要表达房屋内部给水设备的配置和管道的布置及连接的空间情况。其主要内容包括：

（1）系统编号。在系统图中，系统的编号与给水排水平面图中的编号应该是对应一致的。

（2）管道的管径、标高、走向、坡度及连接方式等内容。在平面图中管长的变化无法表示，但在系统轴测图中应标注各管段的管径，管径的大小通常用公称直径来表示。在平面图中管道相关设备的标高亦无法表示，在系统图中应标注相关标高，主要包括建筑标高、给水排水管道的标高、卫生设备的标高、管件标高、管径变化处标高以及管道的埋深等。管道的埋深采用负标高标注。管道的坡度值及走向也应标明。

（3）管道和设备与建筑的关系，主要是指管道穿墙、穿梁、穿地下室、穿水箱、穿基础的位置及卫生设备与管道接口的位置等。

（4）重要管件的位置。给水管道中的阀门、污水管道中的检查口等，应在系统轴测图中标注。

（5）与管道相关的给水排水设施的空间位置，如屋顶水箱、室外储水池、水泵、加压设备、室外阀门井等与给水相关的设施的空间位置，以及与排水有关的设施，室外排水检查井、管道等。

（6）雨水排水系统图主要反映雨水排水管道的走向、坡度、落水口、雨水斗等内容。当雨水排到地下以后，若采用有组织排水方式，则还应反映出排出管与室外雨水井之间的空间关系。

2. 管线位置的确定

管道设备一般采用图形符号和标注文字的方式来表示，在给水排水平面图中不表示线路及设备本身的尺寸大小、形状，但必须确定其敷设和安装的位置。其中平面位置是根据建筑平面图的定位轴线和某些构筑物来确定照明线路和设备布置的位置，而垂直位置，即安装高度，一般采用标高、文字符号等方式来表示。

3. 室内排水平面图的表达方法

（1）建筑平面图、卫生器具与配水设备平面图的表达方法，要求与给水管网平面布置图相同；

（2）排水管道一般用单线条粗虚线表示，以小圆圈表示排水立管；

（3）按系统对各种管道分别予以标志和编号；

（4）图例及说明与室内给水平面图相似。

4. 室内排水系统图

室内排水系统图的图示方法如下：

（1）室内排水系统图仍选用正面斜等测，其图示方法与给水系统图基本一致；

（2）排水系统图中的管道用粗线表示；

（3）排水系统图只需绘制管路及存水弯，卫生器具及用水设备可不必画出；

（4）排水横管上的坡度，因画图例小，可忽略，按水平管道画出。

（5）排水系统图中的尺寸标注主要包括管径、坡度、标高等几个方面。

9.3.4 室外管网平面布置图

1. 室外管网平面布置图的主要内容

室外管网平面布置图表示一个工程单位的（如小区、城市、工厂等）给水排水管网的布置情况。一般应包括以下内容：

（1）该工程的建筑总平面图；

（2）给水排水管网干管位置等；

（3）室外给水管网，需注明各给水管道的管径、消火栓位置等。

2. 室外管网平面布置图的表达方法

（1）给水管道用粗实线表示；

（2）在排水管的起端、两管相交点和转折点处要设置检查井，在图上用 2~3mm 的圆圈表示检查井，两检查井之间的管道应是直线；

（3）用汉语拼音字头表示管道类别。简单的管网布置可直接在布置图中注上管径、坡度、流向、管底标高等。

9.4　给水排水工程施工图的设计深度

该部分为摘录住房和城乡建设部颁发的《建筑工程设计文件编制深度规定》（2008 年版）中给水排水工程部分施工图设计的有关内容，供读者学习参考。

9.4.1　总则

1. 民用建筑工程一般应分为方案设计、初步设计和施工图设计三个阶段；对于技术要求简单的民用建筑工程，经有关主管部门同意，并且合同中有不进行初步设计的约定，可在方案设计审批后直接进入施工图设计。

2. 各阶段设计文件编制深度应按以下原则进行（具体应执行该规定中的第 2、3、4 章条款）：

（1）方案设计文件，应满足编制初步设计文件的需要。

技巧荟萃

对于投标方案，设计文件深度应满足标书要求；若标书无明确要求，设计文件深度可参照本规定的有关条款。

（2）初步设计文件，应满足编制施工图设计文件的需要。

（3）施工图设计文件，应满足设备材料采购、非标准设备制作和施工的需要。对于将项目分别发包给几个设计单位或实施设计分包的情况，设计文件相互关联处的深度应当满足各承包或分包单位设计的需要。

9.4.2　施工图设计

在施工图设计阶段，给水排水专业设计文件应包括图纸目录、施工图设计说明、设计图纸、主要设备表、计算书。

技巧荟萃

图纸目录应先列新绘制图纸，后列选用的标准图或重复利用图。计算书一般为内部使用，根据初步设计审批意见进行施工图阶段设计计算。

设计图纸具体内容如下。

1. 给水排水总平面图

（1）绘出各建筑物的外形、名称、位置、标高、指北针（或风玫瑰图）；

（2）绘出全部给水排水管网及构筑物的位置（或坐标）、距离、检查井、化粪池型号及详图索引号；

（3）对于较复杂工程，还应将给水、排水（雨水、污废水）总平面图分开绘制，以便于施工（若为简单工程可以绘在一张图上）；

（4）给水管注明管径、埋设深度或敷设的标高，宜标注管道长度，并绘制节点图，注明节点结构、闸站井尺寸、编号及引用详图（一般工程给水管线可不绘节点图）；

（5）排水管标注检查井编号和水流坡向，标注管道接口处市政管网的位置、标高、管径、水流坡向。

2. 排水管道高程表和纵断面图

（1）排水管道绘制高程表，将排水管道的检查井编号、井距、管径、坡度、地面设计标高、管内底标高等写在表内。

简单的工程，可将上述内容直接标注在平面图上，不列表。

（2）对地形复杂的排水管道以及管道交叉较多的给水排水管道，应绘制管道纵断面图，图中应标出设计地面标高、管道标高（给水管道注管中心、排水管道注管内底）、管径、坡度、井距、井号、井深，并标出交叉管的管径、位置、标高；纵断面图比例宜为竖向1：1000（或1：50，1：200），横向1：500（或与总平面图的比例一致）。

3. 取水工程总平面图

绘出取水工程区域内（包括河流及岸边）的地形等高线、取水头部、吸水管线（自流管）、集水井、取水泵房、栈桥、转换闸门及相应的辅助建筑物、道路的平面位置、尺寸、坐标、管道的管径、长度、方位等，并列出建（构）筑物一览表。

4. 取水工程流程示意图（或剖面图）

一般工程可与总平面图合并绘在一张图上，较大且复杂的工程应单独绘制。图中标明各构筑物间的标高关系和水源地最高、最低、常年水位线和标高等。

5. 取水头部（取水口）平、剖面及详图

（1）绘出取水头部所在位置及相关河流、岸边的地形平面布置，图中标明河流、岸边与总体建筑物的坐标、标高、方位等。

（2）详图应详细标注各部分尺寸、构造、管径和引用详图等。

6. 取水泵房平、剖面及详图

绘出各种设备基础尺寸（包括地脚螺栓孔位置、尺寸），相应的管道、阀门、配件、仪表、配电、起吊设备的相关位置、尺寸、标高等，列出设备材料表，并标注出各设备型号和规格及管道、阀门的管径，配件的规格。

7. 其他建筑物平、剖面及详图

内容应包括集水井、计量设备、转换闸门井等。

8. 输水管线图

在带状地形图（或其他地形图）上绘制出管线及附属设备、闸门等的平面位置、尺寸，图中注明管径、管长、标高及坐标、方位。是否需要另绘管道纵断面图，视工程地形的复杂程度而定。

9. 给水净化处理厂（站）总平面布置图及高程系统图

（1）绘出各建（构）筑物的平面位置、道路、标高、坐标，连接各建（构）筑物之间的各种管线、管径、闸门井、检查井、堆放药物及滤料等堆放场的平面位置、尺寸。
（2）高程系统图应表示各构筑物之间的标高、流程关系。

10. 各净化建（构）筑物平、剖面及详图

分别绘制各建筑物、构筑物的平、剖面及详图，图中详细标出各细部尺寸、标高、构造、管径及管道穿池壁预埋管管径或加套管的尺寸、位置、结构形式和引用的详图。

11. 水泵房平、剖面图

 技巧荟萃

一般指利用城市给水管网供水，供水压力不足时设计的加压泵房，净水处理后的二次升压泵房或地下水取水泵房。

（1）平面图：应绘出水泵基础外框、管道位置，列出主要设备材料表，标出设备型号和规格、管径、阀件，起吊设备、计量设备等位置、尺寸。如需设真空泵或其他引水设备的，要绘出有关的管道系统和平面位置及排水设备。
（2）剖面图：绘出水泵基础剖面尺寸、标高，水泵轴线管道、阀门安装标高，防水套管位置及标高。简单的泵房，用系统轴测图能交代清楚时，可不绘剖面图。

12. 水塔（箱）、水池配管及详图

分别绘出水塔（箱）、水池的进水、出水、泄水、溢水、透气等各种管道平、剖面图或系统轴测图及详图，标注管径、标高、最高水位，最低水位、消防储备水位及储水容积。

13. 循环水构筑物的平、剖面及系统图

有循环水系统时，应绘出循环冷却水系统的构筑物（包括用水设备、冷却塔等），循环水泵房及各种循环管道的平、剖面及系统图（当绘制系统轴测图时，可不绘制剖面图）。

14. 污水处理

有集中的污水处理或局部污水处理的，绘出污水处理站（间）平面、高程流程图，并绘出各构筑物平、剖面及详图，其深度可参照给水部分的相应图纸内容。

15. 建筑给水排水图纸

（1）平面图。

1）绘出与给水排水、消防给水管道布置有关的各层的平面图，内容包括主要轴线编号、房间名称、用水点位置，各种管道系统编号（或图例）；

2）绘出给水排水、消防给水管道的平面布置、立管位置及编号；

3）当采用展开系统原理图时，应标注管道管径、标高（给水管安装高度变化处，应在变化处用符号表示清楚，并分别标出标高；排水横管应标注管道终点标高），管道密集处应在该平面图中画横断面图将管道布置定位表示清楚；

4）底层平面应注明引入管、排出管、水泵接合器等与建筑物的定位尺寸、穿建筑外墙管道的标高、防水套管形式等，还应绘出指北针；

5）标出各楼层建筑平面标高（如卫生设备间平面标高有不同时，应另加注），灭火器放置地点；

6）若管道种类较多，在一张图纸上表示不清楚时，可分别绘制给水排水平面图和消防给水平面图；

7）对于给水排水设备及管道较多处，如泵房、水池、水箱间、热交换器站、饮水间、卫生间、水处理间、报警阀门、气体消防贮瓶间等，当上述平面不能交代清楚时，应绘出局部放大平面图。

（2）系统图。

1）系统轴测图。对于给水排水系统和消防给水系统，一般宜按比例分别绘出各种管道系统轴测图。图中标明管道走向、管径、仪表及阀门、控制点标高和管道坡度（设计说明中已交代者，图中可不标注管道坡度），各系统编号，各楼层卫生设备和工艺用水设备的连接站位置。如各层（或某几层）卫生设备及用水点接管（分支管段）情况完全相同时，在系统轴测图上可只绘一个有代表性楼层的接管图，其他各层注明同该层即可。复杂的连接点应局部放大绘制。在系统轴测图上，应注明建筑楼层标高、层数、室内外建筑平面标高差。卫生间管道应绘制轴测图。

2）展开系统原理图。对于用展开系统原理图将设计内容表达清楚的，可绘制展开系统原理图。图中标明立管和横管的管径、立管编号、楼层标高、层数、仪表及闸门、各系统编号、各楼层卫生设备和工艺用水设备的连接，排水管标立管检查口、通风帽等距地（板）高度等。如各层（或某几层）卫生设备及用水点接管（分支管段）情况完全相同时，在展开系统原理图上可只绘一个有代表性楼层的接管图，其他各层注明同该层即可。

3）当自动喷水灭火系统在平面图中已将管道管径、标高、喷头间距和位置标注清楚时，可简化表示从水流指示器至末端试水装置（试水阀）等阀件之间的管道和喷头。

4）简单管段在平面上注明管径、坡度、走向、进出水管位置及标高，可不绘制系统图。

（3）局部设施。

当建筑物内有提升、调节或小型局部给水排水处理设施时，可绘出其平面图、剖面图（或轴测图），或注明引用的详图、标准图号。

（4）详图。

特殊管件无定型产品又无标准图可利用时，应绘制详图。

16. 主要设备材料表

主要设备、器具、仪表及管道附、配件可在首页或相关图上列表表示。

 技巧荟萃

合作设计时，应依据主设计方审批的初步设计文件，按所分工内容进行施工图设计。

9.5 职业法规及规范标准

规范或标准是工程设计的依据，规范或标准贯穿于整体工程设计过程中，专业人员应首先熟悉专业规范的各相关条文，特别是一些强制性条文。本节归纳列出一些建筑给水排水工程设计中的常用规范标准，读者可选用查询。

给水排水工程设计人员必须熟悉相关行业国家法律法规及行业标准规范，应在设计过程中严格执行相关条文，保证工程设计的合理安全，符合相关质量要求，特别是对于一些强制性条文，更应提高警惕，严格遵守。职业工作中应注意以下几方面：

1. 我国有关基本建设、建筑、城市规划、环保、房地产方面的法律规范；

2. 工程设计人员的职业道德与行为准则。

表 9-1 列出了给水排水工程设计中的常用法律法规及标准规范目录，大家可自行查阅，便于工程设计之用。其包含全国勘察设计注册电气工程师复习推荐用法律、规程、规范。

相关职业法规及标准 表 9-1

序号	文件编号	文件名称
		法律法规
1		中华人民共和国城市房地产管理法
2		中华人民共和国城市规划法
3		中华人民共和国环境保护法
4		中华人民共和国建筑法
5		中华人民共和国合同法
6		中华人民共和国招标投标法

序号	文件编号	文件名称
	法律法规	
7		建设工程质量管理条例
8		建设工程勘察设计管理条例
9		中华人民共和国大气污染防治法
10		中华人民共和国水污染防治法
	规范标准	
1	GB 50013—2006	室外给水设计规范
2	GB 50014—2006(2011 年版)	室外排水设计规范
3	GB 50015—2003(2009 年版)	建筑给水排水设计规范
4	GB 50016—2006	建筑设计防火规范
5	GB 50045—1995(2005 年版)	高层民用建筑设计防火规范
6	GB 50084—2001(2005 年版)	自动喷水灭火系统设计规范
7	GB 50336—2002	建筑中水设计规范
8	CECS 14—2002	游泳池和水上游乐池给水排水设计规程
9	GB/T 50265—2010	泵站设计规范
10	GB/T 50102—2003	工业循环水冷却设计规范
11	GB 50050—2007	工业循环冷却水处理设计规范
12	GB 50109—2006	工业用水软化水除盐设计规范
13	GB 50219—1995	水喷雾灭火系统设计规范
14	CB 50067—1997	汽车库、修车库、停车场设计防火规范
15	GB 50098—2009	人民防空工程设计防火规范
16	GB 50140—2005	建筑灭火器配置设计规范
17	GB 50096—2011	住宅设计规范
18	GB 50038—2005	人民防空地下室设计规范
19	CECS 41-2004	建筑给水硬聚氯乙烯管管道工程技术规程
20	CJJ/T 29—2010	建筑排水硬聚氯乙烯管道工程技术规程
21	GB 50268—2008	给水排水构筑物工程施工及验收规范
22	GB 50141—2008	给水排水构筑物工程施工及验收规范
23	GB 50242—2002	建筑给水排水及采暖工程施工质量验收规范
24	GB 50261—2005	自动喷水灭火系统施工及验收规范
25	GB 50319—2000	建设工程监理规范
26	CJ 3020—1993	生活饮用水水源水质标准
27	GB 5749—2006	生活饮用水卫生标准
28	CJ 94—2005	饮用净水水质标准
29	GB 3838—2002	地表水环境质量标准
30	GB 8978—1996	皂素工业水污染物排放标准

续表

序号	文件编号	文件名称
	设计手册	
1	严煦世.给水工程.4 版.中国建筑工业出版社,1999	
2	孙慧修.排水工程上册.4 版.中国建筑工业出版社,1999	
3	张自杰.排水工程下册.4 版.中国建筑工业出版社,2000	
4	王增长.建筑给水排水工程.中国建筑工业出版社,1998	
5	上海市政工程设计研究院.给水排水设计手册(第 3 册)城镇给水.2 版.中国建筑工业出版社,2003	
6	华东建筑设计院有限公司.给水排水设计手册(第 4 册)工业给水处理.2 版.中国建筑工业出版社,2000	
7	北京市市政设计研究总院.给水排水设计手册(第 5 册)城镇排水.2 版.中国建筑工业出版社,2003	
8	北京市市政设计研究总院.给水排水设计手册(第 6 册)工业排水.2 版.中国建筑工业出版社,2002	
9	中国建筑标准化研究所.全国民用建筑工程设计技术措施(给水排水).中国计划出版社,2003	
10	严煦世.给水排水工程快速设计手册(第 1 册)给水工程.中国建筑工业出版社,1995	
11	于尔捷.给水排水工程快速设计手册(第 2 册)排水工程.中国建筑工业出版社,1996	
12	陈耀宗.建筑给水排水设计手册.中国建筑工业出版社,1992	
13	黄晓家.自动喷水灭火系统设计手册.中国建筑工业出版社,2002	
14	聂梅生.水工业工程设计手册 建筑和小区给水排水.中国建筑工业出版社,2000	
15	张自杰.环境工程手册 水污染防治卷.高等教育出版社,1996	
16	兰文艺.实用环境工程手册 水处理材料与药剂.化学工业出版社,2002	
17	北京市环境保护科学研究院.三废处理工程技术手册废水卷.化学工业出版社,2000	
18	顾夏声.水处理工程.清华大学出版社,1985	
19	周本省.工业水处理技术.化学工业出版社,1997	
20	孙力平.污水处理新工艺与设计计算实例.中国科学出版社,2001	
21	周玉文.排水管网理论与计算.中国建筑工业出版社,2000	
22	唐受印.废水处理工程.化学工业出版社,1998	
23	徐根良.废水控制及治理工程.浙江大学出版社,1999	
24	李培红.工业废水处理与回收利用.化学工业出版社,2001	
25	王绍文.重金属废水治理技术.冶金工业出版社,1993	
26	高廷耀.水污染控制工程(下册).高等教育出版社,1999	
27	秦钰慧.饮用水卫生与处理技术.化学工业出版社,2002	
28	罗光辉.环境设备设计与应用.高等教育出版社,1997	

9.6 建筑给水排水工程制图规定

建筑给水排水工程的 AutoCAD 制图必须遵循我国颁布的相关制图标准,其主要涉及《房屋建筑制图统一标准》GB/T 50001—2010、《建筑给水排水制图标准》GB/T 50106—2010 等多项制图标准,还有一些大型建筑设计单位内部的相关标准,读者可自行查阅,获得详细的相关条文解释，也可查阅相关建筑设备工程制图方面的教材或辅助读物进行参考学习，本节主要以 AutoCAD 2014 应用软件为背景，针对建筑给水排水工程制图的各项基本规定，说明其在 AutoCAD 2014 中的制图操作过程，详细介绍了 AutoCAD 在建筑给水排水工程制图方面的一些知识及技巧，以帮助读者迅速提高使用 AutoCAD 进行工程制图的能力。

9.6.1 比例

《房屋建筑制图统一标准》GB/T 50001—2010 及《建筑给水排水制图标准》GB/T 50106—2010 对建筑制图的比例、给水排水工程制图的比例进行了详细的说明，比例大小的合理选择关系到图样表达的清晰程度及图纸的通用性。

给水排水专业的图纸种类繁多，包括平面图、系统图、轴测图、剖面图、详图等。在不同的专业设计阶段，图纸要求表达的内容、深度、工程的规模大小、工程的性质等都关系到比例的合理选择。给水排水工程制图中的常见比例如表 9-2 所示。

图纸比例　　　　　　　　　　　　　　　　　　表 9-2

名称	比例
区域规划图	1∶10000、1∶25000、1∶50000
区域位置图	1∶2000、1∶5000
厂区总平面图	1∶300、1∶500、1∶1000
管道纵断面图	横向:1∶300、1∶500、1∶1000 纵向:1∶50、1∶100、1∶200
水处理厂平面图	1∶500、1∶200、1∶100
水处理高程图	可无比例
水处理流程图	可无比例
水处理构筑物、设备间、泵房等	1∶30、1∶50、1∶100
建筑给水排水平面图	1∶100、1∶150、1∶200
建筑给水排水轴测图	1∶50、1∶100、1∶150
详图	2∶1、1∶1、1∶5、1∶10、1∶20、1∶50

其中建筑给水排水平面图及轴测图宜与建筑专业图纸比例一致，以便于识图。另外，在管道纵断面图中，根据表达需要其在横向与纵向可采用不同的比例绘制。水处理的高程图、流程图及给水排水的系统原理图也可不按比例绘制。建筑给水排水的轴测图局部绘制表达困难时也可不按比例绘制。

9.6.2 线型

制图中的各种建筑、设备等多数图样是通过不同式样的线条来表现的，以线条的形式来传递相应的表达信息，不同的线条即代表的不同的含义。对线条的调整设置，包括线型及线宽等的设置，以及诸如填充图案样式等的灵活运用，可以使图样表达清晰、信息表达明确、制图快捷。

《房屋建筑制图统一标准》GB/T 50001—2010、《建筑给水排水制图标准》GB/T 50106—2010 中对线条进行了详细的解释，建筑给水排水工程涉及建筑制图方面的线条规定，应严格执行，另外还有给水排水专业在制图方面关于线条表达的一些规定，应将两者结合。

图线的宽度 b 的选择，取决于图纸的类别、比例、表达内容与复杂程度。给水排水专业的图纸中的基础线宽，一般取 1.0mm 及 0.7mm 两种。

表 9-3 列出了线型的一些表达规则。

线型的使用   表 9-3

名称	线宽	表 达 用 途
粗实线	b	新设计的各种排水及其他重力流管线
粗虚线		新设计的各种排水及其他重力流管线不可见轮廓线
中粗实线	0.75b	新设计的各种给水和其他压力流管线
		原有的各种排水及其他重力流管线
中粗虚线		新设计的各种给水及其他压力流管线不可见轮廓线
		原有的各种排水及其他重力流管线不可见轮廓线
中实线	0.5b	给水排水设备、零件的可见轮廓线
		总图中新建建筑物和构筑物的可见轮廓线
		原有的各种给水和其他压力流管线
中虚线		给水排水设备、零件的不可见轮廓线
		总图中新建建筑物和构筑物的不可见轮廓线
		原有的各种给水和其他压力流管线的不可见轮廓线
细实线	0.25b	建筑物的可见轮廓线，总图中原有建筑物和构筑物的可见轮廓线
细虚线		建筑物的不可见轮廓线，总图中原有建筑物和构筑物的不可见轮廓线
单点长画线		中心线、定位轴线
折断线		断开线
波浪线		平面图中的水面线、局部构造层次范围线、保温范围示意线

对于线型的选用及制图时应注意的细节，可参考有关制图标准及教科书，这里不再详述，如相互平行的图线，其间隙不宜小于其中的粗线宽度，且不宜小于 0.7mm；图线不得与文字、数字、符号等重叠、混淆，不可避免时，应首先保证文字等信息的清晰；同一张图纸中，相同比例的图样，应选用相同的线宽组；等等。

9.6.3　图层及交换文件

《房屋建筑制图统一标准》GB/T 50001—2000 中关于给水排水部分的图层命名举例如表 9-4 所示。

图层命名举例（遵从原文件的编排序号）   表 9-4

中　文　名	英　文　名	解　　释
		冷热
给排-冷热	P-DOMW	生活冷热水系统 Domestic hot and cold water systems
给排-冷热-设备	P-DOMW-EQPH	生活冷热水设备 Domestic hot and cold water equipment

续表

中 文 名	英 文 名	解　释
		冷热
给排-冷热-热管	P-DOMW-HPIP	生活热水管线 Domestic hot water piping
给排-冷热-冷管	P-DOMW-CPIP	生活冷水管线 Domestic cold water piping
		排水
给排-排水	P-SANR	排水 Sanitary drainage
给排-排水-设备	P-SANR-EQPM	排水设备 Sanitary equipment
给排-排水-管线	P-SANR-PIPE	排水管线 Sanitary piping
		雨水
给排-雨水	P-STRM	雨水排水系统 Storm drainage system
给排-雨水-管线	P-STRM-PIPE	雨水排水管线 Storm drain piping
给排-排水-屋面	P-STRM-RFDR	屋面排水 Roof drains
给排-消防	P-HYDR	消防系统 Hydrant system

酒店给水排水平面图

给水排水工程图是建筑工程图中一个很重要的组成部分，包括给水排水平面图和给水排水系统图。本章将以一个经典的别墅给水排水平面图为例讲述给水排水平面图设计的基本思路和过程。

通过本章的学习，读者可以逐步掌握 AutoCAD 的一些基本功能和操作方法，达到熟练利用 AutoCAD 设计和绘制给水排水平面图的目的。

- ◎ 给水排水设计说明
- ◎ 给水排水设计图例
- ◎ 绘制别墅一层给水排水平面图
- ◎ 绘制别墅二层给水排水平面图
- ◎ 绘制别墅三层给水排水平面图

10.1　给水排水设计说明

给水排水施工图设计说明，是整个给水排水工程施工中的指导性文件。

1. 总则

（1）图中尺寸单位：标高以米（m）计，其余均以毫米（mm）计。

（2）室内地坪相对标高为±0.000，室外地坪比室内地坪低0.300m，卫生间及厨房比室内地坪低0.04m。

（3）图中管线设计标高：给水管为管中心，排水管为管内底。

（4）给水管从市政生活给水管网接管；排水系统采用分流制，污水经化粪池进行预处理后排入市政排水管网，雨水排到市政雨水管网。

（5）室内给水排水立管及卫生用具的给水排水管在穿过基础及楼板时应配合土建施工预留孔洞；当穿过屋面时，应做埋防水处理。

（6）给水管穿基础留洞尺寸为200×250（高），管顶上部净空不小于100mm；排水管穿基础留洞尺寸为250×250（高），管顶上部净空不小于150mm。

（7）室内卫生设备安装按99S304《卫生设备安装》施工。

2. 给水系统

（1）室内给水管管材采用PP-R塑料管，塑料管之间采用胶粘剂粘接，塑料管与金属管或金属配件等之间采用螺纹连接或法兰连接。

（2）管道安装方式采用明装。

（3）若图中未注明给水管道埋深，可按下述原则施工。

在阀门井处为地面以下0.80m。

室外管段地面以下0.50m。

室内管段地面以下0.40m。

埋深变化段用管段纵坡调整，不用弯管等配件。

（4）室内给水管道试验压力为工作压力的1.5倍，但最小不应小于588.6kPa（6.0kg/cm），最大不超过981kPa（10kg/cm）。

（5）室内给水横管过窗户时，应作适当调整使给水横干管从窗台下过。

（6）室外给水管埋在过车地面以下时，其埋深不得小于0.7m。

3. 排水系统

（1）施工前应由施工单位核实排水接入点高程，如与设计不符，应联系设计单位协商处理，以免返工。

（2）排水管采用硬塑料管（UPVC），粘接排水立管上检查口距楼面1.0m，隔层设置检查口。伸缩节每层设置一个，其余硬塑料管安装详见《给水排水标准图集》。

（3）排水管的横管与横管、横管与立管的连接采用45°三通、四通或90°斜三通、四通，立管与排出管端连接采用两个45°弯头或弯曲半径不小于4倍管径的90°弯头。

（4）化粪池及检查井盖板均应考虑汽车载重，检查井盖板一般采用重型铸铁盖板，化粪池口上也要盖重型铸铁盖板。

（5）管道支吊架由现场设置，室外立管采用塑料管箍固定，管道基础为素土夯实。

（6）排水管道坡度为：排水横支管为 0.026，排水横干管为 DN50 $i=0.035$、DN100 $i=0.02$、DN150 $i=0.01$。

（7）土建施工时应做好管道楼板基础预留洞，并做好相应的防水处理。

4. 雨水系统

（1）屋面雨水设计重现期 P=5 年；屋面雨水口按 10 年重现期的雨水量设计，雨水口按土建设计位置布置；上一层屋面雨水经雨漏管排至下一层排水沟，由下一层雨漏管排至市政雨水排水设施。

（2）雨水管道坡度为：DN100 $i=0.012$；DN150 $i=0.007$。

10.2　给水排水设计图例

本节简单介绍给水排水设计材料及图例。

本例用到的材料如图 10-1 所示。

本例用到的图例如图 10-2 所示。

序号	设备名称	型号规格	单位	数量	备注
01	热镀锌钢管	DN25	米	25	
02	水表	DN25	个	1	
03	截止阀	DN25	个	2	
04	PP-R给水管	DN15/DN20	米	20/150	
05	混合水龙头	DN15	个	7	
06	可旋转混合水龙头	DN15	个	1	
07	浴缸带喷头混合水龙头	DN15	个	5	
08	陶瓷芯水龙头	DN15	个	3	
09	接洗衣机用水龙头	DN15	个	1	
10	洗脸盆		个	7	
11	洗菜盆		个	1	
12	带水封普通地漏	DN50	个	6	
13	带水封接洗衣机排水地漏	DN50	个	1	
14	延时自闭阀	DN20	个	1	
15	截止阀	DN15	个	3	
16	蹲式大便器		套	1	
17	坐式大便器		套	3	
18	检查口	DN100	个	8	
19	UPVC通气管帽	DN100	个	3	
20	UPVC排水管	DN50/DN100 DN150	米	50/95 20	
21	偏心异径管	DN50/DN100	个	6	

主要材料表

图 10-1　主要材料表

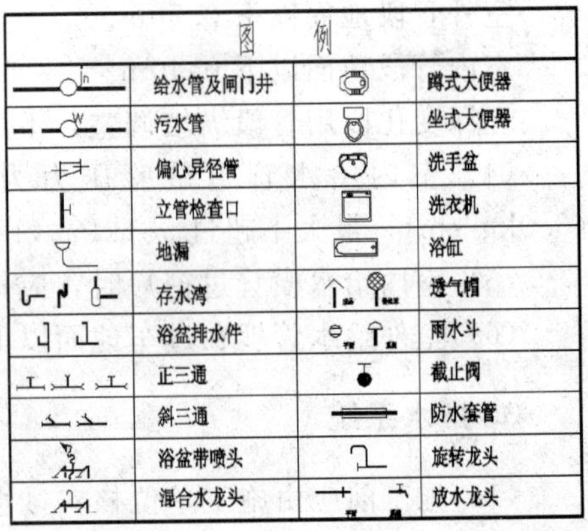

图 10-2　主要图例

10.3 绘制别墅一层给水排水平面图

✦ 绘制思路

在本节中将绘制别墅一层给水排水平面图，如图 10-3 所示。

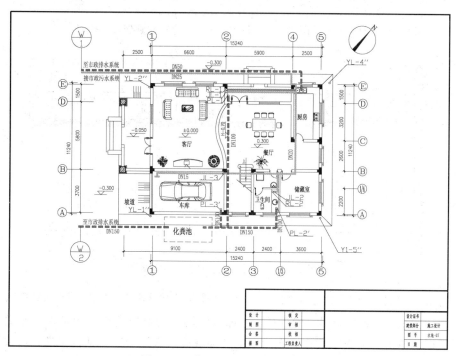

图 10-3 别墅一层给水排水平面图

 参见
光盘 \ 动画演示 \ 第 10 章 \ 别墅一层给水排水平面图.avi

10.3.1 新建文件

1. 建立新文件。启动 AutoCAD 2014，选择"文件"→"新建"命令，在打开的"选择样板"对话框中单击"打开"按钮右侧的 ▼ 按钮，以"无样板打开－公制"（毫米）方式建立新文件；将新文件命名为"图框.dwg"并保存。

2. 设置绘图工具栏。在任意工具栏处单击鼠标右键，在弹出的快捷菜单中分别选择"标准"、"图层"、"特性"、"绘图"、"修改"和"标注"命令，调出这 6 个工具栏，并将它们移动到绘图窗口中的适当位置。

3. 设置图形界限。选择"格式"→"图形界限"命令，或在命令行中输入"LIMITS"，命令行提示与操作如下：

命令：LIMITS ↙

指定左下角点或［开(ON)/关(OFF)］＜0.0000,0.0000＞：✓

指定右上角点 ＜420.0000,297.0000＞：42000,29700 ✓

10.3.2 图层设置

1. 选择菜单栏中的"格式"→"图层"命令，或者在"图层"工具栏中单击"图层特性管理器"按钮 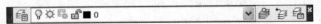（如图 10-4 所示），打开"图层特性管理器"对话框，如图 10-5 所示。

图 10-4 在"图层"工具栏中单击"图层特性管理器"按钮

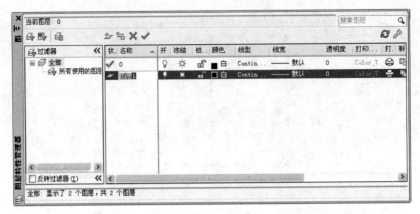

图 10-5 "图层特性管理器"对话框

2. 单击"新建"按钮 ，依次新建"给水管"、"热水管"、"图框"、"图签"、"文字说明"和"污水管"6 个图层。然后单击"水管"图层所对应的线型图标，打开"选择线型"对话框。单击"加载"按钮，在弹出的"加载或重载线型"对话框中选择所需的线型 DASHED，单击"确定"按钮进行加载。接下来，将该图层颜色设置为"洋红"，如图 10-6 所示。

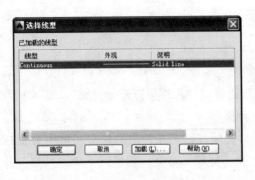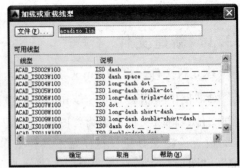

图 10-6 设置线型

3. 依次设置其他图层的相应属性，如图 10-7 所示。

4. 选择"图框"层，单击 ✓ 按钮，将该图层设置为当前图层，如图 10-8 所示。

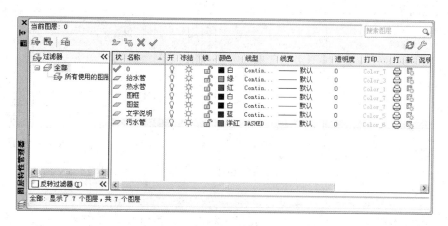

图 10-7　图层属性设置

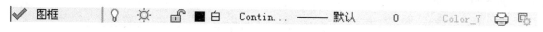

图 10-8　设置图层

10.3.3　绘制图框

1. 单击"绘图"工具栏中的"矩形"按钮囗，以（0，0）、（420，297）为角点绘制一个矩形，如图 10-9 所示。

2. 单击"修改"工具栏中的"分解"按钮⬚，选取上步绘制的矩形，将其分解成 4 条独立边。

3. 单击"修改"工具栏中的"偏移"按钮⬚，选取分解后的矩形的左侧竖直边向右偏移 25mm；同理，将矩形其他 3 条边分别向内偏移 5mm，如图 10-10 所示。

图 10-9　绘制矩形　　　　　　　　　　　　图 10-10　偏移矩形

4. 单击"修改"工具栏中的"修剪"按钮⬚，选取上步偏移的线段进行修剪，结果如图 10-11 所示。

5. 单击"修改"工具栏中的"偏移"按钮⬚，选取矩形左侧最外边向右偏移，偏移距离为 235、15、20、15、20、71、15，结果如图 10-12 所示。

6. 单击"修改"工具栏中的"偏移"按钮⬚，选取矩形外侧水平边向上偏移，偏移距离为 13、8、8、8、18，结果如图 10-13 所示。

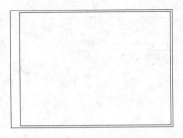
图 10-11　修剪矩形

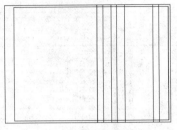
图 10-12　偏移直线

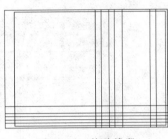
图 10-13　偏移线段

7. 单击"修改"工具栏中的"修剪"按钮 ⊬，对偏移后的线段进行修剪，如图 10-14 所示。

8. 单击"绘图"工具栏中的"多段线"按钮 ⟲，指定起点宽度为 1、端点宽度为 1，沿上步修剪的辅助线绘制外围轮廓线，如图 10-15 所示。

将"图签"置为当前图层。

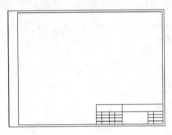
图 10-14　修剪线段

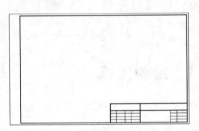
图 10-15　绘制轮廓线

9. 单击"绘图"工具栏中的"多行文字"按钮 **A**，弹出多行文字编辑器，如图 10-16 所示。

图 10-16　多行文字编辑器

10. 在图签内输入文字"设计"，单击"确定"按钮，结果如图 10-17 所示。

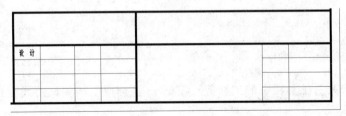
图 10-17　添加文字

11. 利用上述方法在图签内输入其他文字，如图 10-18 所示。

12. 单击"修改"工具栏中的"缩放"按钮 ⬜，选择已经绘制完成的 A3 样板图，以其左下角点为基点，将其放大 100 倍。命令行提示与操作如下：

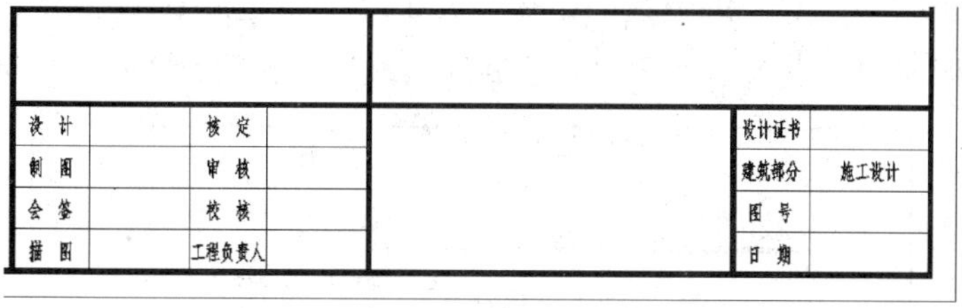

设 计		核 定			设计证书	
制 图		审 核			建筑部分	施工设计
会 签		校 核			图 号	
描 图		工程负责人			日 期	

图 10-18 输入其他文字

命令：SCALE

选择对象：(选择 A3 样板图)

指定基点：(选取 A3 样板图左下角点)

指定比例因子或 [复制(C)/参照(R)]：100

10.3.4 绘制水管

1. 选择菜单栏中的"文件"→"打开"命令，打开"源文件/第 10 章/别墅一层平面图"，将其放置到 A3 样板图内，保存文件为"别墅一层给水排水平面图"，如图 10-19 所示。

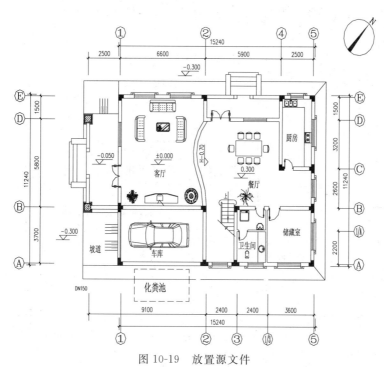

图 10-19 放置源文件

2. 单击"图层"工具栏中的"图层特性管理器"按钮，打开"图层特性管理器"对话框，将"给水管"层设置为当前图层，如图 10-20 所示。

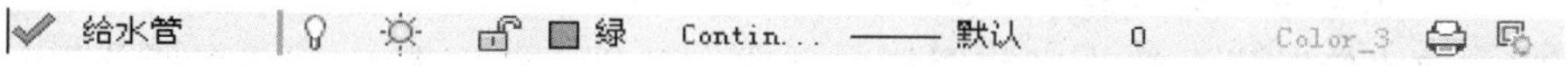

✔️ 给水管	💡	☀️	🔓	■绿	Contin...	—— 默认	0	Color_3	🖨️	📑

图 10-20 设置当前图层

3. 单击"绘图"工具栏中的"多段线"按钮 ，指定起点宽度为 150、端点宽度为 150，选取绘图区左边一点为起点，向右绘制连续线段，作为给水管线，如图 10-21 所示。

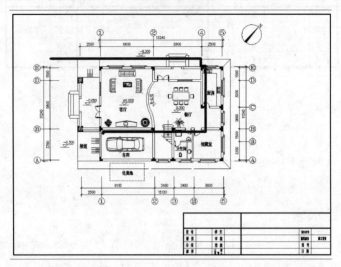

图 10-21 绘制给水管线

4. 单击"绘图"工具栏中的"圆"按钮 ，在别墅平面图内选取适当一点为圆心，绘制一个给水点，如图 10-22 所示。

5. 单击"绘图"工具栏中的"多段线"按钮 ，指定起点宽度为 150、端点宽度为 150，连接上步绘制的给水点，绘制给水管线，如图 10-23 所示。

图 10-22 绘制给水点

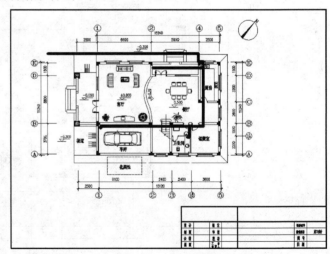

图 10-23 绘制给水线

6. 将"污水管"层设置为当前图层。单击"绘图"工具栏中的"多段线"按钮 ，指定起点宽度为 150、端点宽度为 150，绘制污水立管，如图 10-24 所示。

7. 利用上述方法，完成剩余污水立管的绘制，如图 10-25 所示。

8. 将"热水管"层设置为当前图层。单击"绘图"工具栏中的"多段线"按钮 ，指定起点宽度为 150、端点宽度为 150，绘制热水管，如图 10-26 所示。

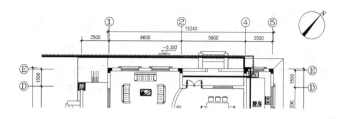

图 10-24 绘制污水管线

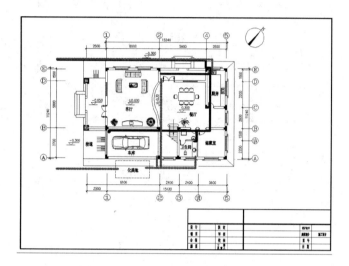

图 10-25 绘制污水立管

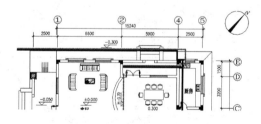

图 10-26 绘制热水管

9. 单击"绘图"工具栏中的"圆"按钮⊙，在别墅平面图内选取适当一点为圆心，绘制热水点，结果如图 10-27 所示。

10.3.5　添加文字说明

1. 单击"图层"工具栏中的"图层特性管理器"按钮，在打开的"图层特性管理器"对话框中将"文字说明"层设置为当前图层。

2. 单击"绘图"工具栏中的"直线"按钮，绘制连续直线，如图 10-28 所示。

3. 单击"绘图"工具栏中的"多行文字"按钮 **A**，在上步绘制的连续直线上添加文字，如图 10-29 所示。

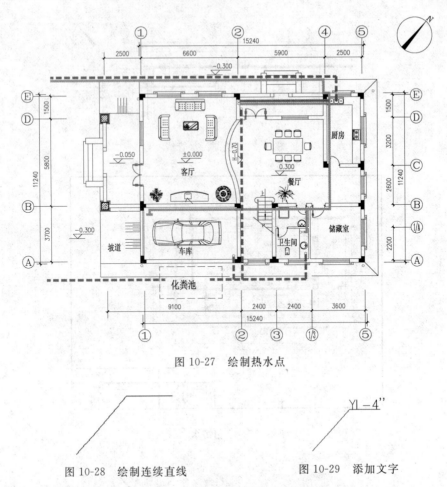

图 10-27　绘制热水点

图 10-28　绘制连续直线

YI－4''

图 10-29　添加文字

4. 利用上述方法，完成剩余文字的添加，如图 10-30 所示。

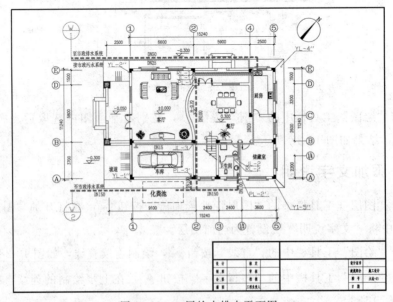

图 10-30　一层给水排水平面图

10.4　绘制别墅二层给水排水平面图

绘制思路

在本节中将绘制别墅二层给水排水平面图，如图 10-31 所示。

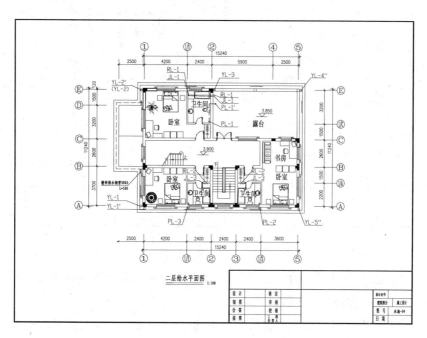

图 10-31　二层给水排水平面图

　光盘 \ 动画演示 \ 第 10 章 \ 二层给水排水平面图 . avi

10.4.1　绘制水管

1. 选择菜单栏中的"文件"→"打开"命令，打开"源文件/第 10 章/二层平面图 . dwg"，如图 10-32 所示。

| 水管 | | | ☀ | 🔒 | ■洋红 | CONTIN... | —— 默认 | 0 | Color_7 | 🖨 | 🖺 |

图 10-32　新建图层

2. 单击"图层"工具栏中的"图层特性管理器"按钮🔄，打开"图层特性管理器"对话框，新建"水管"图层，并将"水管"层设置为当前图层，如图 10-33 所示。

3. 单击"绘图"工具栏中的"圆"按钮⊘，在卫生间内适当位置选取一点为圆心，绘制一个半径为 25 的圆，作为二层平面图的热水点，如图 10-34 所示。

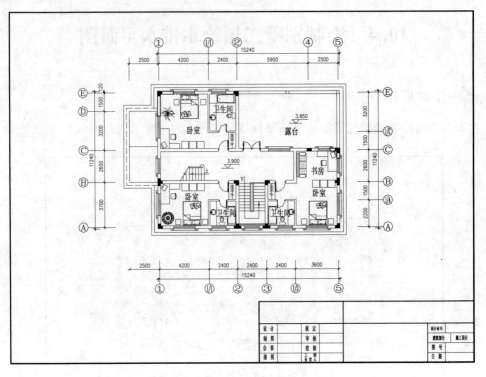

图 10-33　二层平面图

4. 单击"修改"工具栏中的"复制"按钮，选取上步绘制的热水点，以其圆心为基点进行复制移动，如图 10-35 所示。

5. 单击"绘图"工具栏中的"多段线"按钮，指定多段线起点宽度为 25、端点宽度为 25，连接两圆心，完成热水管的绘制，如图 10-36 所示。

6. 单击"修改"工具栏中的"复制"按钮，绘制二层平面图中的给水点，如图 10-37 所示。

7. 单击"绘图"工具栏中的"多段线"按钮，指定多段线起点宽度为 25、端点宽度为 25，连接两圆心，完成给水管的绘制，如图 10-38 所示。

8. 利用上述方法绘制二层平面图中的雨水点，如图 10-39 所示。

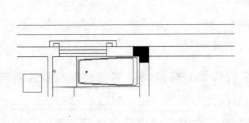

图 10-34　热水点

图 10-35　复制热水点

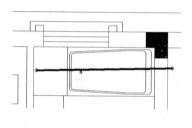

图 10-36　绘制热水管

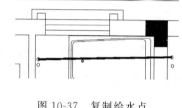

图 10-37　复制给水点

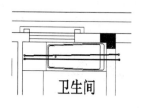

图 10-38　绘制给水管

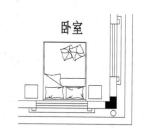

图 10-39　绘制雨水点

9. 单击"修改"工具栏中的"复制"按钮，选取雨水点圆心为基点进行复制，完成二层平面图中的雨水点的绘制，如图 10-40 所示。

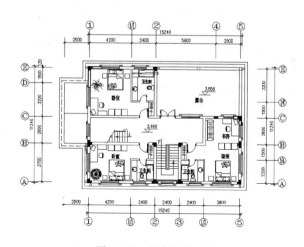

图 10-40　绘制雨水点

10. 利用上述方法完成图形中所有给水点、热水点和排水点的绘制，如图 10-41 所示。

10.4.2　绘制给水排水设施

1. 单击"图层"工具栏中的"图层特性管理器"按钮，打开"图层特性管理器"对话框，将"设施"层设置为当前图层，如图 10-42 所示。

2. 单击"绘图"工具栏中的"直线"按钮，在图形适当位置绘制两条长度相等的竖直直线，如图 10-43 所示。

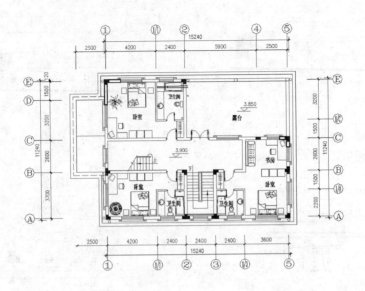

图 10-41　绘制给水点、热水点、排水点

图 10-42　设置当前图层

3. 单击"绘图"工具栏中的"圆弧"按钮，选取左边竖直直线下端点为起点，以右侧竖直直线下端点为终点绘制圆弧，如图 10-44 所示。

4. 单击"绘图"工具栏中的"圆弧"按钮，连接圆弧左、右两点，完成镀锌排水管的绘制，如图 10-45 所示。

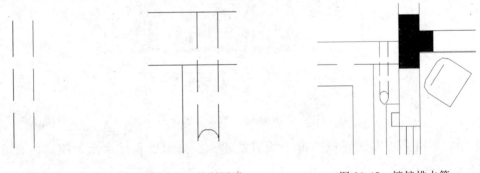

图 10-43　绘制竖直直线　　　　图 10-44　绘制圆弧　　　　图 10-45　镀锌排水管

5. 单击"绘图"工具栏中的"多段线"按钮，连接排水点，绘制排水管，如图 10-46 所示。

6. 单击"绘图"工具栏中的"多段线"按钮，绘制箭头，显示水管流向。单击"修改"工具栏中的"复制"按钮和"旋转"按钮，放置所有箭头，如图 10-47 所示。

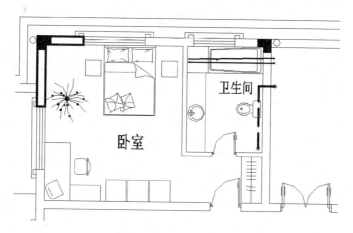

图 10-46　绘制排水管

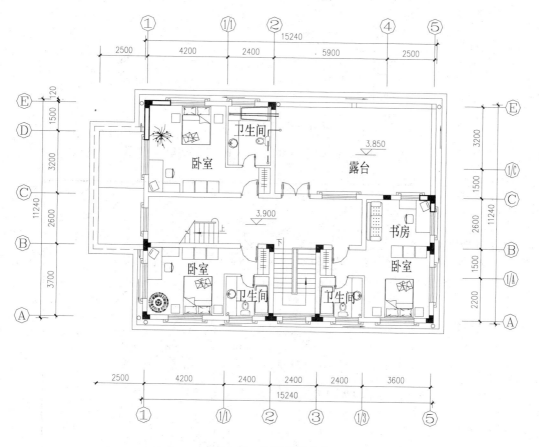

图 10-47　绘制水管流向

10.4.3　添加文字说明

1. 单击"图层"工具栏中的"图层"按钮，打开"图层特性管理器"对话框，将"文字说明"层设置为当前图层，如图 10-48 所示。

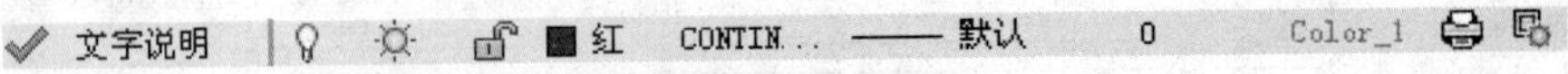

文字说明   💡   ☀   🔓 ■红   CONTIN.. ——— 默认   0   Color_1   🖨 📇

图 10-48   设置当前图层

2. 单击"绘图"工具栏中的"直线"按钮 ╱ 和"多行文字"按钮 **A**，为图形添加文字说明，如图 10-49 所示。

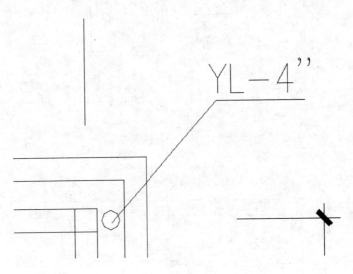

图 10-49   添加文字说明

3. 利用上述方法添加图形中的剩余文字并插入图框，结果如图 10-50 所示。

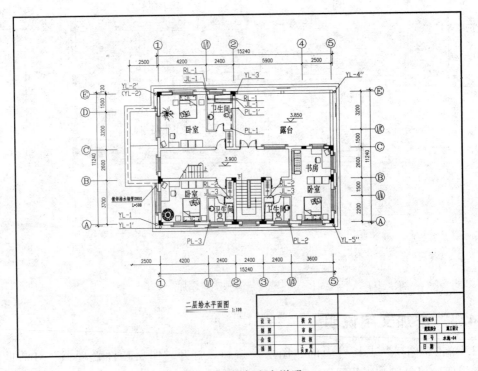

图 10-50   添加文字说明

10.5 绘制别墅三层给水排水平面图

✳ 绘制思路

在本节中将绘制别墅三层给水排水平面图，如图10-51所示。

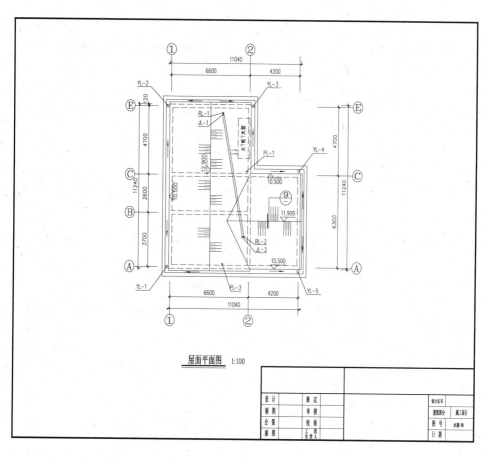

图10-51 三层给水排水平面图

 光盘 \ 动画演示 \ 第10章 \ 三层给排水平面图.avi

10.5.1 绘制水管

1. 单击"标准"工具栏中的"打开"按钮 📂，打开"源文件/第10章/三层平面图.dwg"，如图10-52所示。

2. 单击"标准"工具栏中的"打开"按钮 📂，打开"源文件/第10章/图框"，将平面图放置到图框中，如图10-53所示。

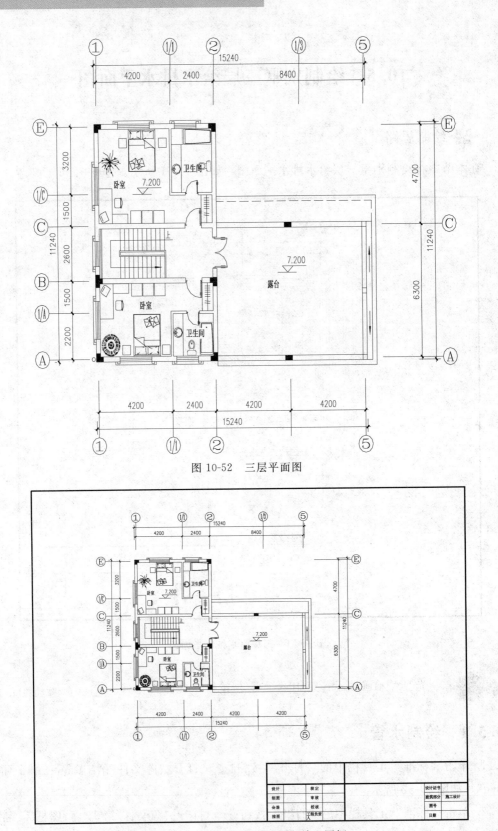

图 10-52　三层平面图

图 10-53　将"三层平面图"放入图框

3. 将"热水管"置为当前图层。单击"绘图"工具栏中的"圆"按钮 ⊘，在绘图区适当位置绘制一个半径为 25 的圆，作为三层平面图中的热水点，如图 10-54 所示。

4. 单击"修改"工具栏中的"复制"按钮 ⅋，选取上步绘制的热水点，以热水点圆心为基点向右进行复制移动，如图 10-55 所示。

5. 重复"复制"命令，在卫生间放置其他热水点，如图 10-56 所示。

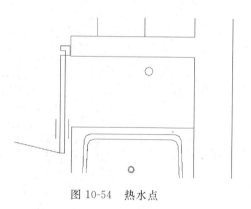

图 10-54　热水点

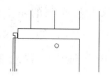

图 10-55　复制热水点

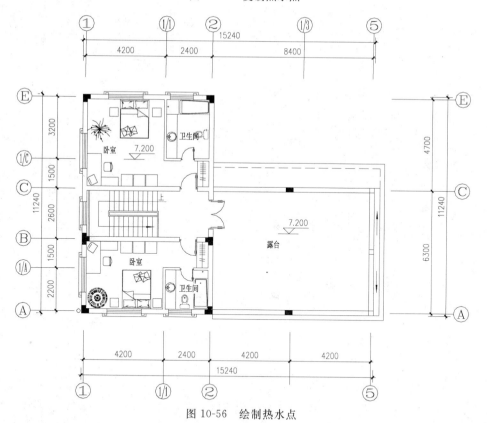

图 10-56　绘制热水点

6. 单击"绘图"工具栏中的"多段线"按钮 ⌐，指定多段线起点宽度为 25、端点宽度为 25，连接两圆心，完成热水管的绘制，如图 10-57 所示。

7. 新建"水管"图层，并将其置为当前。单击"绘图"工具栏中的"圆"按钮 ⊘，在图形适当位置绘制一个半径为 98 的圆，作为雨水点。

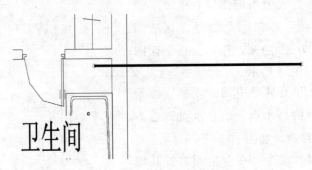

图 10-57　绘制热水管

8. 单击"修改"工具栏中的"复制"按钮，选取上步绘制的雨水点进行复制，完成别墅三层平面图中雨水点的布置，如图 10-58 所示。

9. 单击"绘图"工具栏中的"圆"按钮，在绘图区适当位置绘制一个半径为 50 的圆，作为排水点。

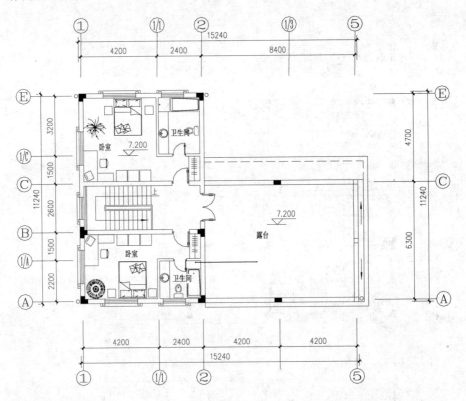

图 10-58　复制雨水点

10. 单击"修改"工具栏中的"复制"按钮，选取上步绘制的排水点进行复制，完成别墅三层平面图排水点的绘制，如图 10-59 所示。

11. 单击"修改"工具栏中的"复制"按钮，选取上步绘制的热水点在热水点一侧复制给水点，完成别墅三层平面图给水点的绘制，如图 10-60 所示。

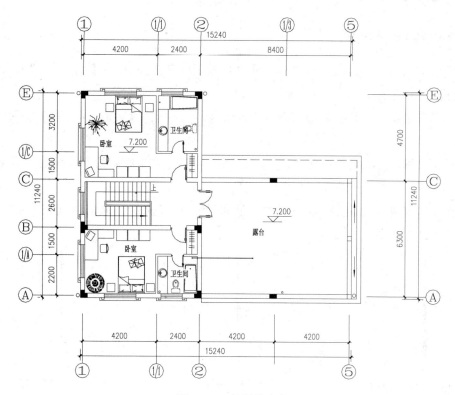

图 10-59　复制排水点

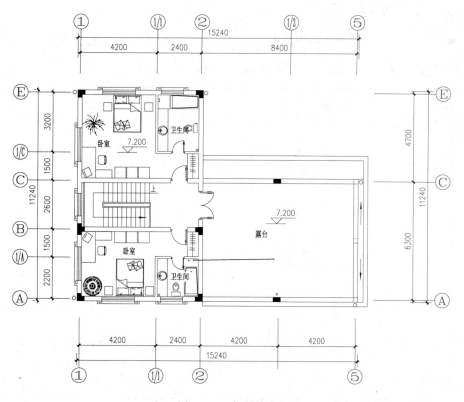

图 10-60　复制给水点

10.5.2　绘制透气帽

1. 单击"绘图"工具栏中的"多段线"按钮 ⅃，指定起点宽度为 25、端点宽度为 25，绘制竖直多段线，如图 10-61 所示。

2. 单击"绘图"工具栏中的"直线"按钮 ✎，任选一点为起点，绘制一段斜向直线，如图 10-62 所示。

3. 单击"修改"工具栏中的"镜像"按钮 ⚎，选择上步绘制的多段线上、下两点为镜像点，将斜向直线进行镜像，如图 10-63 所示。

4. 单击"修改"工具栏中的"移动"按钮 ✥，选择绘制完成的透气帽图形进行移动，放置到适当位置。

图 10-61　绘制多段线　　　　　图 10-62　绘制斜向直线　　　　　图 10-63　镜像直线

10.5.3　添加文字说明

1. 将"文字说明"层设置为当前图层。单击"绘图"工具栏中的"直线"按钮 ✎ 和"多行文字"按钮 A，为图形添加文字说明，如图 10-64 所示。

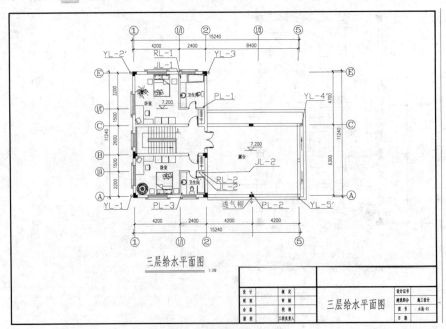

图 10-64　添加文字说明

2. 屋面给水排水平面图的绘制与一层给水排水平面图的绘制方法基本相同，这里不再赘述，结果如图 10-65 所示。

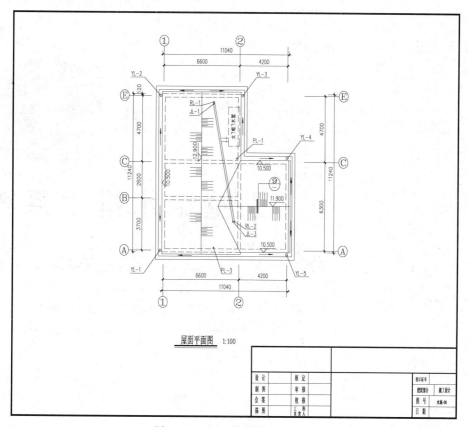

图 10-65　屋面给水排水平面图

别墅给水排水系统图

给水排水系统图是给水排水工程图中一个很重要的组成部分。本章将以一个经典的别墅给水排水系统图为例讲述给水排水系统图设计的基本思路和过程。

通过本章的学习，读者可以逐步掌握 AutoCAD 的一些基本功能和操作方法，达到熟练利用 AutoCAD 设计和绘制给水排水系统图的目的。

- 绘制别墅一层厨卫给水透视图
- 绘制别墅一层厨卫排水透视图
- 绘制整个套型的给水排水系统图

11.1　绘制别墅一层厨卫给水透视图

绘制思路

本节主要介绍别墅一层厨卫给水透视图的绘制，如图 11-1 所示。

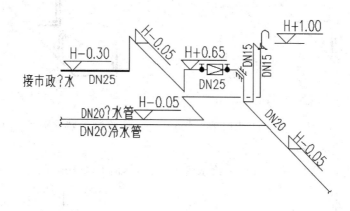

厨房给水透视图

图 11-1　别墅厨卫给水透视图

光盘 \ 动画演示 \ 第 11 章 \ 别墅一层厨卫给水透视图 . avi

11.1.1　卫生间给水透视图

1. 单击"绘图"工具栏中的"多段线"按钮，指定起点宽度为 25、端点宽度为 25，在绘图区任选一点为起点，绘制连续线段，如图 11-2 所示。

2. 单击"绘图"工具栏中的"多段线"按钮，指定起点宽度为 25、端点宽度 25，在上步绘制的多段线上选择一点为起点，继续绘制连续线段，如图 11-3 所示。

3. 单击"绘图"工具栏中的"多段线"按钮，指定起点宽度为 25、端点宽度 25，

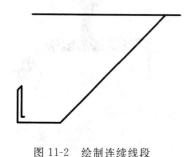

图 11-2　绘制连续线段

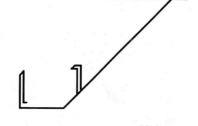

图 11-3　继续绘制连续线段

在上步绘制的多段线上选择一点为起点，绘制热水管，如图 11-4 所示。

4. 单击"绘图"工具栏中的"多段线"按钮 ⊃，指定起点宽度为 25、端点宽度 25，在步骤 2 绘制的多段线上选择一点为起点，绘制给水管，如图 11-5 所示。

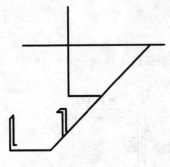

图 11-4　绘制热水管

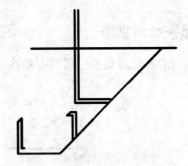

图 11-5　绘制给水管

5. 单击"修改"工具栏中的"修剪"按钮 ⁄，将绘制的热水管和给水管之间的线段进行修剪，如图 11-6 所示。

6. 利用上述方法完成剩余 PP-R 给水管的绘制，如图 11-7 所示。

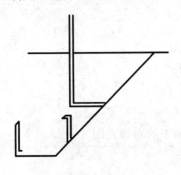

图 11-6　修剪线段

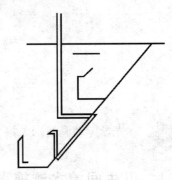

图 11-7　完成给水管的绘制

7. 单击"绘图"工具栏中的"多段线"按钮 ⊃，绘制接洗衣机管道，如图 11-8 所示。

8. 单击"绘图"工具栏中的"多段线"按钮 ⊃，绘制一个如图 11-9 所示的图形。

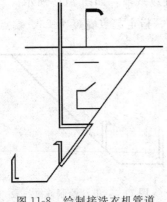

图 11-8　绘制接洗衣机管道

图 11-9　绘制管道

9. 单击"绘图"工具栏中的"圆"按钮 ⊘ ，以上步绘制的竖直直线下方一点为圆心，绘制一个半径为 45 的圆，如图 11-10 所示。

10. 单击"绘图"工具栏中的"图案填充"按钮 ，弹出"图案填充和渐变色"对话框，按照如图 11-11 所示进行设置。

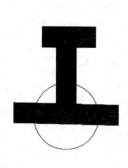

图 11-10　绘制圆

图 11-11　"图案填充和渐变色"对话框

11. 选取步骤 9 绘制的圆为填充区域进行填充，完成接洗衣机管的绘制，如图 11-12 所示。

12. 单击"绘图"工具栏中的"多段线"按钮 和"直线"按钮 ，绘制剩余管道图形，如图 11-13 所示。

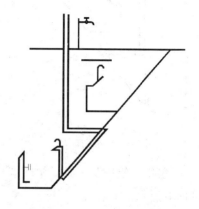

图 11-12　填充图案

图 11-13　绘制剩余管道图形

11.1.2　添加标高及文字说明

1. 单击"修改"工具栏中的"复制"按钮，复制利用所学知识绘制完成的标高符号。

2. 单击"修改"工具栏中的"移动"按钮，将复制的标高符号移动到图形适当位置，如图 11-14 所示。

3. 单击"修改"工具栏中的"旋转"按钮，选择复制的标高符号，选取其下角点为基点旋转 45°，如图 11-15 所示。

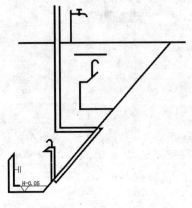

图 11-14　复制标高　　　　　　　　　　图 11-15　旋转标高

4. 单击"修改"工具栏中的"移动"按钮，将旋转后的标高放置到图形中，如图 11-16 所示。

5. 利用上述方法完成图形内所有标高的绘制，如图 11-17 所示。

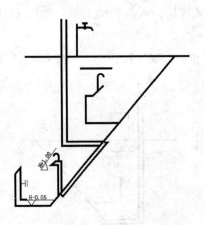
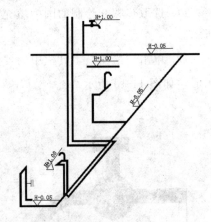

图 11-16　移动标高　　　　　　　　　　图 11-17　添加标高

6. 单击"绘图"工具栏中的"多行文字"按钮 **A**，为图形添加文字说明 DN20，如图 11-18 所示。

7. 利用上述方法为图形添加剩余文字说明，如图 11-19 所示。

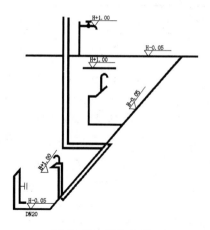

图 11-18　添加文字

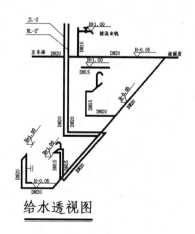

给水透视图

图 11-19　添加文字"给水透视图"

一层厨房给水透视图的绘制方法和卫生间给水透视图基本相同，在此不再赘述，结果如图 11-20 所示。

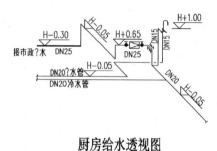

厨房给水透视图

图 11-20　厨房给水透视图

11.2　绘制别墅一层厨卫排水透视图

✦绘制思路

本节主要介绍别墅一层厨卫排水透视图的绘制，如图 11-21 所示。

 参见 光盘　光盘 \ 动画演示 \ 第 11 章 \ 别墅一层厨卫排水透视图.avi

11.2.1　绘制厨房排水透视图

1. 单击"绘图"工具栏中的"多段线"按钮，指定起点宽度为 0、端点宽度为 0，绘制连续线段，并将其线型修改为 DASHED，作为部分排水管，如图 11-22 所示。

2. 单击"绘图"工具栏中的"直线"按钮，在上步绘制的给水管适当位置绘制一条竖直直线，如图 11-23 所示。

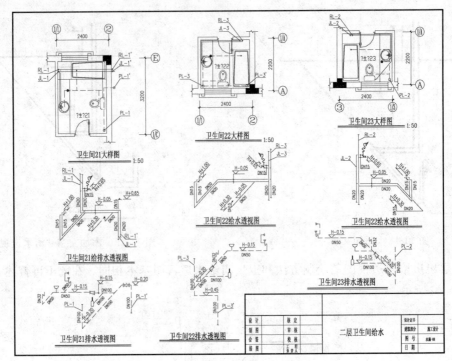

图 11-21　别墅一层厨卫排水透视图

图 11-22　绘制排水管　　　　　　　　　　　　　图 11-23　绘制直线

3. 单击"绘图"工具栏中的"直线"按钮，在上步绘制的竖直直线左侧任选一点为起点，向右绘制一条水平直线，如图 11-24 所示。

4. 单击"绘图"工具栏中的"直线"按钮 ，分别选取水平直线左、右两端点为起点，绘制两条竖直直线，如图 11-25 所示。

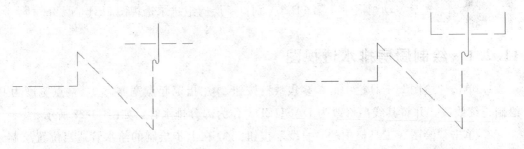

图 11-24　绘制水平直线　　　　　　　　　　　　图 11-25　绘制竖直直线

5. 单击"绘图"工具栏中的"直线"按钮 ∕，在图形适当位置绘制一条水平直线，如图 11-26 所示。

6. 单击"绘图"工具栏中的"直线"按钮 ∕，在上步绘制的水平直线上绘制多条斜向直线；同理，在左侧部分也绘制斜向直线，如图 11-27 所示。

图 11-26 绘制水平直线   图 11-27 绘制斜直线

11.2.2 添加标高及文字说明

1. 单击"修改"工具栏中的"复制"按钮 ，选取前面章节绘制的标高进行复制，如图 11-28 所示。

2. 单击"修改"工具栏中的"多行文字"按钮 A，为图形添加文字 DN50，如图 11-29所示。

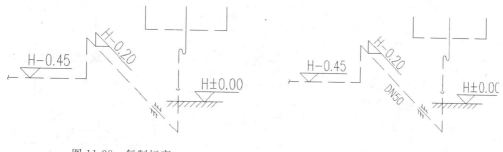

图 11-28 复制标高   图 11-29 添加文字

3. 利用上述方法完成厨房排水透视图剩余文字的添加，如图 11-30 所示。

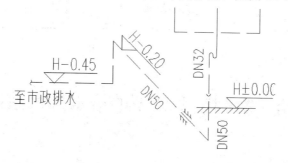

厨房排水透视图

图 11-30 添加剩余文字

4. 其他层给水排水透视图的绘制方法与厨房排水透视图基本相同，在此不再赘述，结果如图 11-31 所示。

 技巧荟萃

管道的宽度可以在设定图层属性的时候来确定，这时管线用 Continus 线型绘制，给水管用 0.25mm 的线宽，排水管用 0.30mm 的线宽，用"点"表示用水点。对于初学者来说，在此步骤中可能对线宽的具体尺寸把握不好，此时根据实际效果来输入线宽可能比较直观。

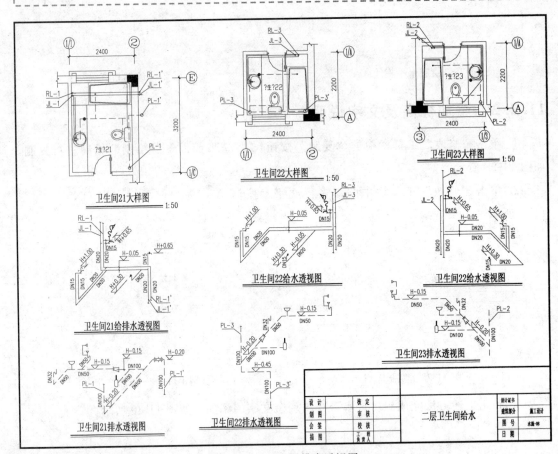

图 11-31　卫生间排水透视图

11.3　绘制整个套型的给水排水系统图

⭐ **绘制思路**

系统图的特点是精度要求不高，但是对于图形的布局要求较高。在本例的绘制过程中，将着重讲述如何做到图形绘制的美观、整齐，如图 11-32 所示。

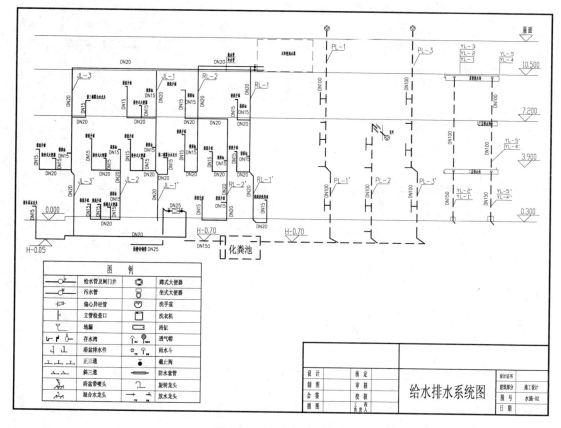

图 11-32 给水排水系统图

 参见光盘 光盘 \ 动画演示 \ 第 11 章 \ 绘制整个套型的给水排水系统图 . avi

11.3.1 设置绘图环境

1. 建立新文件。启动 AutoCAD 2014，选择"文件"→"新建"命令，打开"选择样板"对话框，单击"打开"按钮右侧的 ▼ 按钮，以"无样板打开-公制"（毫米）方式建立新文件。

2. 创建新图层。选择菜单栏中的"格式"→"图层"命令，或在命令行中输入"layer"命令，打开"图层特性管理器"对话框，新建"辅助"、"标注"、"给水系统"、"排水系统" 4 个图层，然后设置每一个图层属性，如图 11-33 所示。

11.3.2 绘制给水系统的主管道

1. 将"辅助"层设置为当前图层。单击"绘图"工具栏中的"直线"按钮 ⁄，在绘图区内以任意一点为起点，绘制一条长为 36752 的水平直线，如图 11-34 所示。

2. 单击"修改"工具栏中的"偏移"按钮 ⊜，选取上步绘制的直线向下偏移，偏移距离为 2400、3300、7200，如图 11-35 所示。

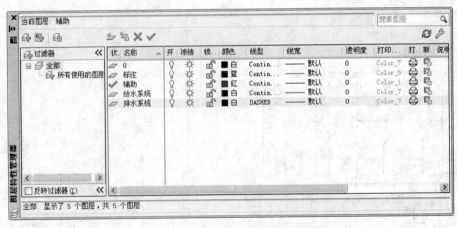

图 11-33　"图层特性管理器"对话框

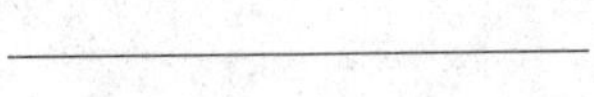

图 11-34　绘制水平直线　　　　　　　　　　图 11-35　偏移线段

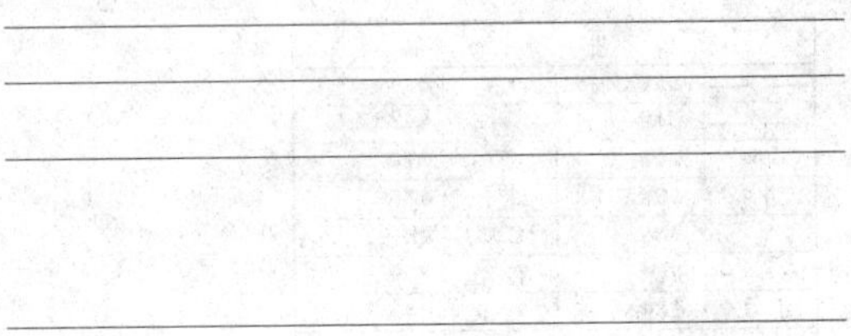

3. 单击"绘图"工具栏中的"直线"按钮 ，捕捉下方水平直线左端点，并向下绘制长为 300 的连续直线，如图 11-36 所示。

4. 单击"绘图"工具栏中的"多段线"按钮 ，线宽设置为 50，指定图中任意一点为起点，绘制一段连续多段线，如图 11-37 所示。

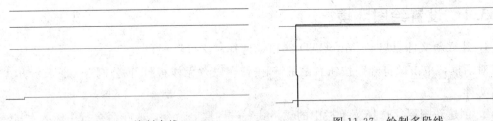

图 11-36　绘制直线　　　　　　　　　　　图 11-37　绘制多段线

5. 单击"绘图"工具栏中的"多段线"按钮 ，在上步绘制的多段线上选取一点为起点，绘制一段连续多段线，如图 11-38 所示。

6. 单击"绘图"工具栏中的"多段线"按钮 ，利用上述方法绘制剩余局部水管，如图 11-39 所示。

7. 单击"绘图"工具栏中的"多段线"按钮 ，在上步绘制的给水管线右侧绘制其他接管线，如图 11-40 所示。

8. 利用上述方法绘制剩余相同接管线，如图 11-41 所示。

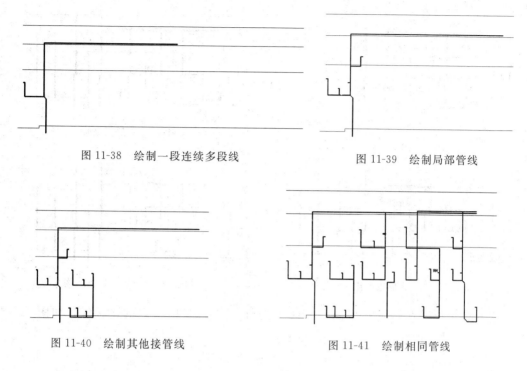

图 11-38　绘制一段连续多段线　　　　　图 11-39　绘制局部管线

图 11-40　绘制其他接管线　　　　　图 11-41　绘制相同管线

11.3.3　绘制辅助部分

1. 单击"绘图"工具栏中的"矩形"按钮 □，在图形右上方绘制一个适当大小的矩形作为太阳能热水器，如图 11-42 所示。

2. 单击"绘图"工具栏中的"多段线"按钮 ⌇，绘制给水系统图的底部管道，如图 11-43 所示。

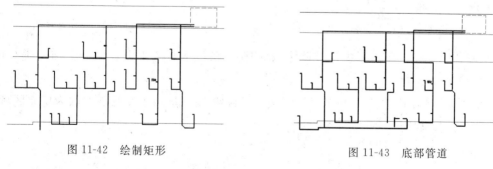

图 11-42　绘制矩形　　　　　　　　图 11-43　底部管道

3. 单击"绘图"工具栏中的"多段线"按钮 ⌇，在图形适当位置绘制污水管，如图 11-44 所示。

4. 利用上步方法绘制剩余的污水管道，如图 11-45 所示。

5. 单击"绘图"工具栏中的"矩形"按钮 □，在图形适当位置绘制污水排水沟，如图 11-46 所示。

6. 利用相同方法绘制剩余的排水沟，如图 11-47 所示。

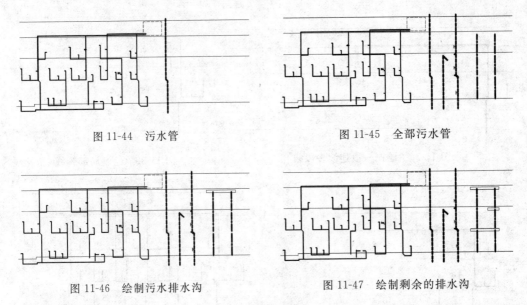

图 11-44　污水管　　　　　　　　　图 11-45　全部污水管

图 11-46　绘制污水排水沟　　　　　　图 11-47　绘制剩余的排水沟

7. 单击"绘图"工具栏中的"直线"按钮 ，绘制排水沟的连接线，如图 11-48 所示。

8. 利用相同方法绘制剩余的连接线，如图 11-49 所示。

图 11-48　绘制连接线　　　　　　　　图 11-49　绘制剩余连接线

9. 单击"绘图"工具栏中的"圆"按钮 ，在污水管线上方绘制一个适当半径的圆，如图 11-50 所示。

10. 单击"绘图"工具栏中的"图案填充"按钮 ，选取上步绘制的圆为填充区域，为其填充图案，如图 11-51 所示。

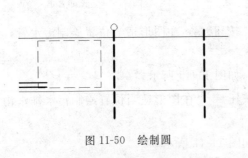

图 11-50　绘制圆

图 11-51　图案填充

11. 单击"修改"工具栏中的"复制"按钮 ，选取绘制的铅丝球图形进行复制，如图 11-52 所示。

12. 利用上述方法完成剩余污水管线的绘制，如图 11-53 所示。

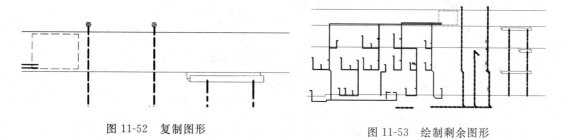

图 11-52 复制图形　　　　　　　　　　图 11-53 绘制剩余图形

13. 单击"绘图"工具栏中的"矩形"按钮 ，在图形下半部分绘制化粪池，如图 11-54 所示。

14. 单击"绘图"工具栏中的"直线"按钮 ，在上步绘制的化粪池内适当位置绘制一条竖向直线，如图 11-55 所示。

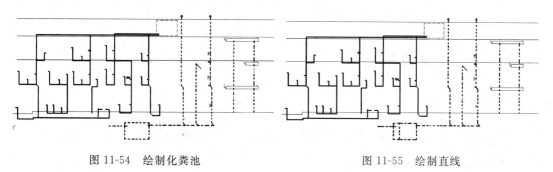

图 11-54 绘制化粪池　　　　　　　　　图 11-55 绘制直线

15. 绘制雨水斗

（1）单击"绘图"工具栏中的"圆"按钮 ，在绘图区内适当位置绘制一个圆，如图 11-56 所示。

（2）单击"绘图"工具栏中的"直线"按钮 ，在上步绘制的圆内绘制一条水平直线，如图 11-57 所示。

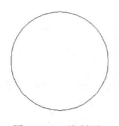　　　　　　　　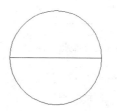

图 11-56 绘制圆　　　　　　　　　　　图 11-57 绘制水平直线

（3）单击"修改"工具栏中的"修剪"按钮 ，将圆的下半部分修剪掉，如图 11-58 所示。

（4）单击"绘图"工具栏中的"多段线"按钮 ，绘制连接线，完成雨水斗的绘制，如图 11-59 所示。

（5）单击"修改"工具栏中的"移动"按钮 ，选择绘制的雨水斗，将其放置到排水沟内，如图 11-60 所示。

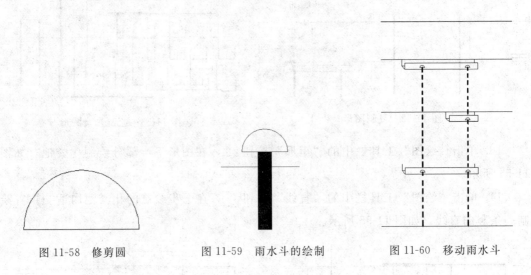

图 11-58　修剪圆　　　　　图 11-59　雨水斗的绘制　　　　　图 11-60　移动雨水斗

11.3.4　绘制管道符号

1. 绘制减压阀

（1）单击"绘图"工具栏中的"矩形"按钮 ，在绘图区的适当位置绘制一个矩形，如图 11-61 所示。

（2）单击"绘图"工具栏中的"直线"按钮 ，选取矩形右侧竖直边中点为起点，选取左侧矩形边上端点为终点，绘制一条斜向直线，如图 11-62 所示。

（3）利用上述方法绘制另外一条斜向直线，如图 11-63 所示。

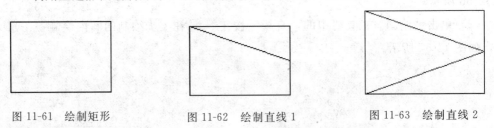

图 11-61　绘制矩形　　　　　图 11-62　绘制直线 1　　　　　图 11-63　绘制直线 2

（4）单击"修改"工具栏中的"移动"按钮 ，将绘制完成的图形放置到适当位置，如图 11-64 所示。

2. 绘制截止阀

（1）单击"绘图"工具栏中的"圆"按钮 ，在图形适当位置绘制一个圆，如图 11-65 所示。

（2）单击"绘图"工具栏中的"图案填充"按钮，选取上步绘制的圆为填充区域，对其进行填充，如图11-66所示。

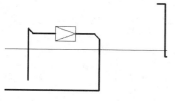

图11-64　移动图形　　　　图11-65　绘制圆　　　　图11-66　填充圆

（3）单击"绘图"工具栏中的"直线"按钮，在上步绘制的圆上方选取一点为起点，绘制一条竖直直线，如图11-67所示。

（4）单击"绘图"工具栏中的"直线"按钮，在上步绘制的竖直直线上方绘制一条水平直线，完成截止阀的绘制，如图11-68所示。

图11-67　绘制直线　　　　　　　图11-68　绘制水平直线

3. 单击"修改"工具栏中的"移动"命令，将绘制完成的"截止阀"放置到适当位置，如图11-69所示。

4. 单击"修改"工具栏中的"复制"按钮，选择绘制完成的截止阀向右进行复制，如图11-70所示。

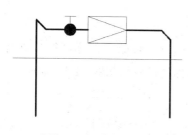
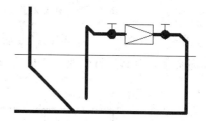

图11-69　移动截止阀　　　　　　图11-70　复制截止阀

5. 利用上述方法完成给水排水系统图，如图11-71所示。

6. 单击"绘图"工具栏中的"直线"按钮，在绘图区适当位置绘制一条水平直线，如图11-72所示。

7. 单击"绘图"工具栏中的"直线"按钮，选取直线左端点为起点，绘制一段斜向45°直线，如图11-73所示。

8. 单击"修改"工具栏中的"镜像"按钮，选取上步绘制的斜向直线为镜像对象，选取垂直两点为镜像点，镜像结果如图 11-74 所示。

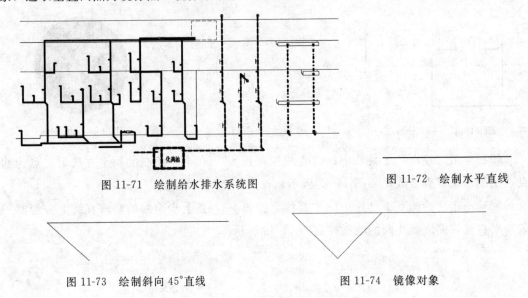

图 11-71 绘制给水排水系统图　　　　图 11-72 绘制水平直线

图 11-73 绘制斜向 45°直线　　　　图 11-74 镜像对象

9. 单击"绘图"工具栏中的"多行文字"按钮 **A**，在标高符号上选取一点进行拖拽，打开多行文字编辑器。输入文字"H-0.70"（如图 11-75 所示），单击"确定"按钮，将文字放置到绘制的标高上，如图 11-76 所示。

图 11-75 输入文字"H-0.70"　　　　图 11-76 标高符号

10. 单击"修改"工具栏中的"复制"按钮，选择上步绘制的标高符号进行复制。双击标高文字，对其进行修改。完成所有标高符号的标注，效果如图 11-77 所示。

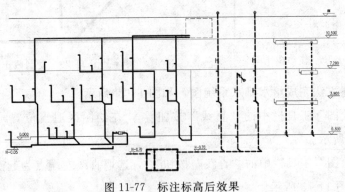

图 11-77 标注标高后效果

技巧荟萃

在绘制排水管道的时候所用的线型为 DASHED，如果在开始设置线型的时候没有设置对的话，读者可以随时打开"图层特性管理器"进行线型的修改。

11.3.5 添加符号标注

1. 选择"绘图"→"文字"→"单行文字"命令，标注文字，如图 11-78 所示。命令行提示如下：

命令：TEXT

当前文字样式："_HZTXT"文字高度：0 注释性：否

指定文字的起点或 [对正(J)/样式(S)]：

指定高度 <0>：

指定文字的旋转角度 <0>：

2. 选择"绘图"→"文字"→"单行文字"命令，标注文字，如图 11-79 所示。命令行提示如下：

命令：TEXT

当前文字样式："_HZTXT"文字高度：0 注释性：否

指定文字的起点或 [对正(J)/样式(S)]：

指定高度 <0>：

指定文字的旋角度 <0>：90

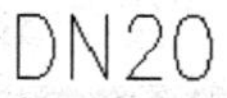

DN20

图 11-78 标注文字

图 11-79 标注文字

3. 单击"修改"工具栏中的"复制"按钮，选取标注的文字进行复制，并将其放置到各管道及支管上，如图 11-80 所示。

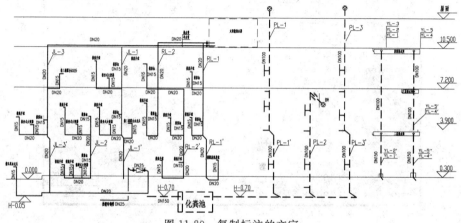

图 11-80 复制标注的文字

4. 单击"绘图"工具栏中的"多段线"按钮 ⤵，指定起点宽度为 50、端点宽度为 50，在图形底部绘制一条水平直线，如图 11-81 所示。

5. 单击"绘图"工具栏中的"直线"按钮 ╱，在上步绘制的多段线下方绘制一条相同长度的水平直线，如图 11-82 所示。

图 11-81　绘制多段线　　　　　　　　　　图 11-82　绘制直线

6. 单击"绘图"工具栏中的"多行文字"按钮 **A**，在步骤（4）绘制的水平多段线上标注文字，如图 11-83 所示。

7. 单击"绘图"工具栏中的"插入块"按钮 🔲，弹出"插入"对话框，如图 11-84 所示。单击"浏览"按钮，打开"选择图形文件"对话框，如图 11-85 所示。

给水排水系统图

图 11-83　标注文字

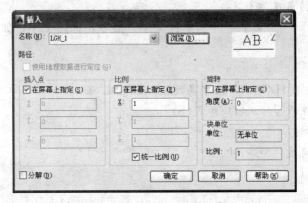

图 11-84　"插入"对话框

图 11-85　"选择图形文件"对话框

8. 选择"源文件/第 11 章/一层给水排水"平面图，选择前面绘制完成的 A3 样板图，将其复制粘贴到绘制完成的给水排水系统图中，如图 11-86 所示。

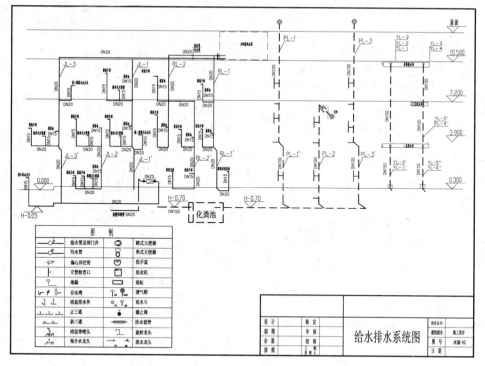

图 11-86　插入图形

🧑 **技巧荟萃**

在标注标高的时候，如果按一般的思路，要分别对每个标高书写数字。其实，可以在创建好一个标高之后，使用"复制"命令将其复制到每个标高处，然后右击数字，在打开的"编辑文字"对话框中修改数字，完成后直接按 Enter 键，此时绘图区中的光标将呈现为一个小方框，用此方框单击其他的数字，可以进行连续修改。

住宅给水排水系统作为住宅设备的重要组成部分，其系统设计是否合理，对今后住户的装修、日常使用与维护将产生重要影响。

排水管道系统看似简单，但却与我们的生活息息相关，关系到人民的生命安全、身心健康，应引起设计人员高度重视。正确地选择系统的形式、节水且噪声低的卫生设备、合适的管材及附件，满足人们对居室内环境的要求。

第三篇　住宅楼给水排水篇

本篇介绍建筑给水排水工程图基本知识；住宅楼给水工程图和住宅楼排水工程图。

本篇内容通过实例加深读者对 AutoCAD 功能的理解和掌握，以及典型建筑给水排水设计的基本方法和技巧。

第 **12** 章

住宅楼给水排水平面图

本章将以某住宅楼地下层给水排水平面图和一层给水排水设计为例，详细讲述某住宅楼设计给水排水平面图的绘制过程。在讲述过程中，将逐步带领读者完成给水排水平面图的绘制，并讲述关于给水排水平面设计的相关知识和技巧。本章包括给水排水平面图绘制的知识要点，图例的绘制，管线的绘制以及尺寸文字标注等内容。

◎ 住宅楼给水排水设计说明

◎ 地下层给水排水平面图

◎ 一层给水排水平面图

12.1 住宅楼给水排水设计说明

本节将围绕某住宅楼给水排水工程图设计这一核心展开讲述。下面将给水排水工程图设计的有关说明进行简要介绍。

12.1.1 设计依据

1. 建设单位提供的与本工程有关的资料和设计任务书。

2. 建筑和有关工种提供的作业图和有关资料。

3. 国家有关的设计规范：

《住宅设计规范》GB 50096—2011；

《建筑给水排水设计规范》GB 50015—2003（2009 年版）；

《建筑灭火器配置设计规范》GB 50140—2005。

12.1.2 设计范围

本项工程设计包括建筑以内的给水排水管道系统。

12.1.3 给水排水系统及消防系统

1. 生活给水系统：水表均设置在室外水表井内，水表井的位置见总图。

设计参数：最高日用水量为 $31m^3/d$；由室外给水管道直接供水，水压为 0.30MPa。

2. 生活污水系统：本楼污、废水采用合流制，经化粪池处理后通过小区管网入市政污水管网。最高日排水量：$27.90m^3/d$。

3. 灭火器配置：休息平台设 2 具 MF/ABC-1 干粉灭火器，每具 1kg。

12.1.4 管材和接口

1. 生活给水管：采用 $PN1.0MPa$ 的 PP-R 管，热熔连接。

2. 污水管道采用螺旋消声 UPVC 排水塑料管粘结连接。

3. 建筑排水横管水流转角小于 135°时必须设清扫口。

4. 排水立管与排水横管连接采用两个 45°弯头。

12.1.5 阀门及附件

1. 给水管 $DN>50mm$ 时采用闸阀阀门，其余采用球阀。

2. 地漏采用防反溢地漏，水封高度不小于 50mm。洗衣机地漏采用专用地漏。

3. 地面清扫口表面与地面平。

12.1.6 卫生器具

卫生器具及五金配件应采用建设部门认可的低噪声节水型产品。

12. 1. 7　管道敷设

1. 给水排水立管穿楼板时，应设套管，套管内径应比管道大两号，下面与楼板下平，上面比楼板面高 20～30mm，管间隙用油麻填实，并用沥青灌平。

2. 排水立管穿楼板时应预留孔洞，管道安装后将孔洞严密捣实，立管周围应敷设高出楼板设计标高 10～20mm 的阻水圈。

3. 管道穿楼板及墙体时，应根据图中所注管道标高、位置配合土建工种预留孔洞或预埋套管，管道穿地下室外墙应预埋刚性防水套管。详见 02S404。

4. 管道支架：管道支架或管卡应固定在楼板上或承重结构上。

12. 1. 8　管道试压

1. 给水管应以 1.5 倍的工作压力，并不小于 1.5MPa 的试验压力做水压试验，以 10 min 内压力下降不大于 0.05MPa 为合格。

2. 生活污水管注水高度以一层楼的高度为标准，以 10min 内无渗漏为合格。

12. 1. 9　管道冲洗

1. 给水管道在系统运行前必须进行冲洗，要求以系统最大设计流量或不小于 2.0m/s 的流速进行冲洗。

2. 排水管道冲洗以管道畅通为合格。

12. 1. 10　其他

1. 图中所注尺寸除管长、标高以米（m）计外，其余以毫米（mm）计。

2. 所注标高：给水管指管中心，污水管指管内底。

3. 排水管道坡度：

对于排水支管均为 2.6%；

对于排水横干管 $DN100$，$De110$，$i=2\%$，$De160$，$i=1\%$。

4. 除本设计说明外，还应遵守《建筑给水排水及采暖工程施工质量验收规范》GB 50242—2002 的规定进行施工。

12. 2　地下层给水排水平面图

✦ 绘制思路

本节主要以某住宅的地下层给水排水平面图为例讲述给水排水平面图的绘制过程和方法。地下层给水排水平面图是在地下层平面图的基础上发展而来的，所以可以在平面图的基础上加以修改，删除一些不需要的图形，增加管线，并重新添加标注和文字得到地下层给水排水平面图，如图 12-1 所示。

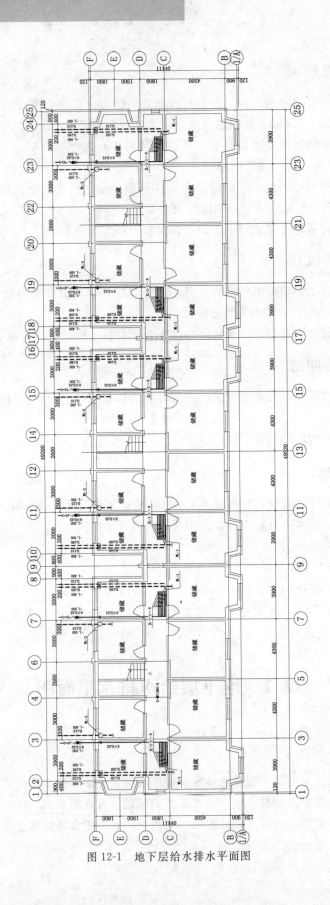

图 12-1　地下层给水排水平面图

光盘＼动画演示＼第12章＼地下层给水排水平面图.avi

12.2.1 整理平面图

1. 单击"标准"工具栏中的"打开"按钮，打开"源文件/第12章/地下室平面图"。

2. 单击"修改"工具栏中的"删除"按钮，删除不需要的图形，对地下室平面图进行整理，如图12-2所示。

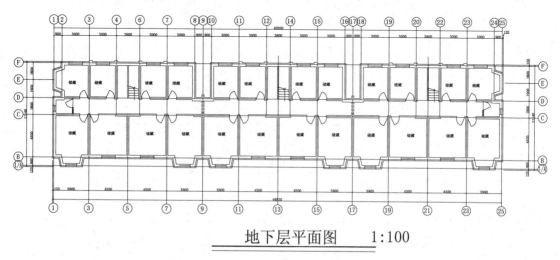

图 12-2　整理地下室平面图

12.2.2 布置给水排水图例

1. 利用前面讲述的方法绘制给水排水平面图中的图例，如图12-3所示。

图 12-3　绘制图例

2. 单击"修改"工具栏中的"复制"按钮，复制图例到图形适当位置，如图12-4所示。

3. 本图图形为对称图形，单击"修改"工具栏中的"镜像"按钮，对上步布置的图例进行镜像，如图12-5所示。

4. 单击"修改"工具栏中的"偏移"按钮，将左侧竖直轴线①向右偏移，偏移距离为1300、200，如图12-6所示。

5. 单击"绘图"工具栏中的"圆"按钮，在上步偏移的轴线上绘制两个半径为140的圆，如图12-7所示。

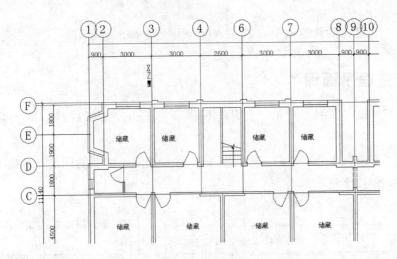

图 12-4　复制图例

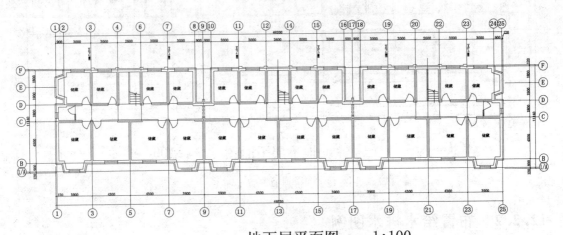

地下层平面图　　1:100

图 12-5　镜像图形

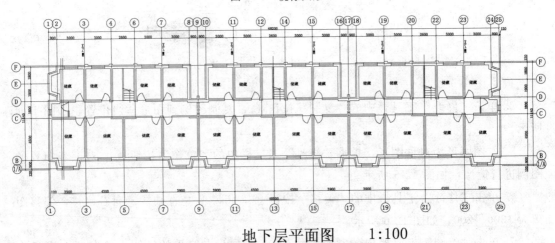

地下层平面图　　1:100

图 12-6　偏移直线

6. 单击"修改"工具栏中的"删除"按钮 ，删除偏移的轴线，如图 12-8 所示。

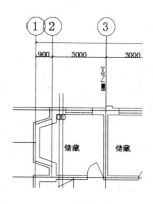

图 12-7　绘制圆

图 12-8　删除轴线

7. 单击"修改"工具栏中的"镜像"按钮 ，选取上步绘制的两个圆进行镜像，如图 12-9 所示。

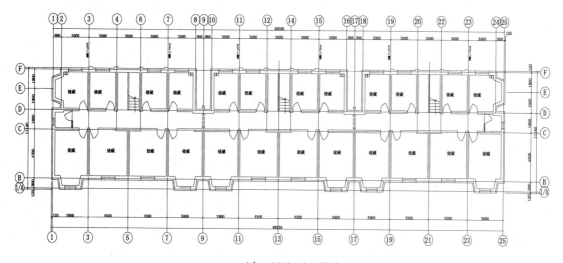

地下层平面图　　1:100

图 12-9　镜像图形

8. 单击"修改"工具栏中的"偏移"按钮 ，选取左侧竖直轴线①向右偏移，偏移距离为 4200，如图 12-10 所示。

9. 单击"绘图"工具栏中的"圆"按钮 ，在上步偏移的轴线上绘制一个半径为 165 的圆，如图 12-11 所示。

10. 单击"修改"工具栏中的"删除"按钮 ，删除偏移的轴线，如图 12-12 所示。

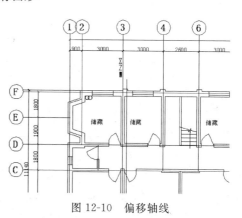

图 12-10　偏移轴线

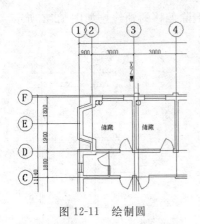

图 12-11 绘制圆

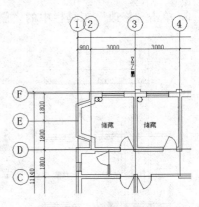

图 12-12 删除偏移的轴线

11. 单击"修改"工具栏中的"镜像"按钮 ⚟，镜像圆图形，如图 12-13 所示。

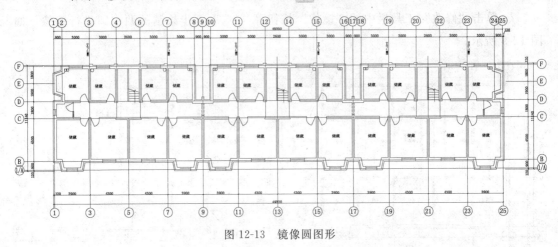

图 12-13 镜像圆图形

12. 单击"绘图"工具栏中的"圆"按钮 ⊘，在图形适当位置绘制一个小圆，如图 12-14 所示。

13. 单击"绘图"工具栏中的"直线"按钮 ╱，在圆内绘制一条水平直线，如图 12-15 所示。

14. 单击"绘图"工具栏中的"图案填充"按钮 ▥，填充小圆，如图 12-16 所示。

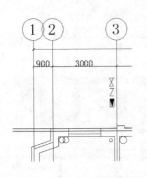

图 12-14 绘制小圆

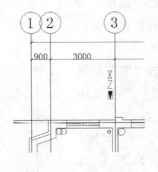

图 12-15 绘制直线

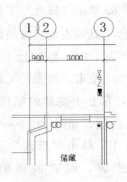

图 12-16 填充小圆

15. 单击"修改"工具栏中的"镜像"按钮 ⚑，对上步绘制的图形进行镜像处理，如图 12-17 所示。

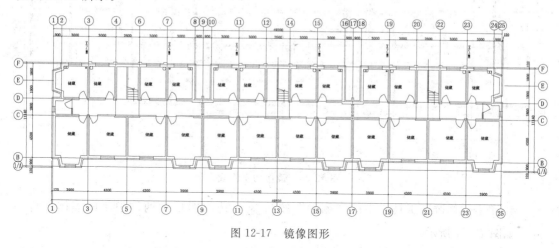

图 12-17　镜像图形

12.2.3　绘制管线

1. 单击"绘图"工具栏中的"多段线"按钮 ⮌，指定起点宽度和端点宽度为 50，线型为"DASHED"，绘制污水管线，如图 12-18 所示。

2. 单击"绘图"工具栏中的"直线"按钮 ✎，在上步绘制的多段线下方绘制两条大小相等的水平直线，如图 12-19 所示。

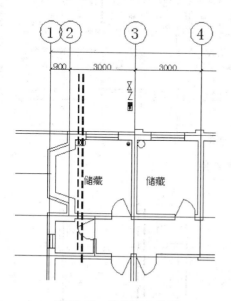

图 12-18　绘制污水管线

图 12-19　绘制水平直线

3. 单击"绘图"工具栏中的"镜像"按钮 ⮢，镜像上步绘制完成的污水管线，如图 12-20 所示。

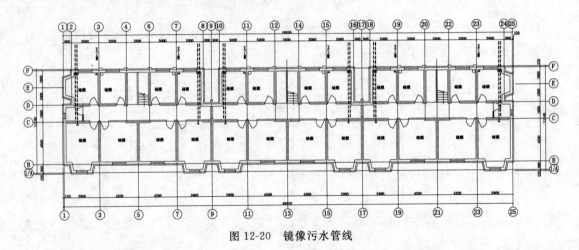

图 12-20　镜像污水管线

4. 单击"修改"工具栏中的"删除"按钮，选取图形中两侧卫生间墙体进行删除，如图 12-21 所示。

5. 单击"绘图"工具栏中的"圆"按钮，在图形适当位置绘制半径为 100 和 55 的圆，如图 12-22 所示。

6. 单击"修改"工具栏中的"复制"按钮，选取上步绘制的小圆向上复制，如图 12-23 所示。

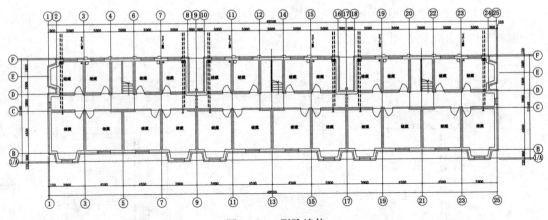

图 12-21　删除墙体

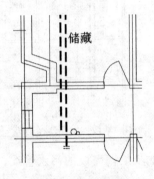

图 12-22　绘制圆

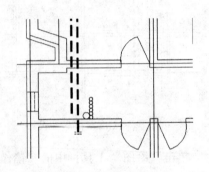

图 12-23　复制圆

7. 单击"绘图"工具栏中的"多段线"按钮 ![icon] ，指定起点宽度和端点宽度为 50，绘制多段线，如图 12-24 所示。

8. 单击"绘图"工具栏中的"直线"按钮 ![icon] 和"修改"工具栏中的"偏移"按钮 ![icon] ，绘制多条直线，如图 12-25 所示。

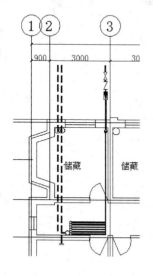

图 12-24　绘制多段线

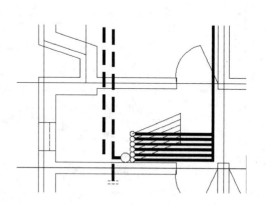

图 12-25　绘制直线

9. 单击"修改"工具栏中的"镜像"按钮 ![icon] ，将步骤（4）～（8）所绘制图形进行镜像，如图 12-26 所示。

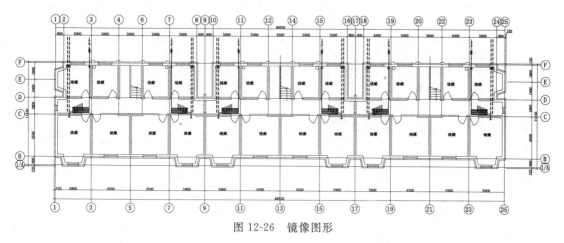

图 12-26　镜像图形

10. 利用上述方法绘制剩余的污水管线，如图 12-27 所示。

12.2.4　添加文字说明和标注

1. 单击"绘图"工具栏中的"直线"按钮 ![icon] 和"多行文字"按钮 ![A] ，为绘制的管线添加文字说明，如图 12-28 所示。

2. 单击"标注"工具栏中的"线性"按钮 ![icon] ，为图形添加标注，如图 12-29 所示。

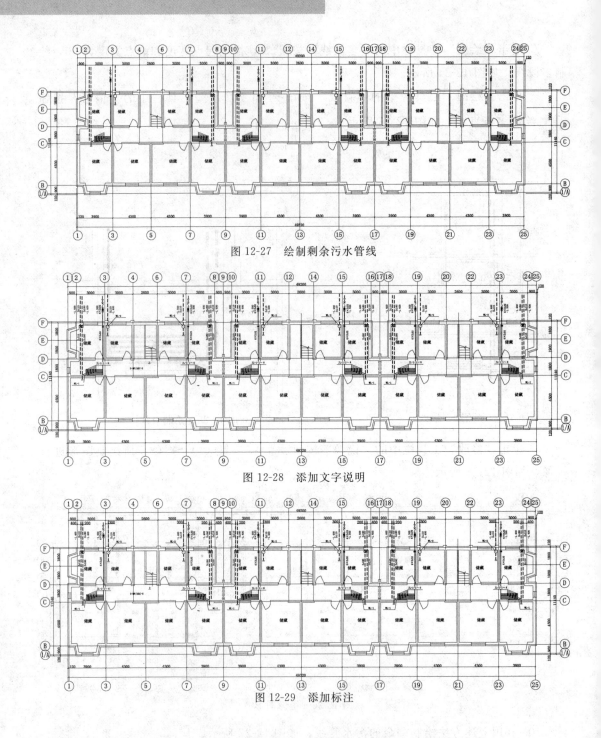

图 12-27　绘制剩余污水管线

图 12-28　添加文字说明

图 12-29　添加标注

12.3　一层给水排水平面图

✴ 绘制思路

本节主要以某住宅楼的一层给水排水平面图为例讲述给水排水平面图的绘制过程和方

法。一层给水排水平面图是在地下层平面图的基础上发展而来的，所以可以在平面图的基础上加以修改，删除一些不需要的图形，增加管线，并重新添加标注和文字得到给水排水平面图，如图 12-30 所示。

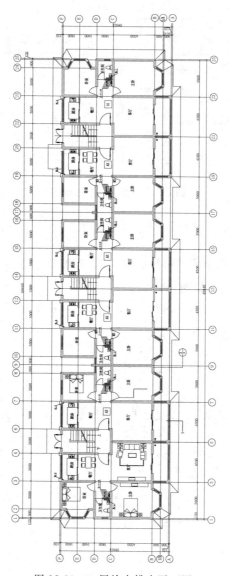

图 12-30　一层给水排水平面图

　光盘 \ 动画演示 \ 第 12 章 \ 一层给水排水平面图.avi

12.3.1　整理平面图

1. 单击"标准"工具栏中的"打开"按钮☞，打开"源文件/第 12 章/一层平面图"。

2. 单击"修改"工具栏中的"删除"按钮✍，删除不需要的图形，对一层平面图进行整理，如图 12-31 所示。

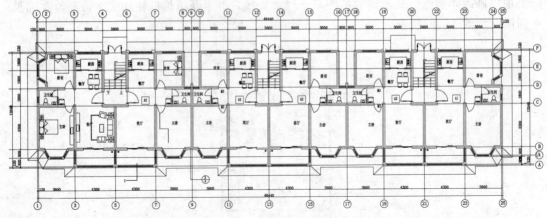

图 12-31　整理一层平面图

12.3.2　布置图例

1. 单击"绘图"工具栏中的"圆"按钮，在图形适当位置绘制一个半径为 100 的圆，如图 12-32 所示。

2. 单击"修改"工具栏中的"镜像"按钮，选取上步绘制的圆进行连续镜像，如图 12-33 所示。

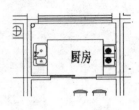

图 12-32　绘制圆

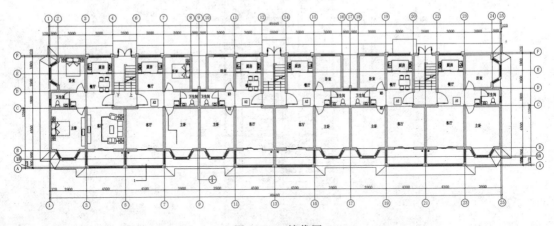

图 12-33　镜像圆

3. 单击"绘制"工具栏中的"圆"按钮，在卫生间的洗手池旁绘制一个半径为 55 的小圆，如图 12-34 所示。

4. 单击"修改"工具栏中的"复制"按钮，复制上步绘制的小圆，如图 12-35 所示。

5. 单击"绘图"工具栏中的"直线"按钮，在上步绘制圆的右侧绘制一条竖直直线，如图 12-36 所示。

6. 单击"绘图"工具栏中的"直线"按钮，连接上步绘制的直线和小圆，如图 12-37 所示。

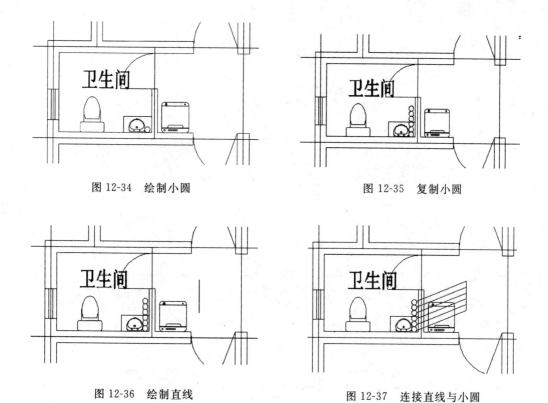

图 12-34　绘制小圆

图 12-35　复制小圆

图 12-36　绘制直线

图 12-37　连接直线与小圆

7. 单击"修改"工具栏中的"镜像"按钮，将步骤（3）～（6）绘制图形进行连续镜像，如图 12-38 所示。

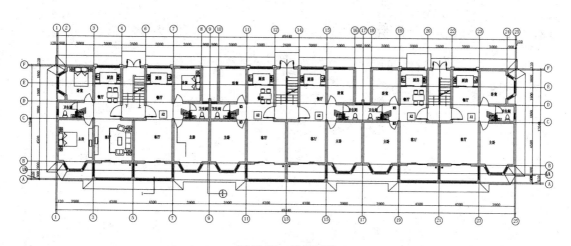

图 12-38　镜像图形

8. 单击"绘图"工具栏中的"圆"按钮，在卫生间洗手池上方绘制一个半径为100 的小圆，如图 12-39 所示。

9. 单击"绘图"工具栏中的"镜像"按钮，镜像上步绘制的大圆，如图 12-40所示。

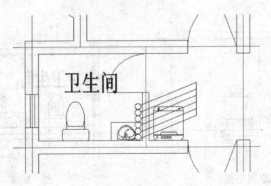

图 12-39   绘制大圆

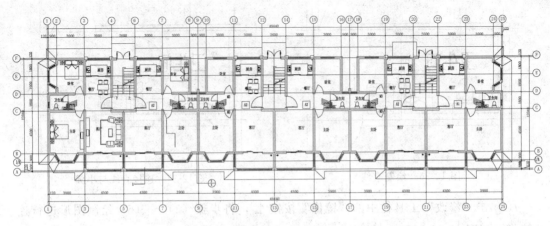

图 12-40   镜像大圆

12.3.3   添加文字说明

单击"绘图"工具栏中的"直线"按钮 和"多行文字"按钮 **A** ，为图形添加文字说明，如图 12-30 所示。

第 **13** 章

住宅楼给水排水系统图

本章将以某住宅楼给水排水系统图为例，详细讲述给水排水系统图的绘制过程。在讲述过程中，将逐步带领读者完成给水排水系统图的绘制，并介绍关于给水排水设计的相关知识和技巧。本章包括给水排水系统图绘制的知识要点，图例的绘制，管线的绘制及尺寸文字标注等内容。

- 给水系统图
- 排水系统图

13.1 给水系统图

✦ 绘制思路

绘制给水系统图的基本思路是：首先绘制图例，然后绘制管线并布置图例，最后标注文字和尺寸，如图 13-1 所示。

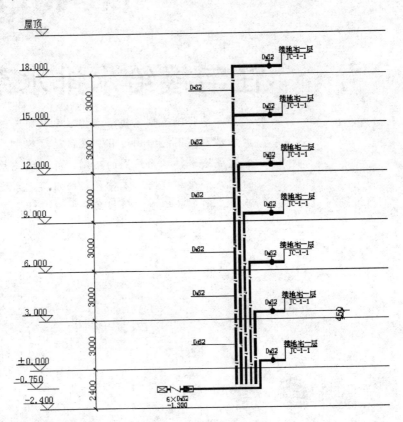

图 13-1 给水系统图

 光盘 \ 动画演示 \ 第 13 章 \ 给水系统图.avi

13.1.1 绘制图例

1. 绘制闸阀

（1）单击"绘图"工具栏中的"矩形"按钮 ▭，在空白区域内绘制一个矩形，如图 13-2 所示。

（2）单击"绘图"工具栏中的"直线"按钮 ╱，绘制矩形的对角线，完成闸阀的绘制，如图 13-3 所示。

2. 绘制止回阀

（1）单击"绘图"工具栏中的"矩形"按钮和"直线"按钮 ✐ ，绘制如图 13-4 所示的图形。

（2）单击"修改"工具栏中的"修剪"按钮 ✂ ，修剪多余的线段，完成止回阀的绘制，如图 13-5 所示。

 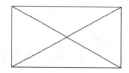  

图 13-2　绘制矩形　　　图 13-3　绘制对角线　　图 13-4　绘制矩形和对角线　图 13-5　修剪多余线段

3. 绘制截止阀

（1）单击"绘图"工具栏中的"圆"按钮 ⊘ ，绘制一个适当半径的圆，如图 13-6 所示。

（2）单击"绘图"工具栏中的"图案填充"按钮 ▨ ，选取上步绘制的圆为填充区域，填充图案为"Solid"，如图 13-7 所示。

（3）单击"绘图"工具栏中的"多段线"按钮 ⌐⊃ ，指定其起点宽度和端点宽度为 100，绘制一段通过圆心的多段线，如图 13-8 所示。

（4）单击"绘图"工具栏中的"直线"按钮 ✐ ，以圆上端一点为直线起点，向上绘制一条竖直直线。重复"直线"命令，在上步绘制的竖直直线上方，绘制一条水平直线，完成截止阀的绘制，如图 13-9 所示。

图 13-6　绘制圆　　图 13-7　填充圆　　　图 13-8　绘制多段线　　　　图 13-9　绘制直线

13.1.2　布置图例

1. 单击"绘图"工具栏中的"直线"按钮 ✐ ，绘制一条长度为 49200 的水平直线，如图 13-10 所示。

2. 单击"修改"工具栏中的"偏移"按钮 ⊿ ，将上步绘制的水平直线向上偏移，偏移距离为 2400、3000、3000、3000、3000、3000、3000、2000，如图 13-11 所示。

3. 单击"修改"工具栏中的"移动"按钮 ✛ ，将绘制的闸阀、截止阀和止回阀移动到适当位置。

图 13-10　绘制水平直线　　　　　　　　　图 13-11　偏移水平直线

4. 单击“绘图”工具栏中的“矩形”按钮▭，在止回阀阀后面绘制一个小矩形，如图 13-12 所示。

5. 单击“绘图”工具栏中的“直线”按钮╱，以矩形左侧竖直边上端点为起点，矩形右侧竖直边中点为端点绘制一条直线。同理绘制另外一条直线，如图 13-13 所示。

图 13-12　绘制矩形　　　　　　　　　　图 13-13　绘制直线

6. 单击“绘图”工具栏中的“图案填充”按钮▨，选取矩形中间的三角形进行填充，填充图案为“Solid”，如图 13-14 所示。

7. 单击“修改”工具栏中的“复制”按钮⬡，将截止阀复制到适当位置，如图 13-15 所示。

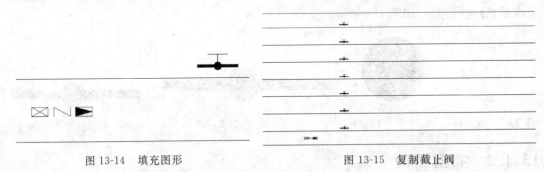

图 13-14　填充图形　　　　　　　　　　图 13-15　复制截止阀

8. 单击“绘图”工具栏中的“多段线”按钮⤳，指定其起点宽度和端点宽度为 100，绘制连接图例的线路，如图 13-16 所示。

9. 单击“绘图”工具栏中的“多段线”按钮⤳，指定起点宽度和端点宽度为 0，在图形中绘制多段线，结果如图 13-17 所示。

10. 单击“修改”工具栏中的“复制”按钮⬡，选取上步绘制的多段线向下复制，如图 13-18 所示。

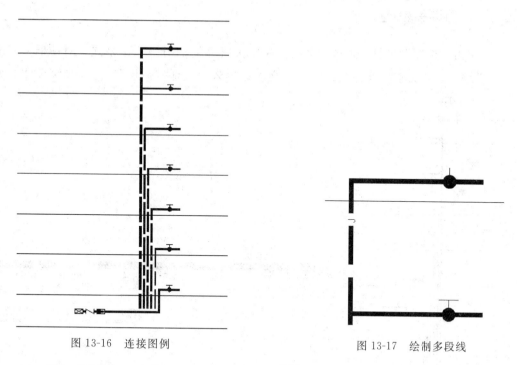

图 13-16　连接图例　　　　　　　　　　　　图 13-17　绘制多段线

11. 单击"绘图"工具栏中的"直线"按钮![直线图标]，在截止阀断点处绘制一条竖直直线和一条水平直线，如图 13-19 所示。

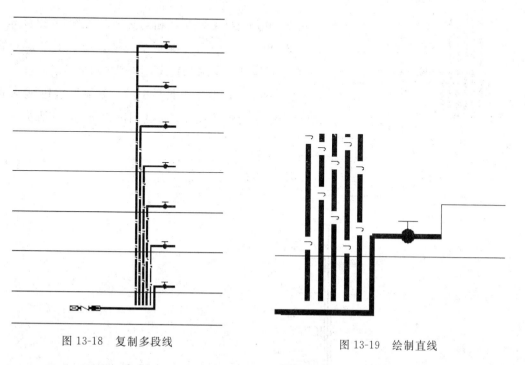

图 13-18　复制多段线　　　　　　　　　　　图 13-19　绘制直线

12. 单击"修改"工具栏中的"复制"按钮![复制图标]，将上步绘制的直线复制到各截止阀处，如图 13-20 所示。

13.1.3 标注文字

1. 单击"绘图"工具栏中的"多行文字"按钮**A**，打开"文字格式"对话框，如图 13-21 所示。设置文字高度为"200"，在文本区输入"接地宅一层"，完成文字标注，如图 13-22 所示。

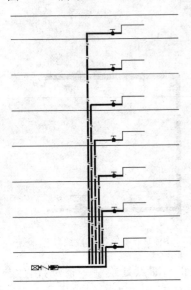

图 13-20 复制直线

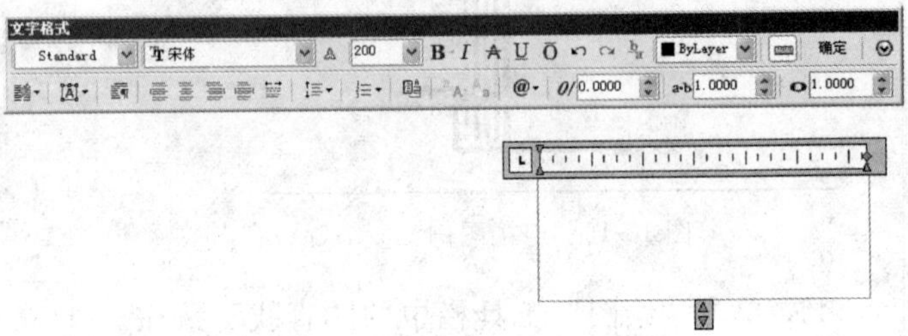

图 13-21 "文字格式"对话框

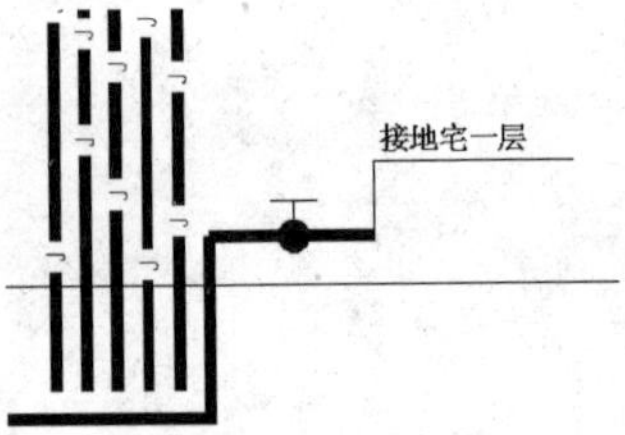

2. 利用上述方法标注相同文字，如图 13-23 所示。

3. 单击"绘图"工具栏中的"直线"按钮，在图形左侧绘制一条水平直线，如图 13-24 所示。

4. 单击"修改"工具栏中的"复制"按钮，选取上步绘制的水平直线进行复制，如图 13-25 所示。

图 13-22 标注文字

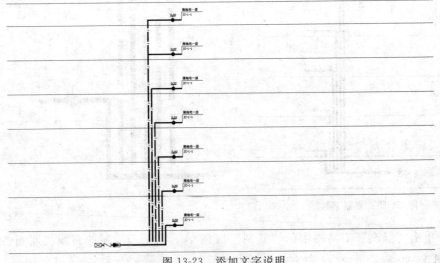

图 13-23 添加文字说明

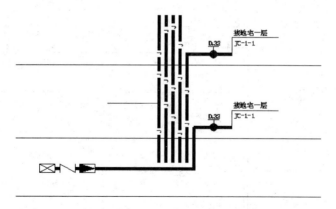

图 13-24　绘制水平直线

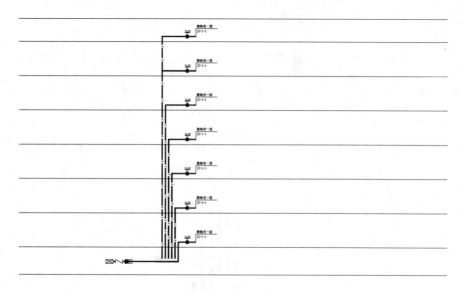

图 13-25　复制直线

5. 单击"绘图"工具栏中的"多行文字"按钮 **A**，标注文字，如图 13-26 所示。

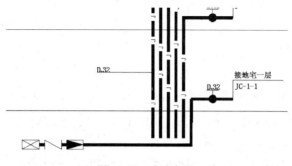

图 13-26　文字标注

6. 单击"修改"工具栏中的"复制"按钮 ，选取文字并对相同文字进行复制，如图 13-27 所示。

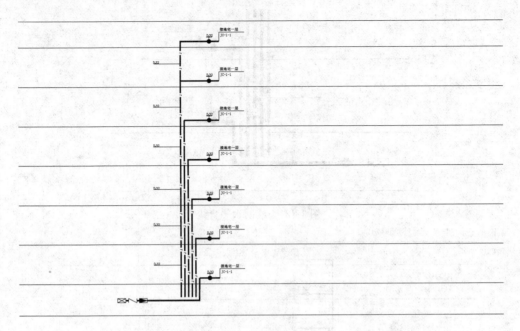

图 13-27　复制文字

7. 单击"绘图"工具栏中的"多行文字"按钮 **A**，在闸阀下方添加文字，如图 13-28 所示。

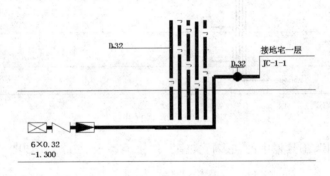

图 13-28　文字标注

13.1.4　标注尺寸

1. 设置标注样式

（1）选择菜单栏中的"标注"→"标注样式"命令，系统打开"标注样式管理器"对话框，如图 13-29 所示。

（2）单击"新建"按钮，打开"创建新标注样式"对话框，在"新样式名"文本框中输入"给水排水系统图"，如图 13-30 所示。

（3）单击"继续"按钮，打开"新建标注样式：给水排水系统图"对话框，单击"线"选项卡，设定"延伸线"选项组中的"超出尺寸线"为 400，如图 13-31 所示。

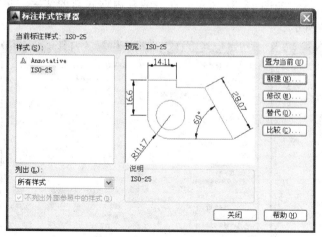

图 13-29　"标注样式管理器"对话框　　　　图 13-30　"创建新标注样式"对话框

（4）单击"符号和箭头"选项卡，在"箭头"选项组"第一个"下拉列表框中选择"▨建筑标记"选项，在"第二个"下拉列表框中选择"▨建筑标记"选项，并设定"箭头大小"为 200，完成"符号和箭头"选项卡的设置，如图 13-32 所示。

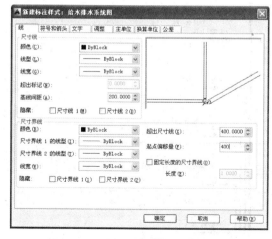
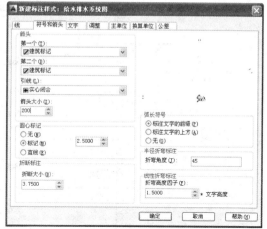

图 13-31　"线"选项卡　　　　　　　　图 13-32　"符号和箭头"选项卡

（5）单击"文字"选项卡，设定"文字高度"为 300，如图 13-33 所示。

（6）"主单位"选项卡的设置，如图 13-34 所示。单击"确定"按钮返回"标注样式管理器"对话框，在"样式"列表框中选择"给水排水系统图"样式，单击"置为当前"按钮，最后单击"关闭"按钮返回绘图区。

2. 单击"标注"工具栏中的"线性"按钮├┤和"连续"├┼┤，标注给水系统图，如图 13-35 所示。

3. 单击"绘图"工具栏中的"直线"按钮╱和"多行文字"按钮Ａ，绘制标高，如图 13-36 所示。

4. 单击"修改"工具栏中的"复制"按钮⬚，选取绘制完成的标高进行复制。双击标高上的文字弹出"文字格式"对话框，如图 13-37 所示。在对话框内输入新的文字。最终给水系统图绘制完成，如图 13-38 所示。

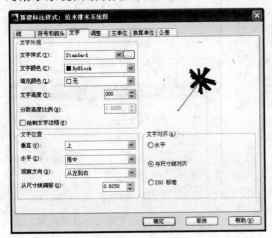

图 13-33 "文字"选项卡 　　　　图 13-34 "主单位"选项卡

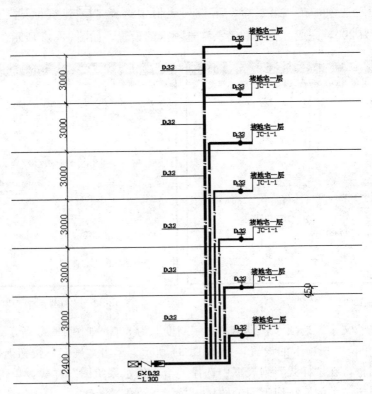

图 13-35 标注图形

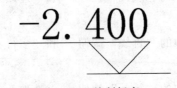

图 13-36 绘制标高

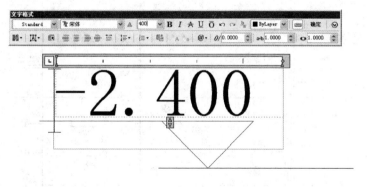

图 13-37   文字格式

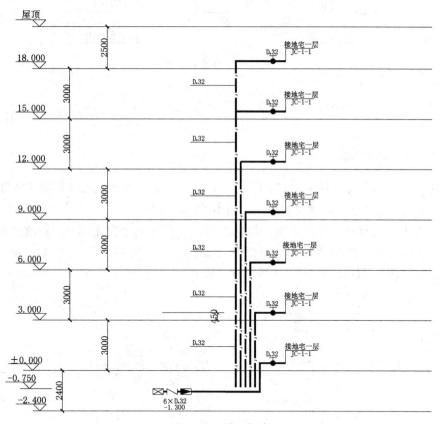

图 13-38   输入标高

13.2   排水系统图

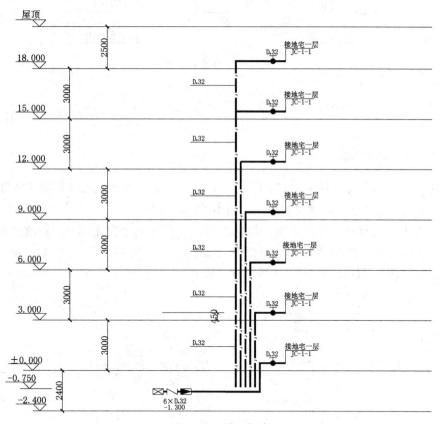 绘制思路

在给水系统图的基础上绘制排水管线，标注文字和尺寸，如图 13-39 所示。

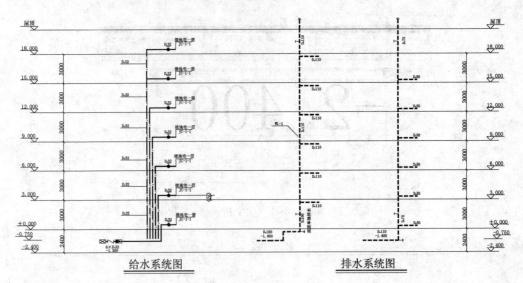

图 13-39 排水系统图

 光盘 \ 动画演示 \ 第 13 章 \ 排水系统图 . avi

13. 2. 1 绘制图形

1. 单击"绘图"工具栏中的"多段线"按钮 ⌐⟂，指定其起点宽度和端点宽度为 100，在给水系统图右侧绘制一段连续多段线，如图 13-40 所示。

2. 选择上步绘制的多段线并单击鼠标右键，在弹出的如图 13-41 所示的快捷菜单中选择"特性"命令，弹出"特性"对话框，如图 13-42 所示。将"线型比例"设置为"50"，线型设置为"DASHED"，如图 13-43 所示。

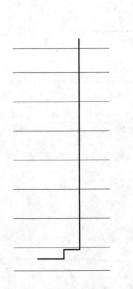

图 13-40 绘制多段线　　图 13-41 下拉菜单　　图 13-42 "特性"对话框　　图 13-43 修改线型

3. 单击"绘图"工具栏中的"多段线"按钮 ，绘制一条水平直线，如图 13-44 所示。

4. 单击"修改"工具栏中的"复制"按钮 ，将上步绘制的水平线向上复制，复制到适当位置，如图 13-45 所示。

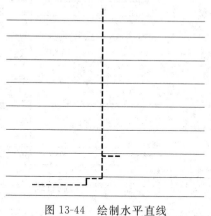

图 13-44 绘制水平直线

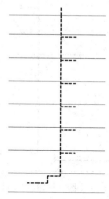

图 13-45 复制水平直线

5. 单击"绘图"工具栏中的"直线"按钮 ，在绘制的多段线上绘制两段竖直直线和一段水平直线，如图 13-46 所示。

6. 利用上述方法绘制剩余图形，如图 13-47 所示。

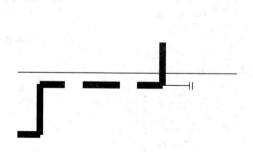

图 13-46 绘制直线

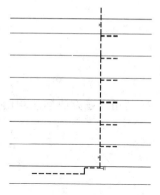

图 13-47 绘制剩余图形

7. 重复步骤 1 和 2，在右侧绘制多段线并修改多段线特性，如图 13-48 所示。

8. 单击"修改"工具栏中的"复制"按钮 ，选取左侧图形中绘制的直线和多段线向右侧进行复制，如图 13-49 所示。

9. 单击"绘图"工具栏中的"直线"按钮 ，在图形顶部绘制连续直线，如图 13-50 所示。

13.2.2 标注文字和尺寸

1. 单击"绘图"工具栏中的"多行文字"按钮

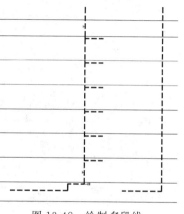

图 13-48 绘制多段线

![A]，打开"文字格式"对话框，如图 13-51 所示。设置"文字高度"为"200"，在文本区输入"De110"，完成文字标注，如图 13-52 所示。

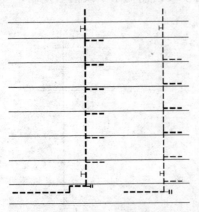

图 13-49　复制直线

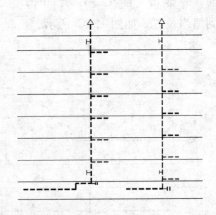

图 13-50　绘制直线

图 13-51　"文字格式"对话框

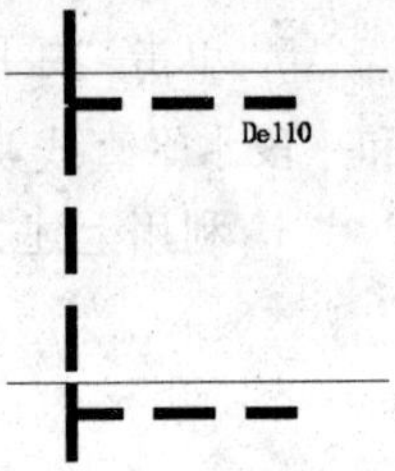

图 13-52　标注文字

2. 利用上述方法标注相同文字，如图 13-53 所示。

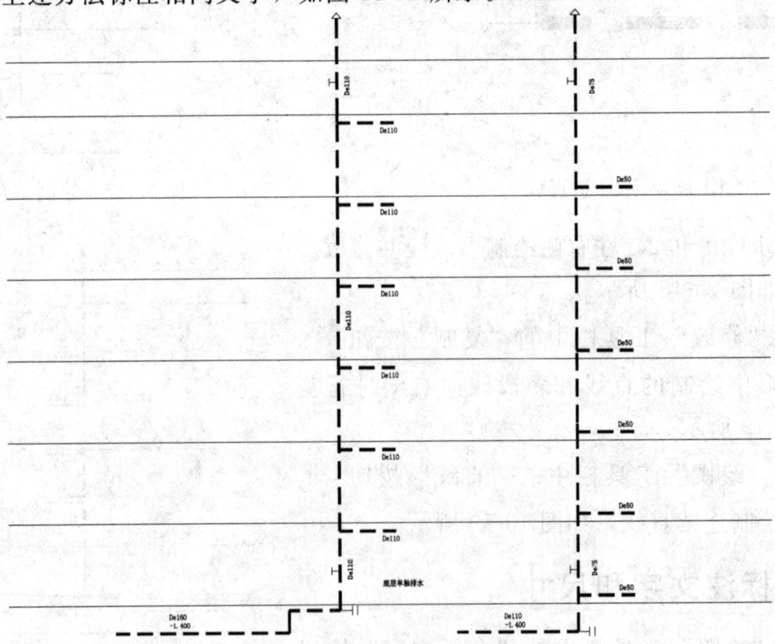

图 13-53　添加文字说明

3. 单击"标注"工具栏中的"线性"按钮 ⊢ 和"连续" ⊢⊢，标注排水系统图，如图 13-54 所示。

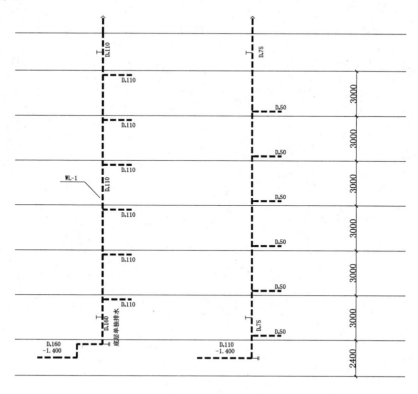

图 13-54　标注图形

4. 单击"修改"工具栏中的"复制"按钮 ⃝，选取给水系统中的标高进行复制。双击标高上的文字弹出"文字格式"对话框，如图 13-55 所示。在对话框内输入新的文字。最终排水系统图绘制完成，如图 13-39 所示。

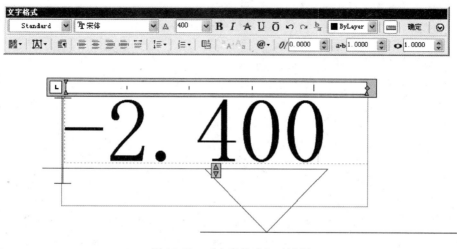

图 13-55　"文字格式"对话框

4

酒店作为商务、商业的配套，已经成为众多开发商提升项目定位的一个选择，同时也是提升整体销售、租赁的一个筹码。原则上要求设计需满足国家建筑给水排水相关规范与酒店方设计指南文之高者。鉴于水质检测及处理、给水机房设置、储水量、供水分区、热水出流时间控制和节能减排等因素的考虑，在给水排水设计上更是需要慎之又慎，在施工图中又是重中之重。

第四篇　商务酒店给水排水及消防施工篇

本篇将介绍酒店给水排水平面图，管道放大图、消防系统图、喷淋消火栓平面图等知识。

详细介绍给水、排水的布置、管线布置以及绘制的方法和步骤。锻炼读者能识别 AutoCAD 给水排水施工图，熟练掌握使用 AutoCAD 进行给水、排水制图的一般方法，使读者具有一般给水、排水绘制、设计技能。

酒店给水平面图

　　本章将以某酒店给水一层平面图和给水二层平面图设计为例，从不同方面对比讲述某酒店设计给水平面图的绘制过程。给水工程主要指水源取水、水质净化、净化输送、配水使用等工程。有别于前面几篇，在讲述过程中，详细讲解平面图的绘制，并在此基础上修改给水平面图。

　　本章包括平面图的绘制，家具的绘制及布置，给水、污水、雨水等管道的布置，设备的绘制及布置以及尺寸文字标注等内容。

- 商务酒店设计及施工说明
- 酒店一楼给水平面图
- 酒店二楼给水平面图
- 酒店三、四、五楼给水平面图
- 酒店六楼给水平面图

14.1 商务酒店设计及施工说明

本节将围绕某酒店给水排水工程图设计这一核心展开讲述。下面将给水排水工程图设计的有关说明作简要介绍。

1. 本工程为改造工程。本次设计范围为该工程室内给水排水系统。

（1）生活给水系统由地下室生活水池与水泵直接供给屋顶水箱，再由屋顶水箱用泵供给。

（2）热水由副楼屋面锅炉设备供给屋面热水箱，再由屋顶水箱用泵供给（该部分由甲方委托有资质设备厂商另行设计）。上供下回，管网采用机械循环方式。

（3）厨房设备及其管道系统，由业主委托厨房专业承包商设计施工。

（4）市政供水压力为 0.20MPa。

2. 给水排水：

（1）本套施工图中尺寸除标高以米计外，其余均以毫米计。图中所注标高除注明外均以建筑物室内地坪±0.00 为基准；所注给水管道标高指管中心，排水管道指管内底。所有卫生间的地坪均比同层建筑地坪低 0.02m。

（2）给水系统中生活给水管道采用 PP-R 管，热熔连接，其管径以 De 表示，其中冷水管道及其管件的压力等级不低于 1.0MPa，热水管道及管件的压力等级不得低于 2.0MPa。冷热水支管宜暗敷。

（3）热水横管应以 $\ll 0.003$ 的坡度坡向最低处，热水管穿越楼板，墙壁处须预埋套管，套管应高出楼板 30mm，管道管径<50mm 时采用 VP-900 塑胶球阀。管道管径≥50mm 时采用 VP-810 把手式塑胶蝶阀或闸阀，生活水泵组止回阀采用微阻缓闭消声止回阀。

（4）明露的热水管及回流管均应保温，保温材料采用橡塑保温管，热水管保温厚度为 30mm，保温层外室内管道外包铝箔，室外管道外包铝皮（厚 0.1mm）。

（5）给水系统的设计及施工按《建筑给水聚丙烯管道（PP-R）工程技术规程》DBJ/CT 501—99。

（6）排水管道采用硬聚氯乙烯螺旋消音 UPVC 管，粘接连接，其管径以 De 表示。排水支管均按坡度 $i = 0.026$ 设计，横管坡度：De75 为 0.025，De110 为 0.015；De160 为 0.012。

（7）排水立管在底层及最高层设检查口，检查口中心离地 1.0m。

（8）排水管上的三通应采用顺水三通和 45°斜三通；转弯处宜采用 90°门弯；立管与排出管的连接处宜采用两个 45°弯头。

（9）排水立管及长度大于 2m 且无汇合管件的直线管段上应设伸缩节，具体设置按有关技术规程执行。

（10）伸顶通气管的通气帽高出屋面大于 0.5m，上人屋面通气帽高出屋面 2.0m。

（11）排水管道的安装参照《建筑排水用硬聚氯乙烯管道安装》96S406。

（12）卫生设备的安装高度参照《卫生设备安装》99S304，可根据实际卫生设备作调整。

（13）卫生间楼板留洞根据卫厨排水详图中洁具和地漏的定位配合施工。

（14）排水系统的设计及施工按《建筑排水用硬聚氯乙烯管道工程技术规定》CJJ/T 29—99。

（15）施工验收按《建筑给水排水及采暖工程施工质量验收规范》GB 50242—2002。

（16）在土建施工时应及时配合留洞及预埋套管工作。

3. 管道试压与验收：

（1）给水管必须进行 1.5 倍工作压力的水压试验，并不小于 0.60MPa，塑料管给水系统在试验压力下稳压 1h，压力降不得超过 0.05MPa，然后在工作压力的 1.15 倍状态下稳压 2h，压力降不得超过 0.03MPa，同时检查各连接处不得渗漏。

（2）排水管应进行通水试验，埋地敷设排水管应做灌水试验。

4. 图例：（图中未注明的均参照《给水排水制图标准》GB/T 50106—2001）

JLn	RLn	XULn	PWLn	PFLn	TFLn	TLn	——	——	——
给水立管	热水立管	循环回水立管	排污水立管	排废水立管	通风立管	透气立管	热水管	热水回水管	给水管
○	◦			⊢▱⊣	⊥	⊢▷⊣	◎ ┬	┝┥	◎ ⊥
排污水立管	排废水立管	通风管	透气管	蝶阀	角阀	闸阀	清扫口	检查口	普通地漏
⎡○⎤	⊛	▸◂●	▲	⊗	⊢◁◂	⊢▷	┴	⅃	⊕
坐便器	洗手盆	双出口消火栓	干粉灭火器	通风帽	电动阀	过滤器	球阀	自闭式冲洗阀	自动排气阀

主要设备：

生活给水泵 75TSW-7，$n=2930r/min$，$N=19.5kW$　　　2 台一用一备

热水给水泵 75TSW-6，$n=2930r/min$，$N=19.5kW$　　　2 台一用一备

保温水箱　有效容积 $20m^3$ 2100×2100×2100

14.2　酒店一楼给水平面图

✦绘制思路

一楼平面图由办公室、早餐间、超市、员工洗手间、卫生间构成，本节主要讲述一楼平面图的绘制方法，如图 14-1 所示。

光盘\动画演示\第 14 章\一楼中餐厅平面图.avi

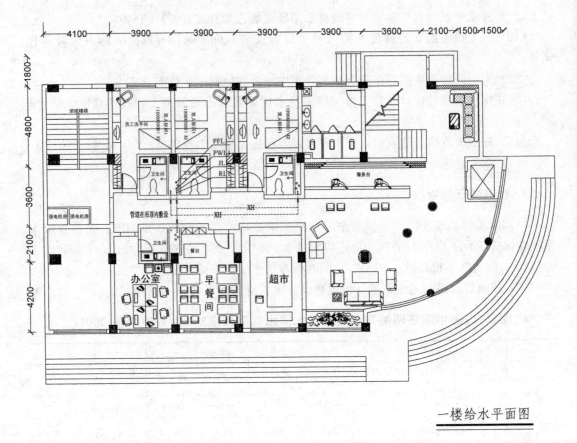

一楼给水平面图

图 14-1 一楼中餐厅平面图

14.2.1 绘图准备

1. 打开 AutoCAD 2014 应用程序，单击"标准"工具栏中的"新建"按钮，弹出"选择样板"对话框，如图 14-2 所示。以"acadiso.dwt"为样板文件，建立新文件。

2. 设置单位。选择菜单栏中的"格式"→"单位"命令，系统打开"图形单位"对话框，如图 14-3 所示。设置长度"类型"为"小数"、"精度"为"0"；设置角度"类型"为"十进制度数"，"精度"为"0"；系统默认方向为顺时针，插入时的缩放比例设置为"毫米"。

3. 在命令行中输入 LIMITS 命令设置图幅：420000×297000。命令行提示与操作如下：

命令：LIMITS

重新设置模型空间界限：

指定左下角点或 [开(ON)/关(OFF)] <0,0>：

指定右上角点 <420,297>：420000,297000

4. 新建图层

(1) 单击"图层"工具栏中的"图层特性管理器"按钮，弹出"图层特性管理器"

对话框，如图 14-4 所示。

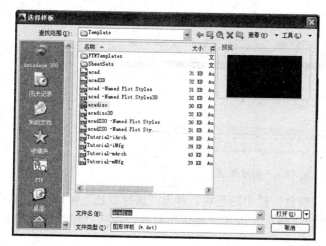

图 14-2　新建样板文件

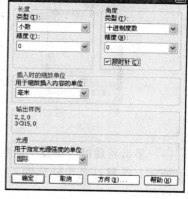

图 14-3　"图形单位"对话框

图 14-4　"图层特性管理器"对话框

技巧荟萃

　　在绘图过程中，往往有不同的绘图内容，如轴线、墙线、装饰布置图块、地板、标注、文字等等，如果将这些内容均放置在一起，绘图之后如果要删除或编辑某一类型的图形，将带来选取的困难。AutoCAD 提供了图层功能，为编辑带来了极大的方便。

　　在绘图初期可以建立不同的图层，将不同类型的图形绘制在不同的图层当中，在编辑时可以利用图层的显示和隐藏功能、锁定功能来操作图层中的图形，十分利于编辑运用。

　　（2）单击"图层特性管理器"对话框中的"新建图层"按钮 ，新建一个图层，如图 14-5 所示。

　　（3）新建图层的图层名称默认为"图层 1"，将其修改为"轴线"。图层名称后面的选项由左至右依次为："开/关图层"、"在所有视口中冻结/解冻图层"、"锁定/解锁图层"、"图层默认颜色"、"图层默认线型"、"图层默认线宽"、"打印样式"等。其中，编辑图形时最常用的是"图层的开/关"、"锁定以及图层颜色"、"线型的设置"等。

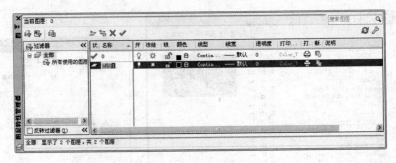

图 14-5　新建图层

（4）单击新建的"轴线"图层"颜色"栏中的色块，弹出"选择颜色"对话框，如图14-6所示，选择红色为轴线图层的默认颜色。单击"确定"按钮，返回"图层特性管理器"对话框。

（5）单击"线型"栏中的选项，弹出"选择线型"对话框，如图14-7所示。轴线一般在绘图中应用点画线进行绘制，因此应将"轴线"图层的默认线型设为中心线。单击"加载"按钮，弹出"加载或重载线型"对话框，如图14-8所示。

图 14-6　"选择颜色"对话框

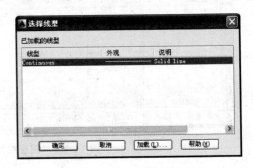

图 14-7　"选择线型"对话框

（6）在"可用线型"列表框中选择"CENTER"线型，单击"确定"按钮，返回"选择线型"对话框。选择刚刚加载的线型，如图14-9所示，单击"确定"按钮，轴线图层设置完毕。

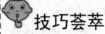

技巧荟萃

　　修改系统变量DRAGMODE，推荐修改为AUTO。系统变量为ON时，再选定要拖动的对象后，仅当在命令行中输入DRAG后才在拖动时显示对象的轮廓；系统变量为OFF时，在拖动时不显示对象的轮廓；系统变量为AUTO时，在拖动时总是显示对象的轮廓。

（7）采用相同的方法按照以下说明，新建其他几个图层。

1）"墙体"图层：颜色为白色，线型为实线，线宽为默认。

2）"门窗"图层：颜色为蓝色，线型为实线，线宽为默认。

图 14-8 "加载或重载线型"对话框　　　　　　图 14-9 加载线型

3）"轴线"图层：颜色为红色，线型为 CENTER，线宽为默认。

4）"文字"图层：颜色为白色，线型为实线，线宽为默认。

5）"尺寸"图层：颜色为绿色，线型为实线，线宽为默认。

6）"柱子"图层：颜色为黑色，线型为实线，线宽为默认。

 技巧荟萃

如何删除顽固图层？

方法 1：将无用的图层关闭，全选，COPY 粘贴至一新文件中，那些无用的图层就不会贴过来。如果曾经在这个不要的图层中定义过块，又在另一图层中插入了这个块，那么这个不要的图层是不能用这种方法删除的。

方法 2：选择需要留下的图形，然后选择文件菜单->输出->块文件，这样的块文件就是选中部分的图形了，如果这些图形中没有指定的层，这些层也不会被保存在新的图块图形中。

方法 3：打开一个 CAD 文件，把要删的层先关闭，在图面上只留下你需要的可见图形，点文件-另存为，确定文件名，在文件类型栏选 *.DXF 格式，在弹出的对话窗口中点工具-选项-DXF 选项，再在选择对象处打钩，点确定，接着点保存，就可选择保存对象了，把可见或要用的图形选上就可以确定保存了，完成后退出这个刚保存的文件，再打开来看看，你会发现你不想要的图层不见了。

方法 4：用命令 laytrans，可将需删除的图层影射为 0 层即可，这个方法可以删除具有实体对象或被其他块嵌套定义的图层。

在绘制的平面图中，包括轴线、门窗、装饰、文字和尺寸标注几项内容，分别按照上面所介绍的方式设置图层。其中的颜色可以依照读者的绘图习惯自行设置，并没有具体的要求。设置完成后的"图层特性管理器"对话框如图 14-10 所示。

 技巧荟萃

有时在绘制过程中需要删除不要的图层，我们可以将无用的图层关闭，全选，COPY 粘贴至一新文件中，那些无用的图层就不会贴过来。如果曾经在这个不要的图层中定义过块，又在另一图层中插入了这个块，那么这个不要的图层是不能用这种方法删除的。

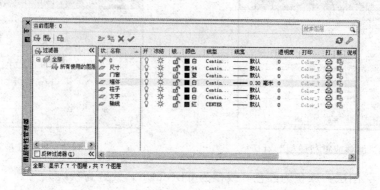

图 14-10　设置图层

14.2.2　绘制轴线

1. 在"图层"工具栏的下拉列表中，选择"轴线"图层为当前层，如图 14-11 所示。

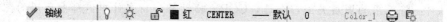

图 14-11　设置当前图层

2. 单击"绘图"工具栏中的"直线"按钮 ✏，在图中空白区域任选一点为直线起点，绘制一条长度为 23201 的竖直轴线。命令行提示与操作如下：

命令：LINE

指定第一点：（任选起点）

指定下一点或［放弃（U）］：@0，23201

如图 14-12 所示。

3. 单击"绘图"工具栏中的"直线"按钮 ✏，在上步绘制的竖直直线左侧选择一点为直线起点，向右绘制一条长度为 75824 的水平轴线。如图 14-13 所示。

 技巧荟萃

使用"直线"命令时，若为正交轴网，可按下"正交"按钮，根据正交方向提示，直接输入下一点的距离，即可，而不需要输入@符号，若为斜线，则可按下"极轴"按钮，设置斜线角度，此时，图形即进入了自动捕捉所需角度的状态，其可大大提高制图时直线输入距离的速度。注意，两者不能同时使用。

4. 此时，轴线的线型虽然为中心线，但是由于比例太小，显示出来还是实线的形式。选择刚刚绘制的轴线并右击，在弹出的如图 14-14 所示的快捷菜单中选择"特性"命令，弹出"特性"对话框，如图 14-15 所示。将"线型比例"设置为"30"，轴线显示如图 14-16 所示。

图 14-12　绘制竖直轴线

图 14-13　绘制水平轴线

图 14-14　快捷菜单

图 14-15　"特性"对话框

技巧荟萃

通过全局修改或单个修改每个对象的线型比例因子，可以以不同的比例使用同一个线型。默认情况下，全局线型和单个线型比例均设置为 14.0。比例越小，每个绘图单位中生成的重复图案就越多。例如，设置为 0.5 时，每一个图形单位在线型定义中显示重复两次的同一图案。不能显示完整线型图案的短线段显示为连续线。对于太短，甚至不能显示一个虚线小段的线段，可以使用更小的线型比例。

5. 单击"修改"工具栏中的"偏移"按钮，设置"偏移距离"为"4100"，回车确认后选择竖直轴线为偏移对象，在直线右侧单击鼠标左键，将竖直轴线向右偏移"4100"。

命令行提示与操作如下：

命令：_offset

当前设置：删除源＝否　图层＝源　OFFSETGAPTYPE＝0

指定偏移距离或[通过(T)/删除(E)/图层(L)]＜通过＞：4100

选择要偏移的对象或[退出(E)/放弃(U)]＜退出＞：(选择竖直轴线)

指定要偏移的那一侧上的点或[退出(E)/多个(M)/放弃(U)]＜退出＞：(在竖直轴线右侧单击鼠标左键)：

选择要偏移的对象或[退出(E)/放弃(U)]＜退出＞：

结果如图 14-17 所示。

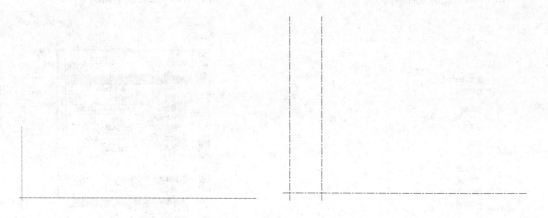

图 14-16　修改轴线比例　　　　　　　　　图 14-17　偏移竖直直线

6. 单击"修改"工具栏中的"偏移"按钮，选择上步偏移后的轴线为起始轴线，连续向右偏移，偏移的距离为 3900、3900、3900、3900、3600、2100、1500、1500，如图 14-18 所示。

7. 单击"修改"工具栏中的"偏移"按钮，根据命令行提示指定偏移距离为 4200，回车确认后选择水平轴线为偏移对象，在轴线上侧单击鼠标左键，将轴线向上偏移"4200"，命令行提示与操作如下：

命令：_offset

当前设置：删除源＝否　图层＝源　OFFSETGAPTYPE＝0

指定偏移距离或[通过(T)/删除(E)/图层(L)]＜通过＞：4200

选择要偏移的对象或[退出(E)/放弃(U)]＜退出＞：(选择水平轴线)

指定要偏移的那一侧上的点或[退出(E)/多个(M)/放弃(U)]＜退出＞：(在水平轴线上侧单击鼠标左键)

选择要偏移的对象或[退出(E)/放弃(U)]＜退出＞：

结果如图 14-19 所示。

8. 单击"修改"工具栏中的"偏移"按钮，选择上步偏移后的水平轴线为偏移对象，继续向上偏移，偏移距离为 2100，3600、4800、1800，如图 14-20 所示。

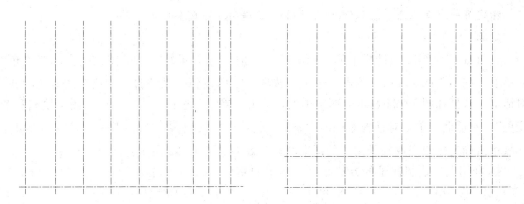

图 14-18　偏移竖直直线　　　　　图 14-19　偏移水平直线

技巧荟萃

依次选择"工具"→"选项"→"配置"→"重置"命令或按钮；或执行 MENU-LOAD 命令，然后点击"浏览"按钮，在打开的对话框中选择 ACAD.MNC 加载即可。

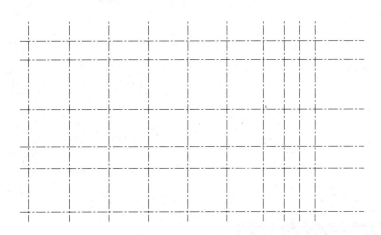

图 14-20　水平直线

14.2.3　绘制并布置墙体柱子

1. 在"图层"工具栏的下拉列表中，选择"柱子"图层为当前层，如图 14-21 所示。

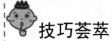

图 14-21　设置当前图层

2. 单击"绘图"工具栏中的"矩形"按钮 □，在图形空白区域任选一点为矩形起点，绘制一个 450×420 的矩形，命令行提示与操作如下：

命令：RECTANG

指定第一个角点或 [倒角(C)/标高(E)/圆角(F)/厚度(T)/宽度(W)]：

指定另一个角点或［面积(A)/尺寸(D)/旋转(R)］：@450,420

如图 14-22 所示。

3. 单击"绘图"工具栏中的"图案填充"按钮 ，系统打开"图案填充和渐变色"对话框，如图 14-23 所示。单击"图案"选项后面的按钮，系统打开"填充图案选项板"对话框，选择如图 14-24 所示的图案类型，单击"确定"按钮退出。回到"图案填充和渐变色"，对话框，单击对话框右侧的"添加：拾取点"按钮 ，选择上步绘制矩形为填充区域单击确定按钮完成柱子图形的图案填充，效果如图 14-25 所示。

4. 利用上述绘制柱子的方法绘制图形中的剩余（450×600）、（500×500）、（680×580）、（680×439）、（550×345）和（550×450）柱子图形的绘制。

图 14-22 绘制矩形　　　　　　　图 14-23 "图案填充和渐变色"对话框

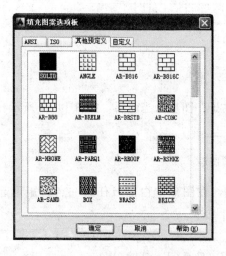

图 14-24 填充图案选项板　　　　　　　图 14-25 填充图形

5. 单击"绘图"工具栏中的"圆"按钮⊘，在图形空白区域选择一点为圆的圆心，绘制一个半径为 225 的圆，如图 14-26 所示。

6. 单击"绘图"工具栏中的"图案填充"按钮▨，系统打开"图案填充和渐变色"对话框，单击"图案"选项后面的按钮，系统打开"填充图案选项板"对话框，选择 Solid 的图案类型，单击"确定"按钮退出。回到"图案填充和渐变色"，对话框单击对话框右侧的"添加：拾取点"按钮⊞，选择上步绘制圆为填充区域单击确定按钮，完成圆形柱子的绘制，效果如图 14-27 所示。

图 14-26 绘制圆

图 14-27 填充圆

7. 单击"修改"工具栏中的"移动"按钮✛和"复制"按钮⊙，选择前面绘制的"450×420"的柱子图形为移动对象，将其移动放置到如图 14-28 所示的轴线位置。

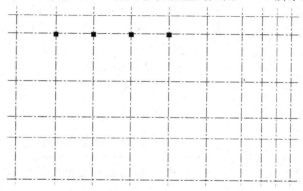

图 14-28 布置 450×420 的柱子

技巧荟萃

为方便后期墙体绘制，"450×420"的柱子上端点高出轴线交点 120。

8. 单击"修改"工具栏中的"移动"按钮✛和"复制"按钮⊙，选择（450×600）大小的柱子为移动对象，将其移动放置到如图 14-29 所示的轴线位置。

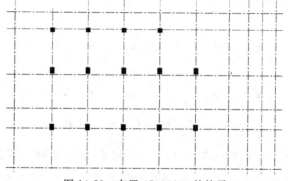

图 14-29 布置 450×600 的柱子

技巧荟萃

为方便后期墙体绘制，"450×600"的底层柱子下端点高出轴线交点150。

9. 单击"修改"工具栏中的"移动"按钮✛和"复制"按钮，选择前面绘制的（500×500）的柱子图形为移动对象，将其移动放置到如图14-30所示的轴线位置。

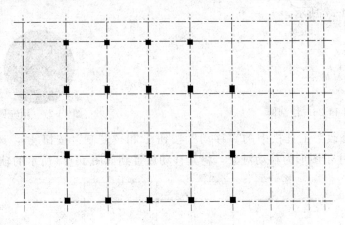

图 14-30　布置 500×500 的柱子

 技巧荟萃

为方便后期墙体绘制，"450×420"的柱柱子上端点高出轴线交点120。

10. 单击"修改"工具栏中的"移动"按钮✛和"复制"按钮，选择前面绘制的（680×580）的柱子图形为移动对象，将其移动放置到如图14-31所示的轴线位置。

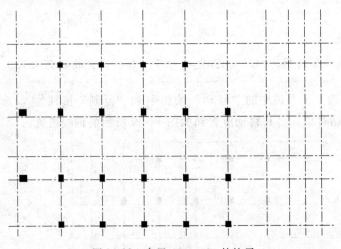

图 14-31　布置 680×580 的柱子

11. 单击"修改"工具栏中的"移动"按钮✛和"复制"按钮，选择绘制的（680×439）的柱子图形为移动对象，将其移动放置到如图14-32所示的轴线位置。

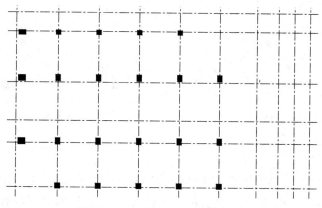

图 14-32　布置 680×439 的柱子

12. 单击"修改"工具栏中的"移动"按钮✛和"复制"按钮⚙，选择前面绘制的半径为 225 的圆形柱子为移动对象将其移动放置到如图 14-33 所示的轴线位置。

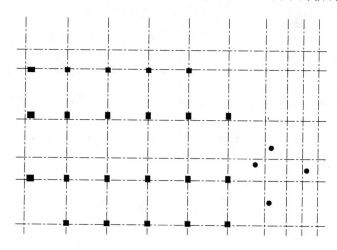

图 14-33　布置圆形柱子

13. 利用上述方法完成剩余柱子（550×345）、（550×450）的布置，如图 14-34 所示。

14. 单击"绘图"工具栏中的"圆"按钮⊘，在图形 225 圆形柱子的圆心绘制一个半径为 275 的同心圆，如图 14-35 所示。

15. 单击"绘图"工具栏中的"圆"按钮⊘，选择如图 14-36 所示中的方形柱子水平边与竖直边相交线交点为圆心，绘制一个半径为 400 的圆，结果如图 14-36 所示。

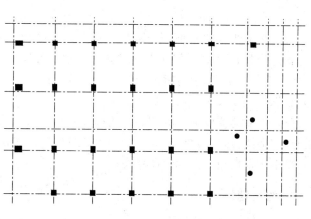

图 14-34　布置剩余柱子

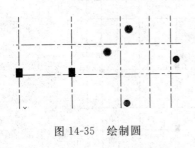

图 14-35　绘制圆

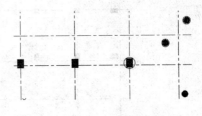

图 14-36　绘制圆

16. 单击"绘图"工具栏中的"图案填充"按钮，系统打开"图案填充和渐变色"对话框，单击"图案"选项后面的按钮，系统打开"填充图案选项板"对话框，选择

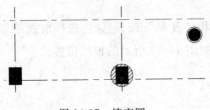

图 14-37　填充圆

ANSI31 的图案类型，设置其比例为 30，单击"确定"按钮退出。回到"图案填充和渐变色"，对话框单击对话框右侧的"添加：拾取点"按钮，选择上步绘制的圆为填充区域单击确定按钮，完成柱子的外围填充，结果如图 14-37 所示。

14.2.4　绘制墙线

1. 一般的建筑结构的墙线均可通过 AutoCAD 中的"多线"命令来绘制。本例结合"多线"、"分解""修剪"和"偏移"命令完成绘制墙线的绘制。

2. 在"图层"工具栏的下拉列表中，选择"墙体"图层为当前层，如图 14-38 所示。

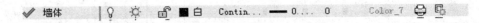

图 14-38　设置当前图层

3. 设置多线样式

（1）选择菜单栏"格式"→"多线样式"命令，打开"多线样式"对话框，如图 14-39 所示。

（2）在多线样式对话框中，样式栏中只有系统自带的 STANDARD 样式，单击右侧的"新建"按钮，打开创建多线样式对话框，如图 14-40 所示。在新样式名文本框中输入"240"，作为多线的名称。单击"继续"按钮，打开"新建多线样式：240"对话框，如图 14-41 所示。

（3）外墙的宽度为"240"，将偏移分别修改为"120"和"-120"，单击"确定"按钮回到"多线样式"对话框，单击"置为当前"按钮，将创建的多线样式设为当前多线样式，单击确定按钮，回到绘图状态。

4. 绘制墙线

（1）选择菜单栏"绘图"→"多线"命令，绘制一楼给水平面图中的 240 厚的墙体。命令行提示与操作如下：

图14-39 "多线样式"对话框

图14-40 新建多线样式

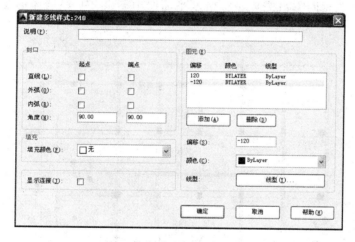

图14-41 编辑新建多线样式

命令:mline

当前设置:对正＝上,比例＝20.00,样式＝STANDARD

指定起点或[对正(J)/比例(S)/样式(ST)]:st(设置多线样式)

输入多线样式名或[?]:240(多线样式为墙240)

当前设置:对正＝上,比例＝20.00,样式＝240

指定起点或[对正(J)/比例(S)/样式(ST)]:j

输入对正类型[上(T)/无(Z)/下(B)]<上>:Z(设置对正模式为无)

当前设置:对正＝无,比例＝20.00,样式＝240

指定起点或[对正(J)/比例(S)/样式(ST)]:S

输入多线比例<20.00>:1(设置线型比例为1)

当前设置:对正＝无,比例＝14.00,样式＝240

指定起点或[对正(J)/比例(S)/样式(ST)]:

指定下一点:指定下一点或［放弃(U)］:

如图 14-42 所示。

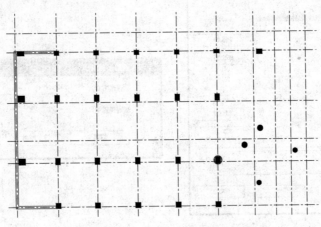

图 14-42　绘制 240 墙体

（2）利用上述相同方法完成一楼给水平面图中剩余 240 厚墙体的绘制，结果如图 14-43所示。

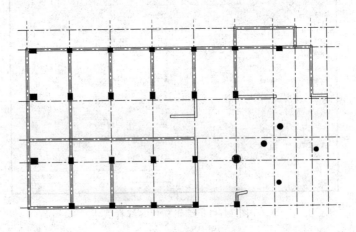

图 14-43　绘制剩余 240 墙体

（3）选择菜单栏中的"修改"→"对象"→"多线"命令，设置多线交点处，同时利用"圆弧"、"偏移"、"延伸"及"修剪"等命令，240 墙体整理结果如图 14-44 所示。

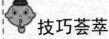

技巧荟萃

在需要的情况下，利用"分解"命令，分解多线为直线，方便后期操作。

5. 设置多线样式

在建筑结构中，包括承载受力的承重结构和用来分割空间、美化环境的非承重墙。

（1）选择菜单栏"格式"→"多线样式"命令，打开"多线样式"对话框，如图 14-45所示。

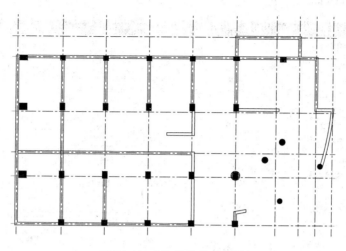

图 14-44　240 墙体整理结果

（2）在多线样式对话框中，单击右侧的"新建"按钮，打开"创建新的多线样式"对话框，如图 14-46 所示。在新样式名文本框中输入"150"，作为多线的名称。单击"继续"按钮，打开"新建多线样式：150"的对话框，如图 14-47 所示。

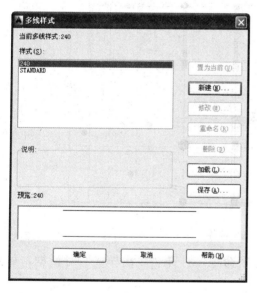

图 14-45　"多线样"式对话框　　　　图 14-46　新建多线样式

（3）墙体的宽度为 150，将偏移量设置为"75"和"－75"，单击"确定"按钮回到"多线样式"对话框，单击"置为当前"按钮，将创建的多线样式设为当前多线样式，单击确定按钮，回到绘图状态。

（4）选择菜单栏"绘图"→"多线"命令，结合 240 及 150 多线样式，完成平面图中主要墙体的绘制。如图 14-48 所示。

6. 设置多线样式

在建筑结构中，包括承载受力的承重结构和用来分割空间、美化环境的非承重墙。

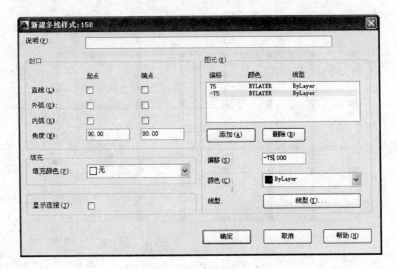

图 14-47　编辑新建多线样式

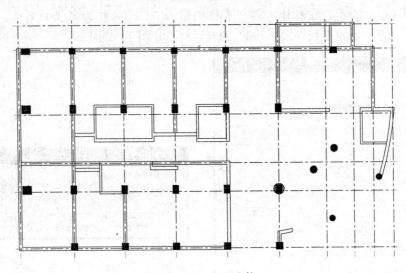

图 14-48　主要墙体

　　（1）选择菜单栏"格式"→"多线样式"命令，打开"多线样式"对话框，如图 14-49所示。

　　（2）在多线样式对话框中，单击右侧的"新建"按钮，打开"创建新的多线样式"对话框，如图 14-50 所示。在新样式名文本框中输入"100"，作为多线的名称。单击"继续"按钮，打开"新建多线样式"的对话框，如图 14-51 所示。

　　（3）"100"为绘制轻体墙时应用的多线样式，由于轻体墙的厚度为"100"，所以按照图 14-47 中所示，将偏移分别修改为"50"和"－50"，单击"确定"按钮，回到"多线样式"对话框，单击"置为当前"按钮，将创建的多线样式设为当前多线样式，单击确定按钮，回到绘图状态。

　　（4）选择菜单栏中"绘图"→"多线"命令，结合前面墙体的绘制方法完成一楼平面图中 100 厚墙体的绘制。如图 14-52 所示。

图 14-49　"多线样式"对话框

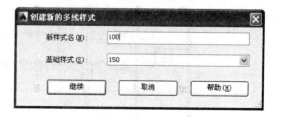

图 14-50　"创建新的多线样式"对话框

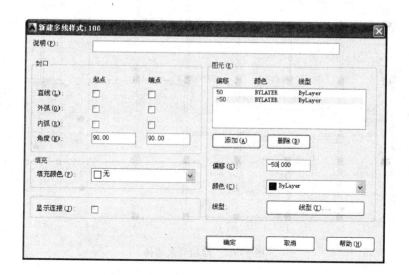

图 14-51　编辑新建多线样式

（5）单击"绘图"工具栏中的"直线"按钮 ╱ 和"偏移"按钮 ⊡，完成图形中的剩余墙体的绘制，如图 14-53 所示。

（6）单击"修改"工具栏中的"分解"按钮 ⊡，选择图形中由多线样式创建的墙体为分解对象回车确认进行分解。

 **技巧荟萃**

　　读者绘制墙体时需要注意墙体厚度不同，要对多线样式进行修改。

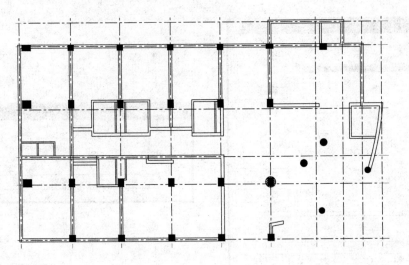

图 14-52   绘制墙体

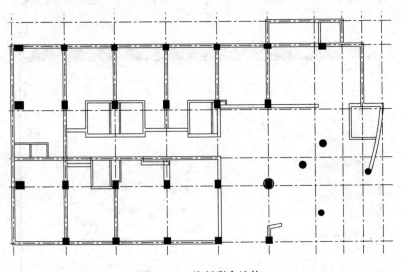

图 14-53   绘制剩余墙体

（7）单击"修改"工具栏中的"修剪"按钮 ，选择上步分解后的墙体线为修剪对象对其进行修剪，使墙体间贯通，如图 14-54 所示。

 技巧荟萃

目前，国内对建筑 CAD 制图开发了多套适合我国规范的专业软件，如天正、广厦等。这些以 AutoCAD 为平台开发的制图软件，通常根据建筑制图的特点，对许多图形进行模块化、参数化，故在使用这些专业软件时，大大提高了 CAD 制图的速度，而且 CAD 制图格式规范统一，大大降低了一些单靠 CAD 制图易出现的小错误，给制图人员带来了极大的方便，节约了大量的制图时间，感兴趣的读者也可对相关软件试一试。

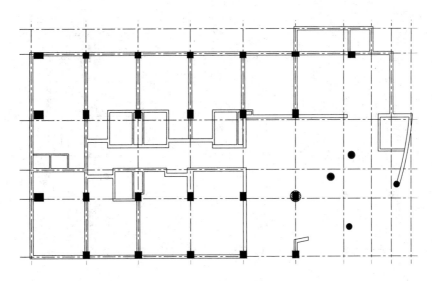

图 14-54　修剪墙体

14.2.5　绘制门窗

1. 修剪窗洞

（1）单击"修改"工具栏中的"偏移"按钮 ⚏，选择左侧竖直轴线为偏移对象向右进行偏移，偏移距离为 1150，1800、2200、1800、2100、1800、2100、1800、2100、1800，如图 14-55 所示。

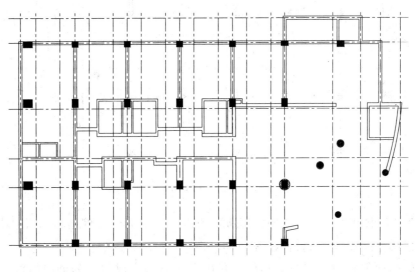

图 14-55　偏移墙线

（2）单击"修改"工具栏中的"修剪"按钮 -/--，选择上步偏移线段间墙体为修剪对象对其进行修剪，完成图形中第一道窗洞的创建，如图 14-56 所示。

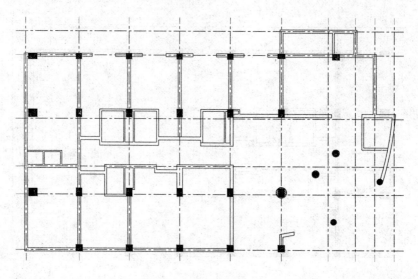

图 14-56　修剪对象

（3）单击"修改"工具栏中的"偏移"按钮 🔲，选择左侧竖直轴线为偏移对象向右进行偏移，偏移距离为 420、3260、840、3060、937、2919、1188、2771，如图 14-57 所示。

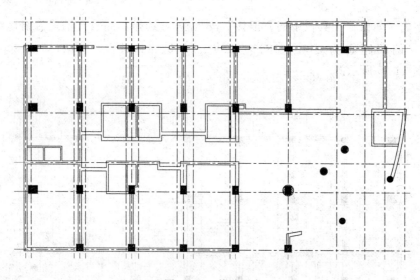

图 14-57　偏移对象

（4）单击"修改"工具栏中的"修剪"按钮 ⊢，选择上步偏移轴线间的墙体为修剪对象，完成第二道窗洞的修剪，如图 14-58 所示。

（5）门洞的创建方法与窗洞相同，利用上述方法完成门洞的创建门洞尺寸，如图 14-59 所示。

（6）单击"修改"工具栏中的"修剪"按钮 ⊢，选择上步绘制的门洞间的墙体为修剪对象，对其进行修剪处理，完成图形中门洞的创建，如图 14-60 所示。

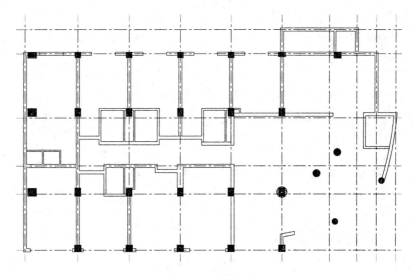

图 14-58 绘制窗线

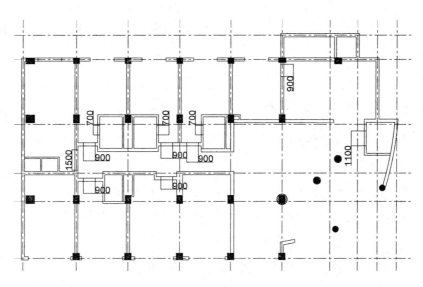

图 14-59 绘制门洞线

（7）单击"绘图"工具栏中的"直线"按钮，在如图 14-61 所示的位置绘制一条竖直直线。

（8）单击"修改"工具栏中的"偏移"按钮，选择上步绘制的竖直直线为偏移对象向左进行偏移，偏移距离为 120，偏移后的直线如图 14-62 左侧箭头所示。

（9）单击"修改"工具栏中的"延伸"按钮，选择如图 14-62 右侧箭头所指的水平直线为延伸对象对其进行延伸。

（10）单击"修改"工具栏中的"修剪"按钮，选择上步延伸及偏移后线段为修剪对象，对其进行修剪，如图 14-63 所示。

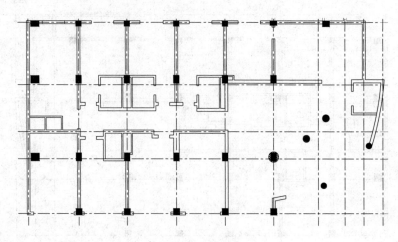

图 14-60 修剪门洞线

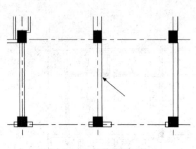

图 14-61 绘制直线

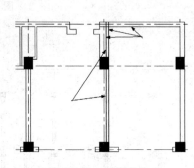

图 14-62 延伸直线

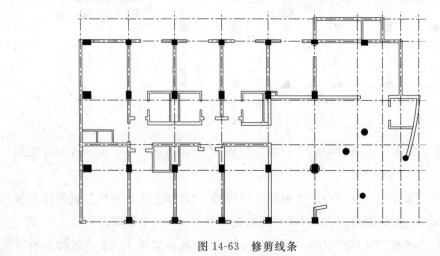

图 14-63 修剪线条

（11）利用创建门洞的方法完成阳台洞口的创建，如图 14-64 所示。

2. 在"图层"工具栏的下拉列表中，选择"门窗"图层为当前层，如图 14-65 所示。

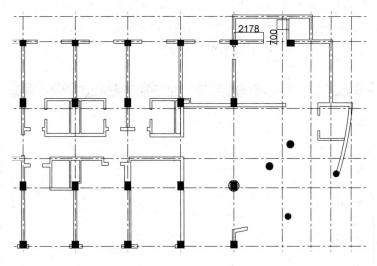

图 14-64　创建阳台洞口

图 14-65　设置当前图层

3. 设置多线样式

（1）选择菜单栏中的"格式"→"多线样式"命令，打开"多线样式"对话框，如图 14-66 所示。

（2）在"多线样式"对话框中，单击右侧的"新建"按钮，打开"创建新的多线样式"对话框，如图 14-67 所示。在新样式名文本框中输入"窗"，作为多线的名称。单击"继续"按钮，打开编辑多线样式的对话框，如图 14-68 所示。

图 14-66　"多线样式"对话框

图 14-67　创建新的多线样式

351

（3）窗户所在墙体宽度为"240"，将偏移分别修改为120，和－120，40 和－40，单击"确定"按钮，回到多线样式对话框中，单击"置为当前"按钮，将创建的多线样式设为当前多线样式，单击确定按钮，回到绘图状态。

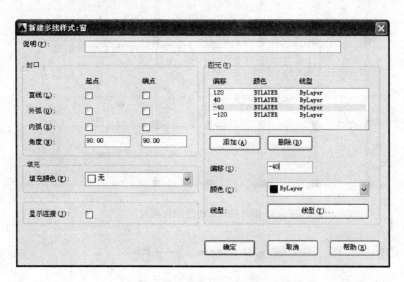

图 14-68　编辑新建多线样式

（4）选择菜单栏中的"绘图"→"多线"命令，结合前面绘制墙体的方法完成修剪出的窗洞内窗线的绘制，如图 14-69 所示。

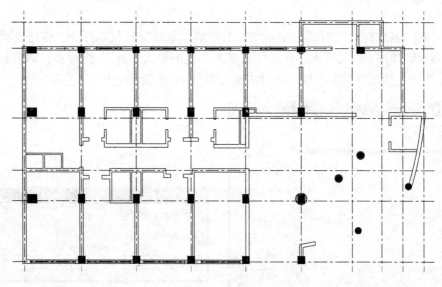

图 14-69　绘制窗线

（5）单击"绘图"工具栏中的"直线"按钮，在如图 14-57 所示的位置绘制一条水平直线，如图 14-70 所示。

（6）单击"修改"工具栏中的"偏移"按钮，选择上步绘制的水平直线为偏移对

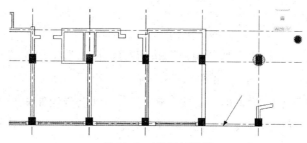

图 14-70　绘制门洞线

象向上进行偏移，偏移距离为 100、100。如图 14-71 所示。

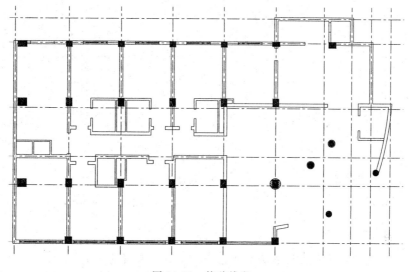

图 14-71　偏移线段

（7）单击"绘图"工具栏中的"圆弧"按钮 和"修改"工具栏中的"偏移"按钮 ，完成一楼给水平面图中弧形窗线的绘制，如图 14-72 所示。

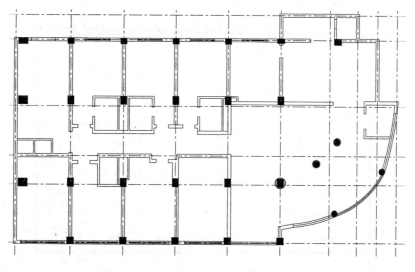

图 14-72　绘制门洞线

4. 绘制门

（1）单击"绘图"工具栏中的"矩形"按钮□，在图形空白位置任选一点为矩形起点绘制一个"36×900"的矩形，如图 14-73 所示。

（2）单击"绘图"工具栏中的"直线"按钮╱，以上步绘制矩形左下角点为直线起点向右绘制一条长为 900 的直线，如图 14-74 所示。

（3）单击"绘图"工具栏中的"圆弧"按钮╱，以"起点、端点、角度"方式绘制圆弧，如图 14-75 所示。

图 14-73 绘制矩形   图 14-74 绘制直线   图 14-75 绘制圆弧

技巧荟萃

起点为直线右侧端点，端点为矩形右上方端点，角度为 $-90°$。

（4）单击"绘图"工具栏中的"创建块"按钮，弹出"块定义"对话框。选择上步绘制的单扇门图形为定义对象，选择任意点为基点，将其定义为块，块名为"单扇门"，如图 14-76 所示。

图 14-76 定义单扇门

技巧荟萃

　　绘制圆弧时，注意指定合适的端点或圆心，指定端点的时针方向也即为绘制圆弧的方向。例如要绘制图示的下半圆弧，则起始端点应在左侧，终端点应在右侧，此时端点的时针方向为逆时针，则即得到相应的逆时针圆弧。

　　（5）单击"绘图"工具栏中的"插入块"按钮🔲，选择上步创建的门图形为插入对象将绘制的门图形插入到门洞处，并单击"绘图"工具栏中的"直线"按钮╱，绘制封闭洞口线，如图 14-77 所示。

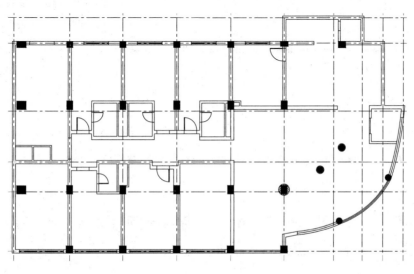

图 14-77　放置门图形

14.2.6　绘制楼梯

1. 消防楼梯

　　（1）在"图层"特性管理器中，新建"楼梯"图层，并将其设置为当前层，如图 14-78所示。

| 🖊 楼梯 | 🔆 ☼ 🔓 ■洋红 Contin.. — 0... Color_6 0 | 🖨 🔳 |

图 14-78　设置楼梯图层

　　（2）单击"绘图"工具栏中的"矩形"按钮▢，在楼梯间位置处选择一点为矩形起点绘制一个"100×3349"的矩形，如图 14-79 所示。

　　（3）单击"绘图"工具栏中的"直线"按钮╱，在上步绘制矩形上选取一点为直线起点向右绘制一条长为 3860 的水平直线，如图 14-80 所示。

　　（4）单击"修改"工具栏中的"偏移"按钮⛃，选择上步绘制的水平直线为偏移对

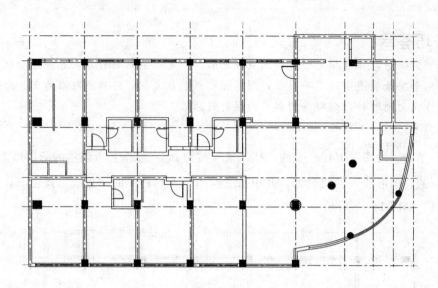

图 14-79　绘制矩形

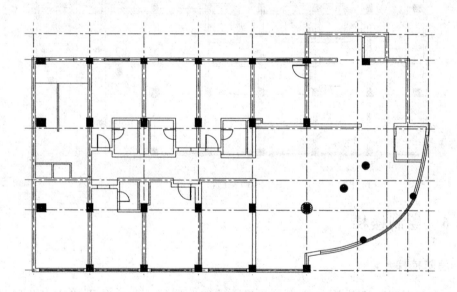

图 14-80　绘制直线

象向下进行连续偏移，偏移距离为 1、299、1、299、1、299、1、299、1、299、1、299、1、299、1、299、1、299、1、299、1、299、1、299、1，如图 14-81 所示。

（5）单击"修改"工具栏中的"修剪"按钮 ⊹，选择前面绘制矩形内的直线为修剪对象对其进行修剪处理，如图 14-82 所示。

（6）单击"绘图"工具栏中的"直线"按钮 ╱，在如图 14-83 所示的位置绘制一条水平直线以及一条竖直直线，如图 14-83 所示。

（7）单击"修改"工具栏中的"偏移"按钮 ⚏，选择上步绘制的竖直直线为偏移对象向左进行偏移，偏移距离为 300、300、300、300、300、190，如图 14-84 所示。

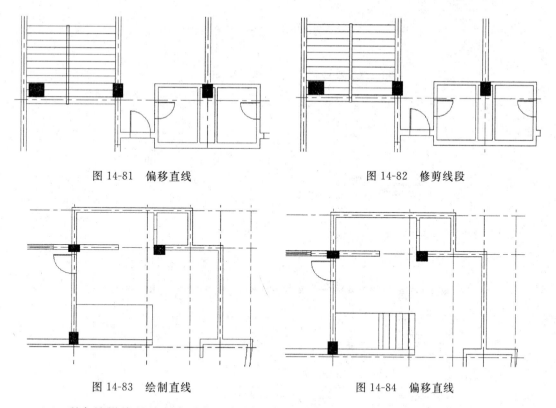

图 14-81　偏移直线　　　　　　　　　　　图 14-82　修剪线段

图 14-83　绘制直线　　　　　　　　　　　图 14-84　偏移直线

（8）剩余楼梯线的绘制方法与上相同，完成剩余的楼梯线的绘制，如图 14-85 所示。

（9）单击"绘图"工具栏中的"直线"按钮 ∕，在上步绘制的楼梯线上绘制连续直线，完成楼梯折弯线的绘制，如图 14-86 所示。

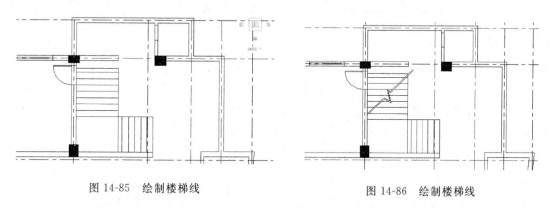

图 14-85　绘制楼梯线　　　　　　　　　　图 14-86　绘制楼梯线

（10）单击"修改"工具栏中的"修剪"按钮 -/--，选择上步绘制楼梯梯段线外的楼梯线为修剪对象，对其进行修剪，如图 14-87 所示。

（11）利用上述创建楼梯的方法完成图形中剩余楼梯的创建，如图 14-88 所示。

2. 绘制酒店入口台阶

（1）单击"绘图"工具栏中的"直线"按钮 ∕ 和"圆弧"按钮 ⌒，在图形底部绘制连续直线，如图 14-89 所示。

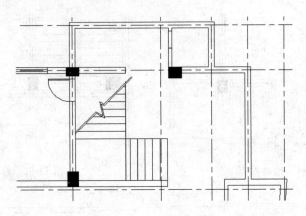

图 14-87　绘制楼梯线

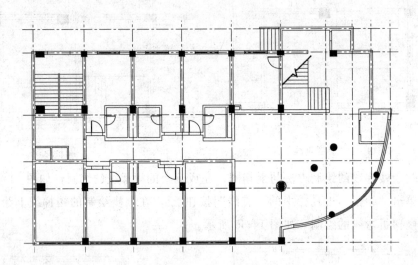

图 14-88　绘制剩余楼梯线

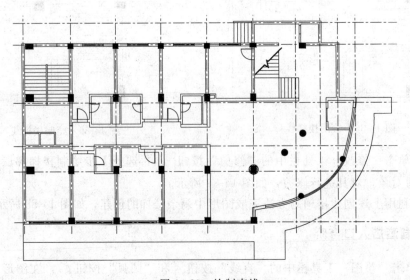

图 14-89　绘制直线

（2）单击"修改"工具栏中的"偏移"按钮 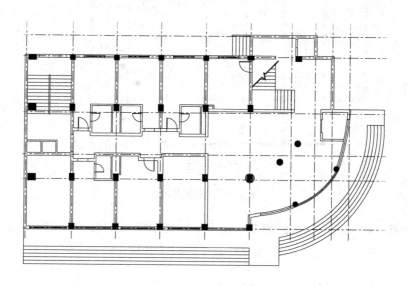，选择如图 14-90 所示的线段为偏移
线段向下进行连续偏移。偏移距离为 300，如图 14-90 所示。

图 14-90　偏移直线

（3）单击"绘图"工具栏中的"矩形"按钮 □，在电梯间位置选择一点为矩形起点
绘制一个"1411×1910"的矩形，如图 14-91 所示。

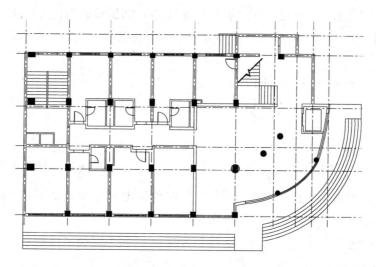

图 14-91　绘制矩形

（4）单击"绘图"工具栏中的"直线"按钮 ╱，在上步绘制矩形内绘制对角线，如
图 14-92 所示。

14.2.7　绘制家具

1. 在"图层"特性管理器中，新建"家具"图层，并将其设置为当前层，如图 14-93 所示。

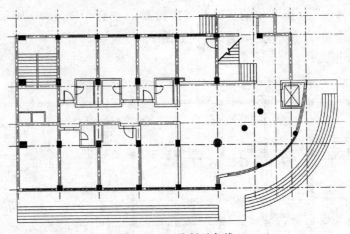

图 14-92　绘制对角线

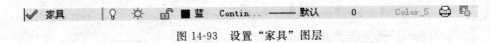

图 14-93　设置"家具"图层

2. 绘制四人座餐桌椅

（1）单击"绘图"工具栏中的"矩形"按钮□，在图形空白区域绘制一个"1300×600"的矩形，完成四人座餐桌的绘制，如图 14-94 所示。

（2）单击"绘图"工具栏中的"矩形"按钮□，在图形适当位置任意选取一点为矩形起点，绘制一个"480×440"的矩形，如图 14-95 所示。

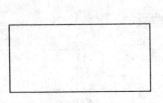

图 14-94　绘制 1300×600 矩形

图 14-95　绘制 480×440 矩形

（3）单击"修改"工具栏中的"偏移"按钮＠，选择上步绘制矩形为偏移对象向内进行偏移，偏移距离为 40，如图 14-96 所示。

（4）单击"绘图"工具栏中的"直线"按钮／，在外部绘制矩形左边竖直边上选取一点为直线起点向右绘制一条水平直线，如图 14-97 所示。

图 14-96　偏移矩形

图 14-97　绘制直线

（5）单击"修改"工具栏中的"修剪"按钮，选择上步绘制图形为修剪对象对其进行修剪处理，如图 14-98 所示。

（6）单击"修改"工具栏中的"圆角"按钮，选择外部矩形两侧竖直边及底部水平边为圆角对象，设置其圆角半径为 40，对其进行圆角操作，如图 14-99 所示。

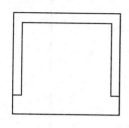

图 14-98　修剪线段

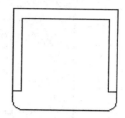

图 14-99　圆角对象

（7）单击"绘图"工具栏中的"圆弧"按钮，在如图 14-100 所示的位置绘制一段圆弧，完成餐椅的绘制。

（8）单击"修改"工具栏中的"移动"按钮，选择上步绘制的餐椅图形为移动对象将其移动放置到餐桌处。

（9）单击"修改"工具栏中的"复制"按钮，选择移动的餐椅图形为复制对象将其向右侧进行复制。

（10）单击"修改"工具栏中的"镜像"按钮，选择上步复制的两个餐椅图形为镜像对象，对其进行水平镜像，最终完成四人座餐桌的绘制，如图 14-101 所示。

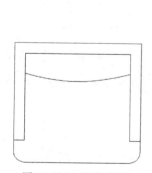

图 14-100　圆角对象

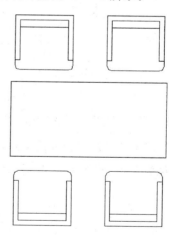

图 14-101　布置餐椅

（11）单击"绘图"工具栏中的"创建块"按钮，弹出"块定义"对话框，如图 14-102 所示，选择上步图形为定义对象，选择任意点为基点，将其定义为块，块名为"四人餐桌"。

3. 绘制沙发

（1）单击"绘图"工具栏中的"直线"按钮，在图形适当位置绘制多条直线，如

图 14-103 所示。

图 14-102　"块定义"对话框

（2）单击"绘图"工具栏中的"圆弧"按钮 ╱，在上步图形位置处绘制圆弧，如图 14-104 所示。

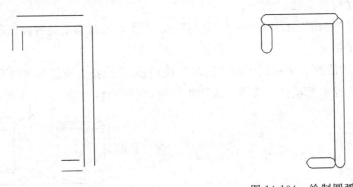

图 14-103　绘制直线　　　　　　　　　　　　图 14-104　绘制圆弧

（3）单击"绘图"工具栏中的"直线"按钮 ╱，在如图 14-105 所示的位置绘制连续直线。

（4）单击"修改"工具栏中的"圆角"按钮 ◻，选择上步绘制两条直线为圆角对象，圆角半径为 100，如图 14-106 所示。

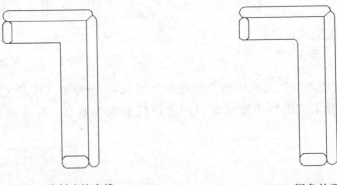

图 14-105　绘制连续直线　　　　　　　　　　图 14-106　圆角处理

（5）单击"绘图"工具栏中的"直线"按钮 ╱，在上步图形适当位置绘制四条直线，如图 14-107 所示。

（6）单击"修改"工具栏中的"圆角"按钮 ╭，选择上步绘制的四条直线为圆角对象对其进行圆角处理，如图 14-108 所示。

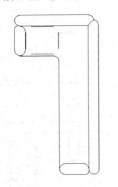

图 14-107　绘制直线

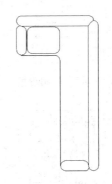

图 14-108　圆角处理

（7）单击"绘图"工具栏中的"图案填充"按钮 ▨，系统打开"图案填充和渐变色"对话框，单击"图案"选项后面的按钮，系统打开"填充图案选项板"对话框，选择 GRASS 的图案类型，设置其比例，单击"确定"按钮退出。回到"图案填充和渐变色"，对话框单击对话框右侧的"添加：拾取点"按钮 ⊞，选择上步绘制矩形为填充区域单击确定按钮，单击"确定"按钮完成沙发的图案填充，效果如图 14-109 所示。

（8）利用上述方法绘制剩余沙发垫图形的绘制，完成沙发的绘制，如图 14-110 所示。

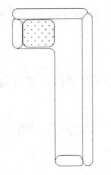

图 14-109　填充图形

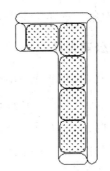

图 14-110　复制图形

（9）单击"绘图"工具栏中的"矩形"按钮 ▭，在上步绘制的沙发图形前方绘制四个适当大小的矩形，如图 14-111 所示。

（10）单击"绘图"工具栏中的"矩形"按钮 ▭，在上步绘制图形内绘制一个适当大小的矩形，如图 14-112 所示。

（11）单击"绘图"工具栏中的"直线"按钮 ╱，绘制上步矩形间的斜向连接线，如图 14-113 所示。

（12）单击"绘图"工具栏中的"直线"按钮 ╱，在上步图形内绘制多条斜向直线，如图 14-114 所示。

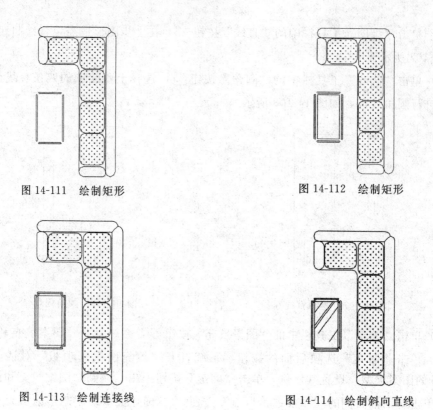

图 14-111　绘制矩形

图 14-112　绘制矩形

图 14-113　绘制连接线

图 14-114　绘制斜向直线

（13）利用上述方法完成沙发与茶几的剩余部分的绘制，如图 14-115 所示。

（14）单击"绘图"工具栏中的"创建块"按钮，弹出"块定义"对话框，选择上步图形为定义对象，选择任意点为基点，将其定义为块块名为"沙发和茶几"。

4. 绘制办公室桌椅

（1）单击"绘图"工具栏中的"矩形"按钮，在图形空白位置任选一点为矩形起点绘制一个"760×1300"的矩形，如图 14-116 所示。

（2）单击"绘图"工具栏中的"矩形"按钮，在上步绘制矩形内绘制一个"195×571"的矩形，如图 14-117 所示。

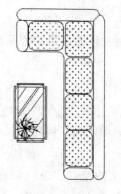

图 14-115　绘制沙发和茶几

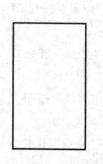

图 14-116　绘制矩形

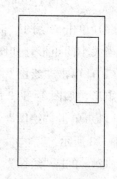

图 14-117　绘制矩形

（3）单击"修改"工具栏中的"分解"按钮 ，选择上步绘制矩形为分解对象，回车确认对其进行分解。

（4）单击"修改"工具栏中的"偏移"按钮 ，选择上步分解矩形四边为偏移对象向内进行偏移，偏移距离为 10，如图 14-118 所示。

（5）单击"绘图"工具栏中的"直线"按钮 ，在上步图形内绘制电脑图形，如图 14-119 所示。

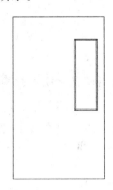

图 14-118　偏移直线

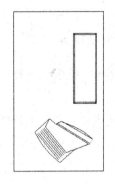

图 14-119　绘制直线

（6）单击"绘图"工具栏中的"直线"按钮 和"圆弧"按钮 ，绘制座椅图形，如图 14-120 所示。

（7）单击"修改"工具栏中的"复制"按钮 ，选择上步绘制图形为复制对象，将其向下进行复制。

（8）单击"修改"工具栏中的"镜像"按钮 ，选择上步两个图形为镜像对象对其进行竖直镜像，如图 14-121 所示。

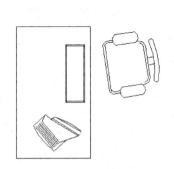

图 14-120　绘制座椅

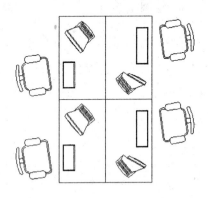

图 14-121　绘制剩余座椅

（9）单击"绘图"工具栏中的"创建块"按钮 ，弹出"块定义"对话框，选择上步图形为定义对象，选择任意点为基点，将其定义为块。块名为"办公桌及椅子"。

（10）利用上述方法完成图形的绘制，并将其定义为块。块名为"两人座沙发"（图14-122）。

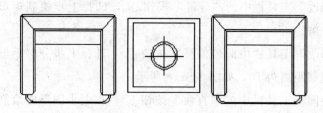

图 14-122 绘制剩余座椅

5. 绘制坐便器

(1) 单击"绘图"工具栏中的"直线"按钮，在图形适当位置绘制连续直线，如图 14-123 所示。

(2) 单击"绘图"工具栏中的"圆弧"按钮，以上步绘制的竖直直线上端点为圆弧起点，绘制两段圆弧，如图 14-124 所示。

图 14-123 绘制连续直线   图 14-124 绘制圆弧

(3) 利用上述方法完成剩余圆弧的绘制，最终完成坐便器图形的绘制，如图 14-125 所示。

(4) 单击"绘图"工具栏中的"创建块"按钮，弹出"块定义"对话框，选择上步图形为定义对象，选择任意点为基点，将其定义为块，块名为"坐便器"。

6. 绘制洗手台

(1) 单击"绘图"工具栏中的"矩形"按钮，在图形空白位置绘制一个"800×369"的矩形，如图 14-126 所示。

图 14-125 绘制剩余座椅   图 14-126 绘制矩形

(2) 单击"绘图"工具栏中的"矩形"按钮，在上步绘制矩形内绘制一个"180×300"的矩形，如图 14-127 所示。

(3) 单击"修改"工具栏中的"偏移"按钮，选择上步绘制的矩形为偏移对象，向内进行偏移，偏移距离为 15，如图 14-128 所示。

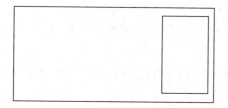

图 14-127　绘制矩形

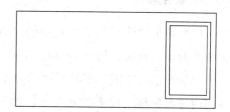

图 14-128　偏移矩形

（4）单击"绘图"工具栏中的"直线"按钮 ，在上步绘制矩形内绘制连续直线，如图 14-129 所示。

（5）单击"绘图"工具栏中的"直线"按钮 ，在上步图形适当位置绘制两条竖直直线，如图 14-130 所示。

图 14-129　绘制连续直线

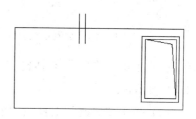

图 14-130　绘制竖直直线

（6）单击"绘图"工具栏中的"圆弧"按钮 ，连接上步绘制的两条竖直直线绘制一段圆弧，如图 14-131 所示。

（7）单击"绘图"工具栏中的"圆"按钮 ，在上步图形下方选取一点为圆的圆心绘制一个半径为 18 的圆，如图 14-132 所示。

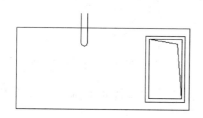

图 14-131　绘制水龙头

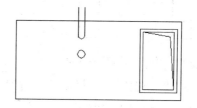

图 14-132　绘制圆

（8）单击"修改"工具栏中的"偏移"按钮 ，选择上步绘制的圆为偏移对象，向内进行偏移，偏移距离为 4，如图 14-133 所示。

（9）单击"绘图"工具栏中的"创建块"按钮 ，弹出"块定义"对话框，选择上步图形为定义对象，选择任意点为基点，将其定义为块，块名为"洗手台"。

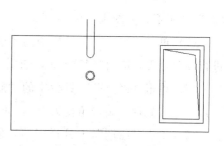

图 14-133　偏移圆

7. 绘制躺椅

（1）单击"绘图"工具栏中的"直线"按钮 ✏️，在图形适当位置绘制长为 540、高为 630 的连续直线，如图 14-134 所示。

（2）单击"绘图"工具栏中的"偏移"按钮 ⬀，选择上步绘制的连续直线为偏移对象向内进行偏移，偏移距离为 90，如图 14-135 所示。

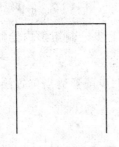

图 14-134　绘制连续直线

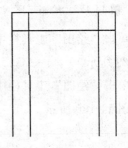

图 14-135　偏移直线

（3）单击"绘图"工具栏中"直线"按钮 ✏️，绘制封闭上步偏移线段底部，如图 14-136 所示。

（4）单击"修改"工具栏中的"圆角"按钮 ⬭，选择上步偏移线段为圆角对象对其进行圆角处理，圆角半径为分别 225、135、18，如图 14-137 所示。

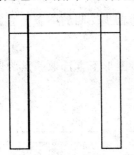

图 14-136　封闭底部线条

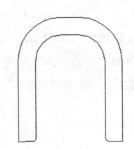

图 14-137　圆角处理

（5）单击"绘图"工具栏中的"直线"按钮 ✏️，在上步图形底部绘制一条水平直线封闭图形端口，如图 14-138 所示。

（6）单击"绘图"工具栏中的"矩形"按钮 ▢，在上步图形底部绘制一个"450×336"的矩形，如图 14-139 所示。

（7）单击"修改"工具栏中的"圆角"按钮 ⬭，选择上步偏移线段为圆角对象对其进行圆角处理，圆角半径为 36，如图 14-140 所示。

（8）单击"修改"工具栏中的"旋转"按钮 ◯，选择上步绘制的图形为旋转对象对其进行旋转处理，旋转角度为 55°，如图 14-141 所示。

（9）单击"绘图"工具栏中的"创建块"按钮 🔲，弹出"块定义"对话框，选择上步图形为定义对象，选择任意点为基点，将其定义为块，块名为"躺椅"。

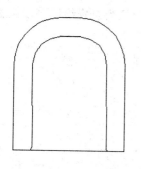

图 14-138　绘制水平直线

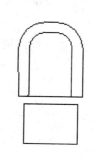

图 14-139　绘制矩形

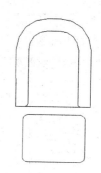

图 14-140　圆角处理

8. 绘制多人沙发

（1）单击"绘图"工具栏中的"直线"按钮，在图形空白位置绘制连续直线，如图 14-142 所示。

（2）单击"修改"工具栏中的"圆角"按钮，对上步绘制的连续直线进行圆角处理，圆角半径为 51，如图 14-143 所示。

（3）单击"绘图"工具栏中的"直线"按钮，在上步图形适当位置绘制连续直线，如图 14-144 所示。

图 14-141　旋转图形

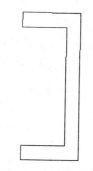

图 14-142　绘制连续直线

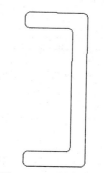

图 14-143　圆角处理

（4）单击"绘图"工具栏中的"圆角"按钮，选择上步绘制的连续直线为圆角对象，对其进行圆角处理，圆角半径为 45，如图 14-145 所示。

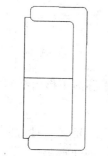

图 14-144　绘制连续直线

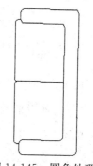

图 14-145　圆角处理

（5）单击"绘图"工具栏中的"圆弧"按钮 ✐，在上步图形适当位置绘制多段圆弧，如图 14-146 所示。

（6）利用上述方法完成剩余沙发图形的绘制，如图 14-147 所示。

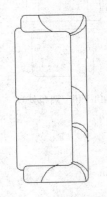

图 14-146　圆角处理

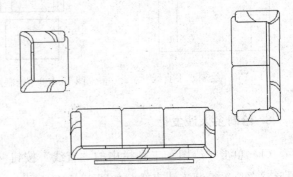

图 14-147　绘制沙发

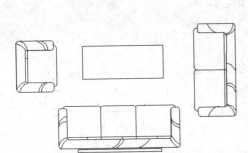

图 14-148　绘制沙发

（7）单击"绘图"工具栏中的"矩形"按钮 ▢，在上步图形适当位置绘制一个适当大小的矩形，如图 14-148 所示。

（8）单击"绘图"工具栏中的"矩形"按钮 ▢，在三人坐沙发左侧绘制一个适当大小的矩形，如图 14-149 所示。

（9）单击"修改"工具栏中的"偏移"按钮 ▱，选择上步绘制的矩形为偏移对象向内进行偏移，如图 14-150 所示。

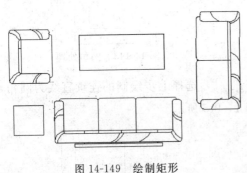

图 14-149　绘制矩形

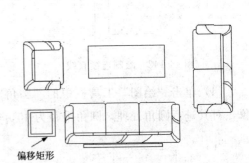

偏移矩形

图 14-150　偏移矩形

（10）单击"绘图"工具栏中的"直线"按钮 ✐，在上步偏移的矩形内绘制多条斜向直线，完成多人沙发的绘制，如图 14-151 所示。

（11）单击"绘图"工具栏中的"创建块"按钮 ▱，弹出"块定义"对话框，选择上步图形为定义对象，选择任意点为基点，将其定义为块块名为"多人沙发"。

9. 绘制电视机

（1）单击"绘图"工具栏中的"直线"按钮 ，在图形空白位置绘制连续直线，如图 14-152 所示。

（2）单击"绘图"工具栏中的"直线"按钮 ，在上步图形左侧位置绘制连续直线，如图 14-153 所示。

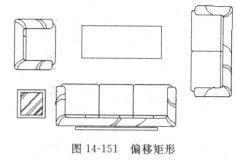

图 14-151　偏移矩形

（3）单击"绘图"工具栏中的"圆弧"按钮 和"直线"按钮 ，完成电视机的绘制，如图 14-154 所示。

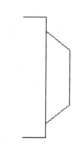
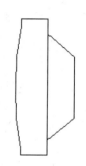

图 14-152　绘制连续直线　　　　图 14-153　绘制连续直线　　　　图 14-154　绘制圆弧

（4）单击"绘图"工具栏中的"创建块"按钮 ，弹出"块定义"对话框，选择上步图形为定义对象，选择任意点为基点，将其定义为块块名为"电视机"。

10. 绘制洗手盆

（1）单击"绘图"工具栏中的"椭圆"按钮 ，在图形空白位置绘制一个适当大小的椭圆，如图 14-155 所示。

（2）单击"绘图"工具栏中的"圆"按钮 ，以上步绘制椭圆内选取一点为圆心绘制一个适当半径的圆，如图 14-156 所示。

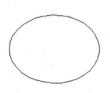
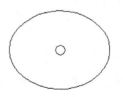

图 14-155　绘制椭圆　　　　　　　　　图 14-156　绘制圆

（3）单击"绘图"工具栏中的"直线"按钮 和"圆弧"按钮 ，绘制图形如图 14-157 所示。

（4）单击"绘图"工具栏的"圆"按钮 ，在上步绘制图形两侧绘制两个相同半径的圆，如图 14-158 所示。

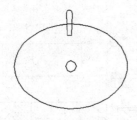

图 14-157　绘制水龙头

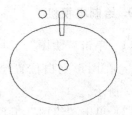

图 14-158　绘制圆

（5）单击"修改"工具栏中的"复制"按钮，选择上步绘制图形为复制对象将其向右进行复制，如图 14-159 所示。

（6）单击"绘图"工具栏中的"矩形"按钮，在上步图形外部位置绘制一个适当大小的矩形，如图 14-160 所示。

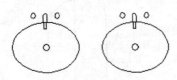

图 14-159　复制图形

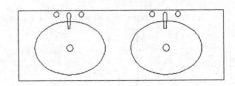

图 14-160　绘制矩形

（7）单击"绘图"工具栏中的"创建块"按钮，弹出"块定义"对话框，选择上步图形为定义对象，选择任意点为基点，将其定义为块，块名为"双人洗手盆"。

14.2.8　布置家具

1. 打开图层下拉列表，单击"轴线"图层前面的开/关图层按钮，关闭轴线图层，如图 14-161 所示。

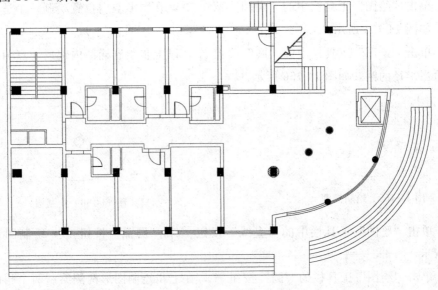

图 14-161　关闭轴线图层

2. 单击"绘图"工具栏中的"插入块"按钮，弹出"插入"对话框。如图 14-162 所示。单击"浏览"按钮，弹出"选择图形文件"对话框，选择"四人餐桌"图块，单击"打开"按钮，回到"插入"对话框，单击"确定"按钮，完成图块插入，如图 14-163 所示。

3. 单击"绘图"工具栏中的"插入块"按钮，弹出"插入"对话框。单击"浏览"按钮，弹出"选择图形文件"对话框，选择"沙发和茶几"图块，单击"打开"按钮，回到"插入"对话框，单击"确定"按钮，完成图块插入，如图 14-164 所示。

图 14-162　"插入"对话框

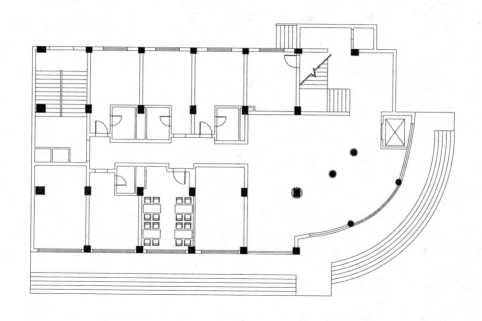

图 14-163　插入四人餐桌

4. 单击"绘图"工具栏中的"插入块"按钮，弹出"插入"对话框。单击"浏览"按钮，弹出"选择图形文件"对话框，选择"办公桌及椅子"图块，单击"打开"按钮，回到"插入"对话框，单击"确定"按钮，完成图块插入，如图 14-165 所示。

5. 单击"绘图"工具栏中的"插入块"按钮，弹出"插入"对话框。单击"浏览"按钮，弹出"选择图形文件"对话框，选择"两人座沙发"图块，单击"打开"按钮，回到"插入"对话框，单击"确定"按钮，完成图块插入，如图 14-166 所示。

6. 单击"绘图"工具栏中的"插入块"按钮，弹出"插入"对话框。单击"浏览"按钮，弹出"选择图形文件"对话框，选择"多人沙发"图块，单击"打开"按钮，回到"插入"对话框，单击"确定"按钮，完成图块插入，如图 14-167 所示。

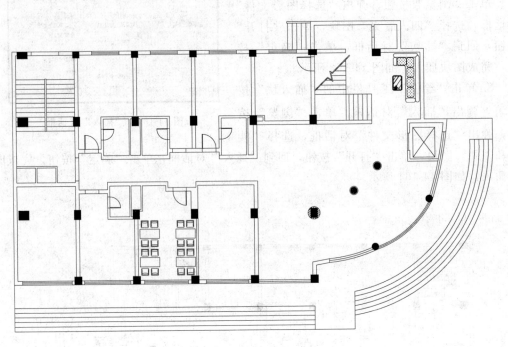

图 14-164　插入沙发和茶几

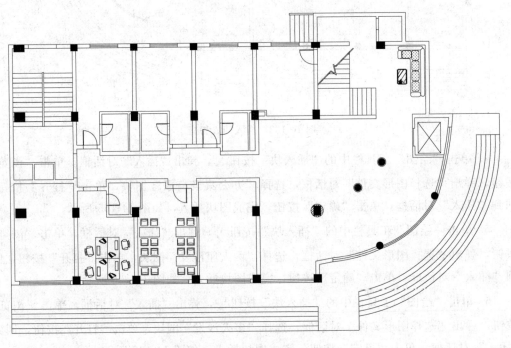

图 14-165　插入办公桌及椅子

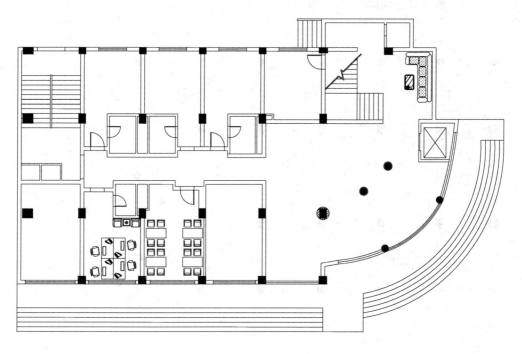

图 14-166　插入两人座沙发

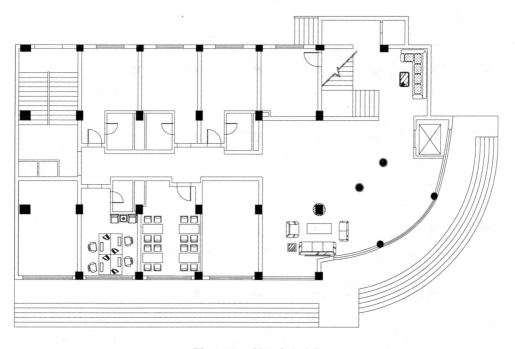

图 14-167　插入多人沙发

7. 单击"绘图"工具栏中的"矩形"按钮▢，在如图 14-96 所示的位置绘制一个"6500×700"的矩形，如图 14-168 所示。

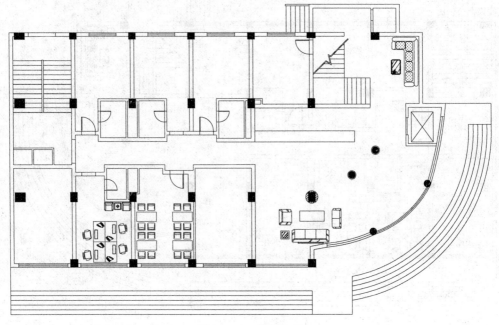

图 14-168　绘制矩形

8. 单击"绘图"工具栏中的"直线"按钮／，在上步绘制的矩形内，绘制一条水平直线，如图 14-169 所示。

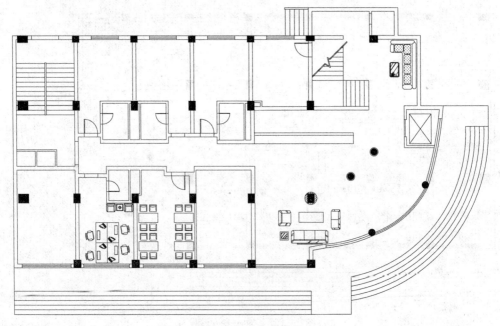

图 14-169　绘制直线

9. 单击"绘图"工具栏中的"插入块"按钮 ，弹出"插入"对话框。单击"浏览"按钮，弹出"选择图形文件"对话框，选择"四人餐桌"图块，单击"打开"按钮，回到"插入"对话框，单击"确定"按钮，完成图块插入，分解图块，复制桌椅，如图14-170所示。

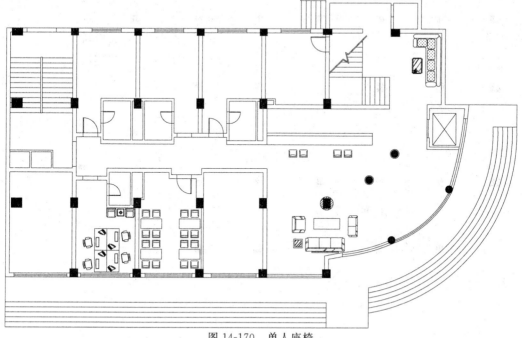

图 14-170 单人座椅

10. 单击"绘图"工具栏中的"矩形"按钮 ，在双人标准间内适当位置任选一点为矩形起点绘制一个"2020×1200"的矩形，如图14-171所示。

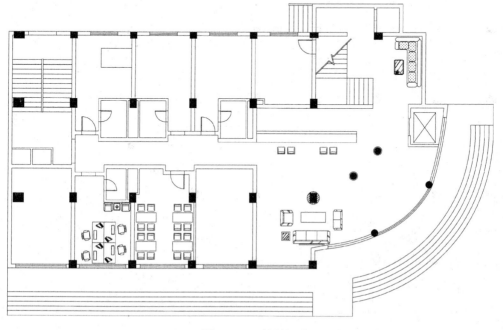

图 14-171 绘制矩形

11. 单击"修改"工具栏中的"复制"按钮 ⊕，选择上步绘制的矩形为复制对象对其进行连续复制，如图 14-172 所示。

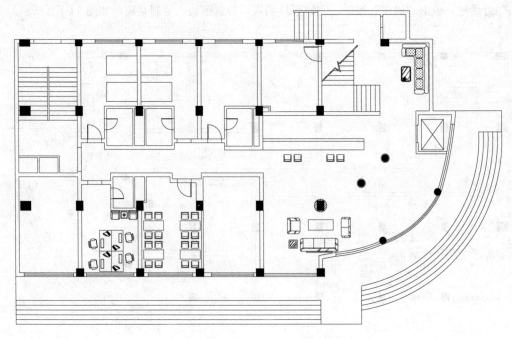

图 14-172　绘制矩形

12. 单击"绘图"工具栏中的"直线"按钮 ╱，在上步绘制矩形内绘制斜向直线，如图 14-173 所示。

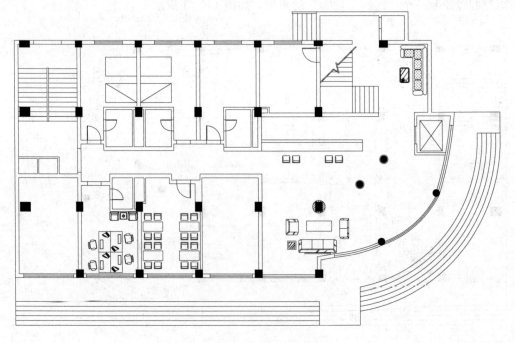

图 14-173　绘制斜向直线

13. 利用上述方法完成一楼给水平面图中剩余的家具布置，如图 14-174 所示。

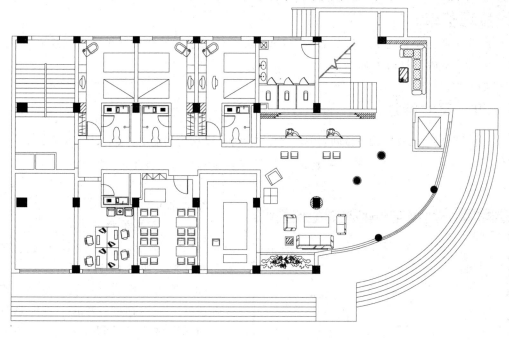

图 14-174　家具布置

14. 打开"图层"下拉列表，单击"轴线"图层前面的开/关图层按钮 💡，打开关闭的"轴线"图层，如图 14-175 所示。

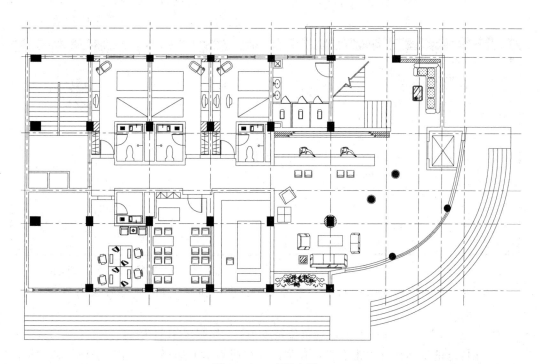

图 14-175　家具布置

技巧荟萃

　　如果不事先设置线型，除了基本的 contiuous 线型外，其他的线型不会显示在"线型"选项后面的下拉列表框中。

14.2.9　尺寸标注

　　1. 在"图层"工具栏的下拉列表中，选择"尺寸"图层为当前层，如图 14-176 所示。

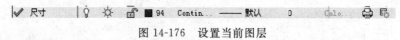

图 14-176　设置当前图层

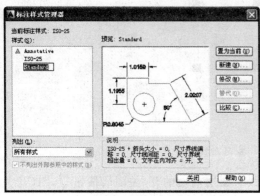

图 14-177　"标注样式管理器"对话框

　　2. 设置标注样式

　　（1）选择菜单栏中的"标注"→"标注样式"命令，弹出"标注样式管理器"对话框，如图 14-177 所示。

　　（2）单击"修改"按钮，弹出"修改标注样式"对话框。单击"线"选项卡，对话框显示如图 14-178 所示，按照图中的参数修改标注样式。

　　（3）单击"符号和箭头"选项卡，按照图 14-179 所示的设置进行修改，箭头样式选择为"建筑标记"，箭头大小修改为"300"，其他设置保持默认。

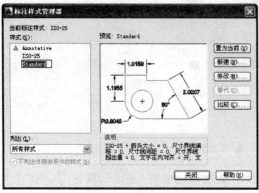

图 14-178　"线"选项卡

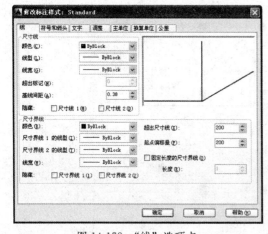

图 14-179　"符号和箭头"选项卡

　　（4）在"文字"选项卡中设置"文字高度"为"400"，其他设置保持默认，如图 14-180 所示。

　　（5）在"主单位"选项卡中设置单位精度为 0，如图 14-181 所述。

　　3. 在任意的工具栏处单击右键，在弹出的快捷菜单上选择"标注"选项，将"标注"工具栏显示在屏幕上，如图 14-182 所示。

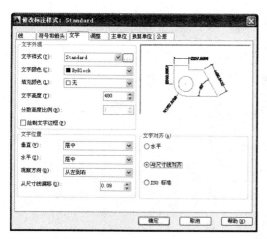

图 14-180 "文字"选项卡

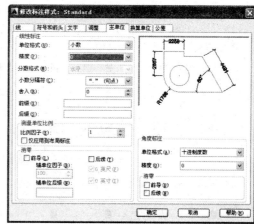

图 14-181 "主单位"选项卡

 技巧荟萃

标注样式的操作技巧?

可利用 DWT 模板文件创建某专业 CAD 制图的统一文字及标注样式,方便下次制图直接调用,而不必重复设置样式。用户也可以从 CAD 设计中心查找所需的标注样式,直接导入至新建的图纸中,即完成了对其的调用。

4. 单击"标注"工具栏中的"线性"按钮 和"连续"按钮 ,为图形添加尺寸标注,如图 14-183 所示。

14.2.10 文字标注

1. 在"图层"工具栏的下拉列表中,选择"文字"图层为当前层,如图 14-184 所示。

2. 选择菜单栏"格式"→"文字样式"命令,弹出"文字样式"对话框,如图 14-185 所示。

3. 单击"新建"按钮,弹出"新建文字样式"对话框,将文字样式命名为"黑体",如图 14-186 所示。

4. 单击"确定"按钮,在"文字样式"对话框中取消钩选"使用大字体"复选框,然后在"字体名"下拉列表中选择黑体,高度设置为 432,如图 14-187所示。

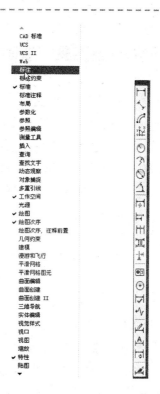

图 14-182 选择"标注"选项和"标注"工具栏

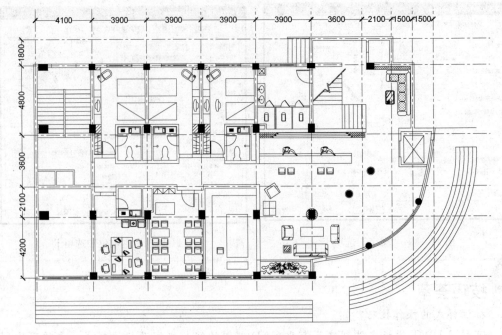

图 14-183　标注尺寸

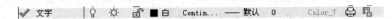

图 14-184　设置当前图层

图 14-185　"文字样式"对话框　　　　　　　　　图 14-186　"新建文字样式"对话框

技巧荟萃

　　在 CAD 输入汉字时，可以选择不同的字体，在"字体名"下拉列表时，有些字体前面有"@"标记，如"@仿宋_GB2312"，这说明该字体是为横向输入汉字用的，即输入的汉字逆时针旋转 90°，如果要输入正向的汉字，不能选择前面带"@"标记的字体。

图 14-187 新建"文字样式"对话框

5. 单击"绘图"工具栏中的"多行文字"按钮 **A**，为图形添加文字说明"办公室"、"早餐间"、"超市"，最终完成图形中文字的标注，如图 14-188 所示。

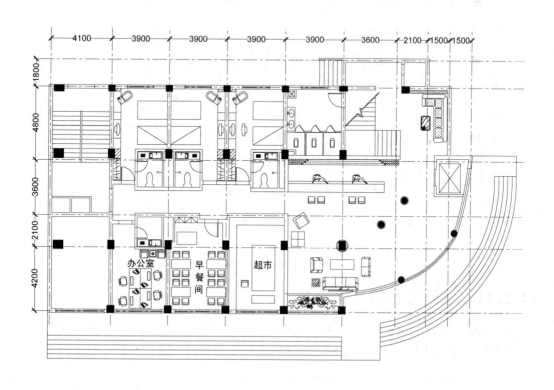

图 14-188 添加文字

技巧荟萃

字体的操作技巧？

首先，同样是在够用情况下，越少越好的原则。这一点，应该适用于 CAD 中所有的设置。不管什么类型的设置，都是越多就会造成 CAD 文件越大，在运行软件时，也可能会给运算速度带来影响。更为关键的是，设置越多，越容易在图元的归类上发生错误。

另外，在使用 CAD 时，除了默认的 Standard 字体外，一般只有两种字体定义。一种是常规定义，字体宽度为 0.75。一般所有的汉字、英文字都采用这种字体。第二种字体定义采用与第一种同样的字库，但是字体宽度为 0.5。这一种字体，是我在尺寸标注时所采用的专用字体。因为，在大多数施工图中，有很多细小的尺寸挤在一起。这时候，采用较窄的字体，标注就会减少很多相互重叠的情况发生。

不要选择前面带 "@" 的字体，因为带 "@" 的字体本来就是侧倒的。

可以直接使用 Windows 的 TTF 中文字体，但是 TTF 字体影响图形的显示速度，还是尽是避免使用它们。

6. 利用上述方法完成剩余文字说明的添加，如图 14-189 所示。

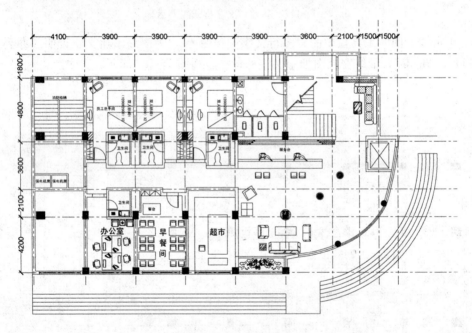

图 14-189　添加文字

14.2.11　绘制及布置排水设备

1. 关闭"轴线"、"家具"、"文字"图层，在"图层"工具栏的下拉列表中，选择"给水排水"图层为当前层，如图 14-190 所示。

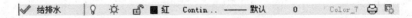

图 14-190　设置当前图层

2. 热水立管

(1) 单击"绘图"工具栏中的"圆"按钮 ⊘，在图形空白位置任选一点为圆心绘制一个半径为 25 的圆，如图 14-191 所示。

(2) 单击"修改"工具栏中的"复制"按钮 ⏚，选择上步绘制的圆为复制对象，对其进行复制操作，完成热水立管的布置，如图 14-192 所示。

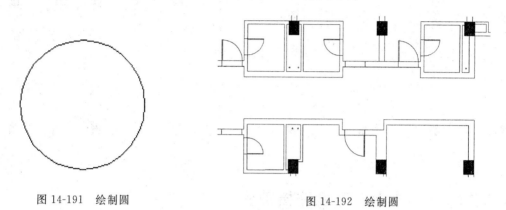

图 14-191 绘制圆

图 14-192 绘制圆

3. 给水立管

(1) 利用"圆"命令完成给水立管的绘制，给水立管的半径为 25。

(2) 单击"修改"工具栏中的"复制"按钮 ⏚，选择给水立管为复制对象，对其进行复制操作，完成布置如图 14-193 所示。

4. 排废立管

(1) 利用"圆"命令完成排废立管的绘制，排废立管的半径为 50。

(2) 单击"修改"工具栏中的"复制"按钮 ⏚，选择上步绘制的排废立管为复制对象，对其进行复制操作，完成排废立管的布置，如图 14-194 所示。

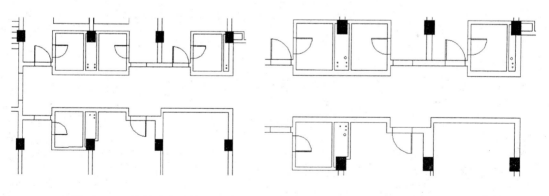

图 14-193 绘制给水立管

图 14-194 排废立管的布置

5. 透气立管

(1) 利用"圆"命令完成透气立管的绘制，透气立管的半径为 50。

(2) 单击"修改"工具栏中的"复制"按钮 ⏚，选择上步绘制的透气立管为复制对象，对其进行复制操作，完成透气立管的布置，如图 14-195 所示。

6. 排污立管

（1）利用"圆"命令完成排污立管的绘制，透气立管的半径为 50。

（2）单击"修改"工具栏中的"复制"按钮，选择上步绘制的排污立管为复制对象，对其进行复制操作，完成排污立管的布置，如图 14-196 所示。

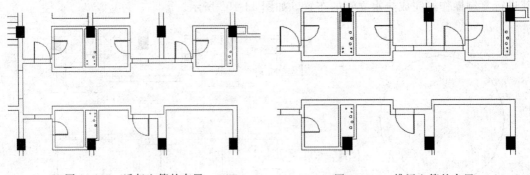

图 14-195　透气立管的布置　　　　　　　图 14-196　排污立管的布置

14.2.12　绘制其他配件及连接管线

1. 绘制截止阀

（1）单击"绘图"工具栏中的"矩形"按钮，在图形空白位置任选一点为矩形起点，绘制一个"104×148"的矩形。如图 14-197 所示。

（2）单击"绘图"工具栏中的"直线"按钮，在上步绘制矩形内绘制对角线，如图 14-198 所示。

图 14-197　绘制矩形

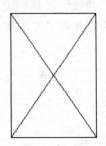

图 14-198　绘制直线

 技巧荟萃

使用"直线"line 命令时的操作技巧？

若为正交直线，可单击按下"正交"按钮，根据正交方向提示，直接输入下一点的距离即可，而不需要输入@符号；若为斜线，则可单击按下"极轴"按钮，右击"极轴"按钮，弹出窗口，可设置斜线的捕捉角度，此时，图形即进入了自动捕捉所需角度的状态，其可大大提高制图时输入直线长度的效率。

同时，右击"对象捕捉"开关，在打开的快捷菜单中选择"设置"命令，弹出"草图设置"对话框，进行对象捕捉设置，绘图时，只需按下"对象捕捉"按钮，程序会自动进行某些点的捕捉，如端点、中点、圆切点、等线等等，"捕捉对象"功能的应用可以极大提高制图速度。使用对象捕捉可指定对象上的精确位置，例如，使用对象捕捉可以绘制到圆心或多段线中点的直线。

若某命令下提示输入某一点（如起始点或中心点或基准点等），都可以指定对象捕捉。默认情况下，当光标移到对象的对象捕捉位置时，将显示标记和工具栏提示。此功能称为 AutoSnap（自动捕捉），其提供了视觉提示，指示哪些对象捕捉正在使用。

（3）单击"修改"工具栏中的"修剪"按钮，选择上步图形为修剪对象，对其进行修剪处理，如图 14-199 所示。

（4）单击"修改"工具栏中的"复制"按钮，选择上步绘制的图形为复制对象对其进行复制移动，如图 14-200 所示。

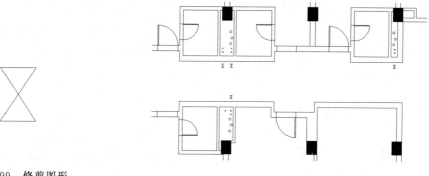

图 14-199　修剪图形

图 14-200　移动放置图形

2. 布置管线

单击"绘图"工具栏中的"直线"按钮，连接上步移动布置的图例，完成循环回水管线的绘制，如图 14-201 所示。

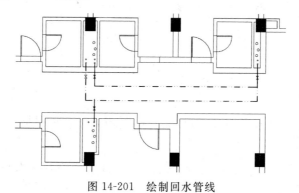

图 14-201　绘制回水管线

14.2.13　添加给水说明

1. 单击"绘图"工具栏中的"直线"按钮，以一楼给水平面图中的排废立管的管径中心为起点，绘制连续直线，如图 14-202 所示。

2. 单击"绘图"工具栏中的"多行文字"按钮 **A**，设置字体为"Times New Roman"，字高为 280，其他属性保持默认，在上步绘制线段上添加文字，如图 14-203 所示。

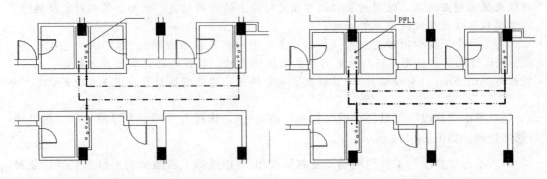

图 14-202　绘制连续直线　　　　　　　图 14-203　添加文字说明

3. 利用上述方法完成剩余立管文字说明的添加，如图 14-204 所示。

4. 单击"绘图"工具栏中的"多行文字"按钮 **A**，设置汉字字体为"宋体"，字符字体为"Times New Roman"，字高为 300，宽度限制为 0.7，其他属性保持默认，在一楼给水平面图中添加管线说明文字，如图 14-205 所示。

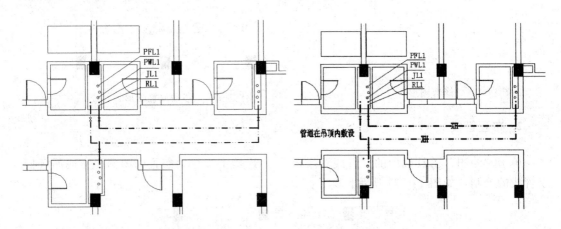

图 14-204　添加剩余文字说明　　　　　　图 14-205　添加文字

5. 打开关闭的"家具"图层及"文字"图层，将"文字"图层置为当前，如图 14-206所示。

6. 单击"绘图"工具栏中的"多段线"按钮，在上步图形底部绘制一条宽度为 100 的水平直线，如图 14-207 所示。

7. 单击"绘图"工具栏中的"直线"按钮，在上步绘制的水平多段线下绘制水平直线，如图 14-208 所示。

8. 单击"绘图"工具栏中的"多行文字"按钮 **A**，设置字体为"仿宋 _ GB 2312"，字高为 600，其他属性保持默认，在水平直线上添加文字，最终完成一楼给水平面图的绘制，如图 14-209 所示。

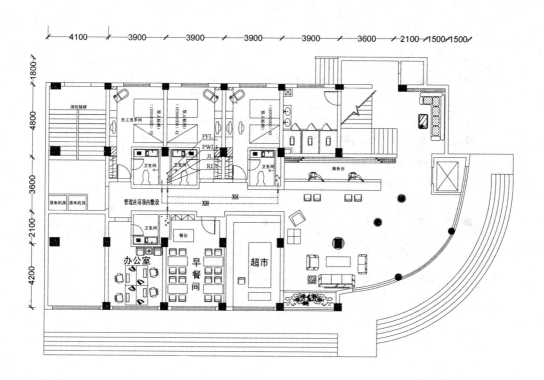

图 14-206　打开图层

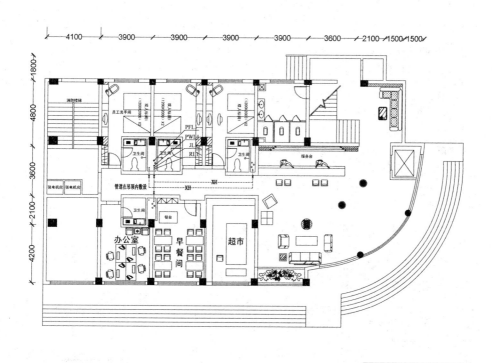

图 14-207　绘制多段线

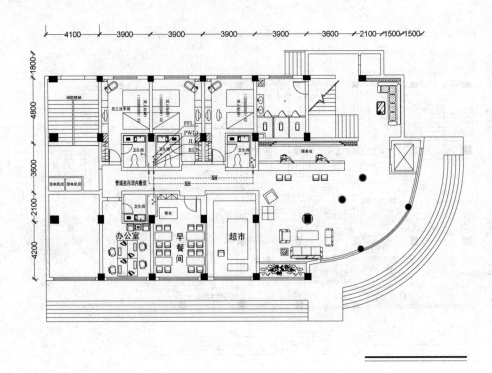

图 14-208　绘制水平直线

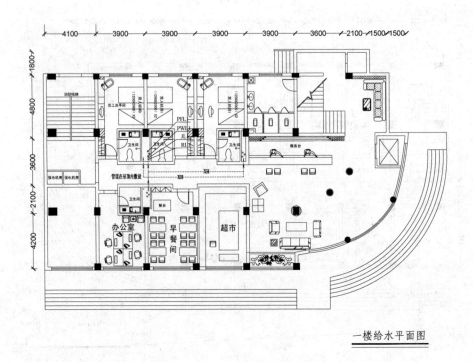

图 14-209　一楼给水平面图

14.2.14　插入图框

　　单击"绘图"工具栏中的"插入块"按钮 ，弹出"插入"对话框。单击"浏览"按钮，弹出"选择图形文件"对话框，选择"源文件/14/图块/A3图框"图块，单击"打开"按钮，回到插入对话框，单击"确定"按钮，完成图块插入，最终完成一楼给水平面图的绘制，如图14-210所示。

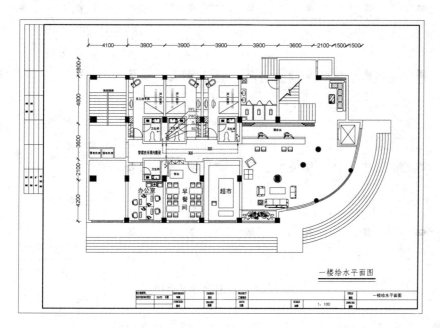

图 14-210　添加图名

技巧荟萃

图块应用时应注意什么？

（1）图块组成对象图层的继承性；

（2）图块组成对象颜色、线型和线宽的继承性；

（3）bylaer、byblock的意义，即随层与随块的意义；

（4）0层的使用。

14.3　酒店二楼给水平面图

绘制思路

　　二楼平面图与一楼从墙体到布局大致相同，具体变化将在本节介绍，最终结果如图14-211所示。

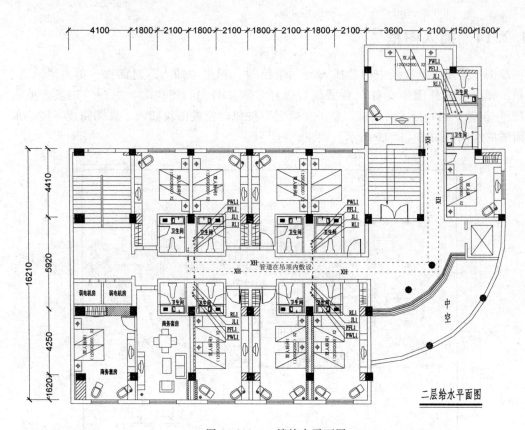

图 14-211　二楼给水平面图

　光盘 \ 动画演示 \ 第14章 \ 酒店二楼给水平面图.avi

14.3.1　整理平面图

1. 单击"标准"工具栏中的"打开"按钮 ⌷，打开"源文件/一楼给水平面图"。

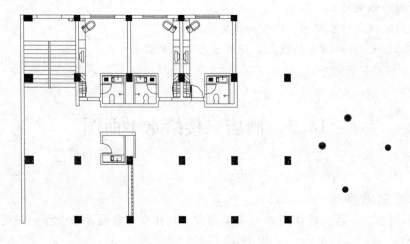

图 14-212　整理图形

2. 单击"修改"工具栏中的"删除"按钮 ，删除不需要的图形，对一楼给水平面图进行整理，如图 14-212 所示。

技巧荟萃

如何清理图形多余文件

利用 AutoCAD 绘制或编辑的图形文件中不但包含所绘制的图形对象，还包括在屏幕上不可见的非图形对象。非图形对象也被称为命名对象，其作用是用于管理图形中的各个对象。

在图形的绘制和编辑过程中，由于某些原因，图形中可能会积累一些无用的命名对象。例如，不再使用的块、文字样式或者不包含任何图形对象的图层，等等。由于这些无用的命名对象也占用磁盘空间，文件会变得较大，从而导致 AutoCAD 在编辑该图形文件时速度变慢。因此，有必要将图形中的一些无用命名对象进行清理。操作方法如下：

（1）直接输入命令 PURGE，然后按空格键或回车键，弹出"清理"对话框。

（2）单击"全部清理"工具按钮。

如果清理一次后，"全部清理"工具按钮仍然可用，则继续单击该工具按钮，直至该工具按钮变为不可执行状态。

（3）单击"关闭"按钮，关闭对话框。

（4）将图形文件存盘并退出 AutoCAD。

读者需要注意的是，清理命名对象可以清理单独的命名对象、特定类型的所有样式和定义、图形中的所有命名对象等，但不能清理被其他对象引用的命名对象。

3. 选择菜单栏中的"文件"→"另存为"命令，输入文件名为"二楼给水平面图"。

14.3.2　修改墙体

将"墙体"置为当前图层。

1. 单击"修改"工具栏中的"复制"按钮，选择图形中已有柱子图形为复制对象对其进行复制操作，如图 14-213 所示。

2. 单击"绘图"工具栏中的"直线"按钮，在上步图形最底端绘制一条水平直线，如图 14-214 所示。

3. 单击"修改"工具栏中的"偏移"按钮，选择上步绘制的水平直线为偏移对象向下进行偏移，偏移距离为 1261、240，如图 14-215 所示。

4. 单击"修改"工具栏中的"删除"按钮，选择多余直线为删除对象对其进行删除，如图 14-216 所示。

5. 单击"修改"工具栏中的"延伸"按钮，选择左侧两竖直直线为延伸对象向下进行延伸，如图 14-217 所示。

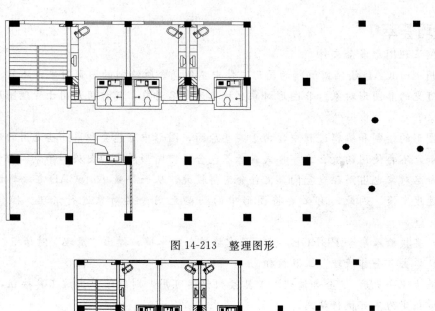

图 14-213　整理图形

图 14-214　绘制一条水平直线

绘制水平直线

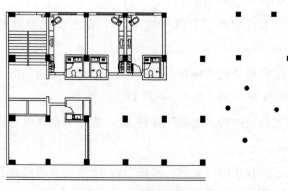

图 14-215　偏移水平直线

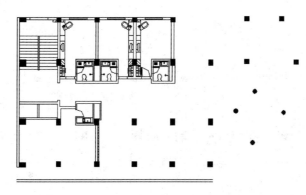

图 14-216　删除直线

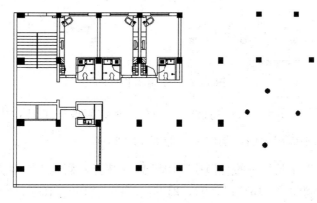

图 14-217　延伸对象

6. 单击"修改"工具栏中的"修剪"按钮，选择上步延伸线段为修剪对象对其进行修剪处理，如图 14-218 所示。

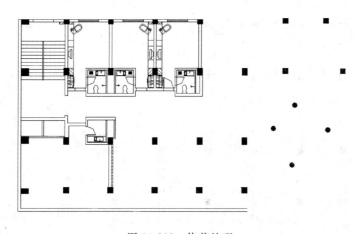

图 14-218　修剪处理

7. 利用上述方法完成二楼给水平面图中外围墙体的绘制，如图 14-219 所示。

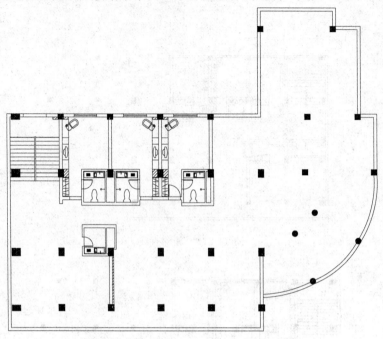

图 14-219　绘制外围墙体

8. 单击"绘图"工具栏中的"直线"按钮 ✎ 和"修改"工具栏中的"修剪"按钮 ✄ ，绘制二楼给水平面图中的内部墙体，如图 14-220 所示。

9. 单击"修改"工具栏中的"偏移"按钮 ⬚，选择左侧竖直直线为偏移对象连续向右进行偏移，偏移距离为 1371、1800、2100、1800、2100、1800、2100、1800、2100、1800，如图 14-221 所示。

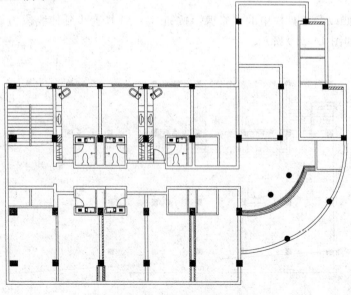

图 14-220　绘制内部墙体

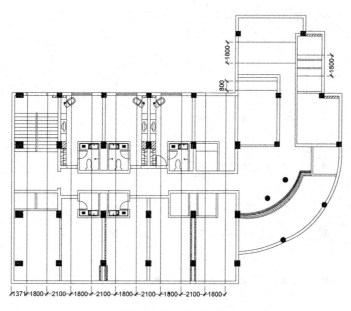

图 14-221　偏移墙线

10. 单击"修改"工具栏中的"修剪"按钮 ⌐⁄⌐，选择上步偏移线段间墙体为修剪对象，对其进行修剪处理，如图 14-222 所示。

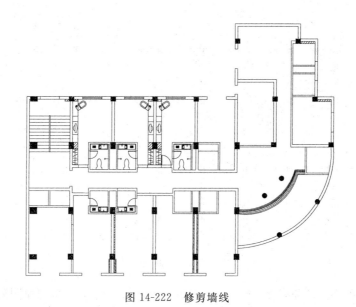

图 14-222　修剪墙线

14.3.3　绘制门窗

将"门窗"置为当前图层。

1. 窗线的绘制方法基本相同，利用前面章节中讲述绘制窗线的方法完成二楼给水平面图窗线的绘制，如图 14-223 所示。

2. 在一楼平面图中我们已经详细讲述过门洞的创建方法，在这里不再详细阐述，利用上述方法完成二楼给水平面图门洞的绘制，如图 14-224 所示。

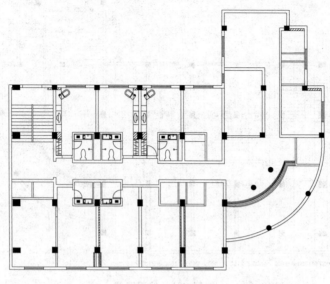

图 14-223　绘制窗线

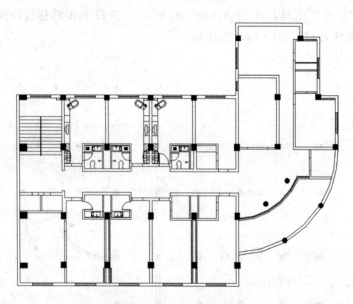

图 14-224　绘制门洞线

3. 单击"修改"工具栏中的"修剪"按钮 ，选择上步绘制的窗洞间墙体为修剪对象对其进行修剪处理，如图 14-225 所示。

4. 单击"修改"工具栏中的"复制"按钮 ，选择图形中已有的门图形为复制对象对其进行复制操作，完成图形中单扇门的绘制，如图 14-226 所示。

5. 利用前面讲述单扇门的绘制方法，在楼梯间门洞处绘制一个宽度为 900 的单扇门，如图 14-227 所示。

6. 单击"修改"工具栏中的"镜像"按钮 ，选择上步绘制完成 900 宽的单扇门为镜像对象对其进行竖直镜像，完成双扇门的绘制，如图 14-228 所示。

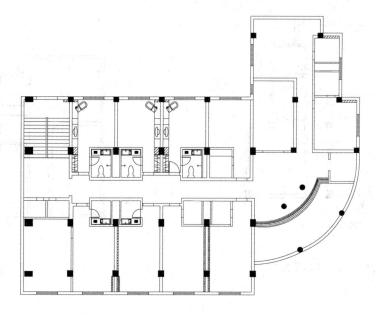

图 14-225　修剪门洞线

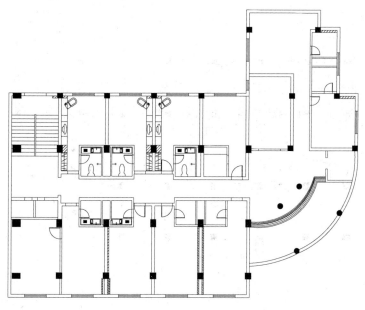

图 14-226　复制单扇门

7. 将"楼梯"置为当前图层。单击"绘图"工具栏中的"直线"按钮 ，在楼梯间位置绘制一条长为 3600 的竖直直线，如图 14-229 所示。

8. 单击"绘图"工具栏中的"直线"按钮 ，在上步绘制竖直直线上方绘制一条水平直线，如图 14-230 所示。

9. 单击"修改"工具栏中的"偏移"按钮 ，选择上步绘制的水平直线为偏移对象向下进行偏移，偏移距离为 300，如图 14-231 所示。

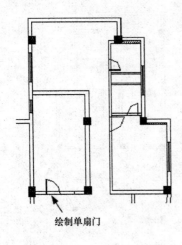

绘制单扇门

图 14-227　绘制单扇门

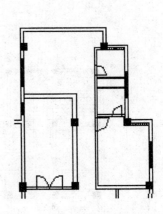

图 14-228　镜像单扇门

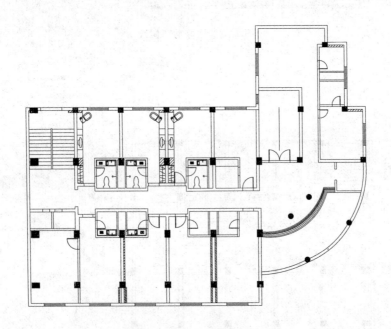

图 14-229　绘制竖直直线

10. 单击"绘图"工具栏中的"直线"按钮，在上步绘制的楼梯梯段线上绘制连续直线，如图 14-232 所示。

11. 单击"绘图"工具栏中的"矩形"按钮，在上步电梯间位置绘制一个"1411×1910"的矩形，如图 14-233 所示。

12. 单击"绘图"工具栏中的"直线"按钮，在上步绘制矩形内绘制对角线，如图 14-234 所示。

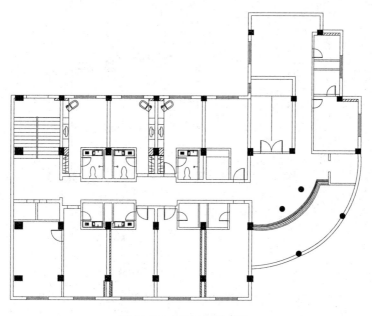

图 14-230　绘制水平直线

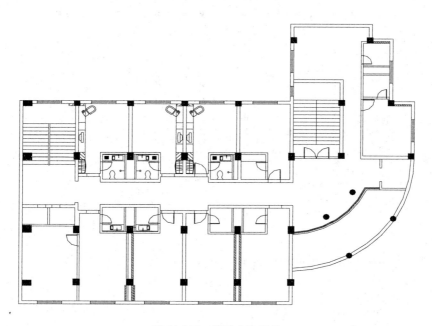

图 14-231　偏移水平直线

14.3.4　绘制家具

1. 绘制双人床

（1）将"家具"置为当前图层。单击"绘图"工具栏中的"矩形"按钮□，在图形空白位置任选一点为矩形起点绘制一个"2000×1000"的矩形，如图 14-235 所示。

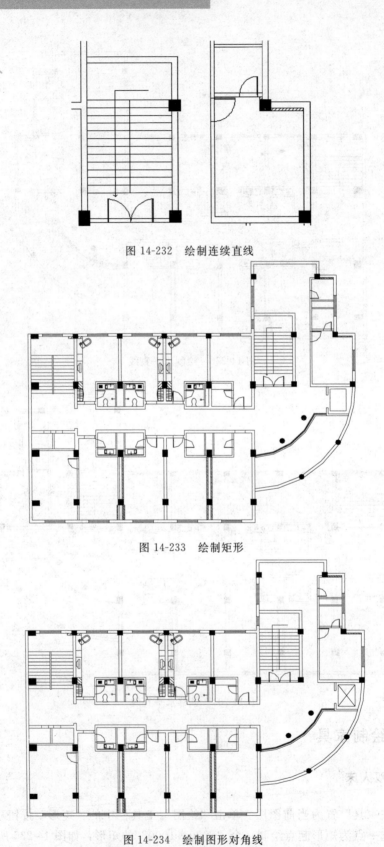

图 14-232　绘制连续直线

图 14-233　绘制矩形

图 14-234　绘制图形对角线

（2）单击"绘图"工具栏中的"直线"按钮 ，在上步绘制矩形内绘制一条斜向直线，如图 14-236 所示。

图 14-235　绘制矩形

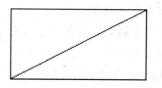

图 14-236　绘制斜向直线

（3）单击"修改"工具栏中的"复制"按钮 ，选择上步绘制的图形为复制对象对其进行水平复制，如图 14-237 所示。

（4）单击"绘图"工具栏中的"矩形"按钮 ，以上步绘制矩形右上角点为矩形起点绘制一个"500×700"的矩形，如图 14-238 所示。

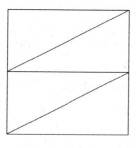

图 14-237　复制图形

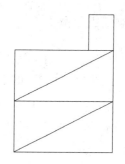

图 14-238　绘制矩形

（5）单击"绘图"工具栏中的"直线"按钮 ，在上步绘制的矩形内绘制两段十字交叉线，如图 14-239 所示。

（6）单击"绘图"工具栏中的"圆"按钮 ，以上步绘制十字交叉线交点为圆心绘制一个半径为 100 的圆，如图 14-240 所示。

（7）单击"修改"工具栏中的"镜像"按钮 ，选择上步绘制床头柜图形为镜像对象对其进行水平镜像，如图 14-241 所示。

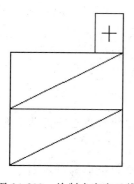

图 14-239　绘制十字交叉线

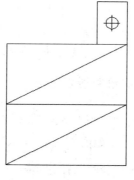

图 14-240　绘制圆

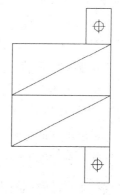

图 14-241　镜像图形

技巧荟萃

镜像命令的操作技巧

镜像对创建对称的图样非常有用，其可以快速地绘制半个对象，然后将其镜像，而不必绘制整个对象。

默认情况下，镜像文字、属性及属性定义时，它们在镜像后所得图像中不会反转或倒置。文字的对齐和对正方式在镜像图样前后保持一致。如果制图确实要反转文字，可将 MIRRTEXT 系统变量设置为 1，默认值为 0。

（8）单击"绘图"工具栏中的"创建块"按钮，弹出"块定义"对话框，选择上步图形为定义对象，选择任意点为基点，将其定义为块，块名为"双人床"。

2. 绘制四人餐桌 1

（1）单击"绘图"工具栏中的"矩形"按钮，在图形空白位置任选一点为矩形起点，绘制一个"800×800"的矩形，如图 14-242 所示。

（2）单击"绘图"工具栏中的"矩形"按钮，在上步绘制矩形上选择一点为新矩形起点，绘制一个"444×356"的矩形，如图 14-243 所示，

图 14-242　绘制矩形

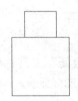

图 14-243　绘制矩形

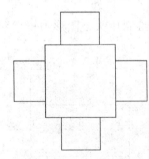

图 14-244　四人餐桌

（3）单击"修改"工具栏中的"旋转"按钮和"镜像"按钮，完成四人餐桌上剩余椅子图形的绘制，如图 14-244 所示。

（4）单击"绘图"工具栏中的"创建块"按钮，弹出"块定义"对话框，选择上步图形为定义对象，选择任意点为基点，将其定义为块，块名为"四人餐桌 1"。

3. 绘制沙发组合

（1）单击"绘图"工具栏中的"矩形"按钮，在图形空白位置点选一点为矩形起点，绘制一个"800×1800"的矩形，如图 14-245 所示。

（2）单击"修改"工具栏中的"分解"按钮，选择上步绘制矩形为分解对象对其进行分解处理，回车确认完成分解。

（3）单击"修改"工具栏中的"偏移"按钮🔄，选择上步分解矩形除左侧竖直边的剩余三边为偏移对象分别向内进行偏移，偏移距离为150，如图14-246所示。

（4）单击"修改"工具栏中的"修剪"按钮✁，选择上步偏移线段为修剪对象对其进行修剪，如图14-247所示。

（5）单击"绘图"工具栏中的"直线"按钮✁，选取左侧竖直边中点为直线起点向下绘制一条水平直线，如图14-248所示。

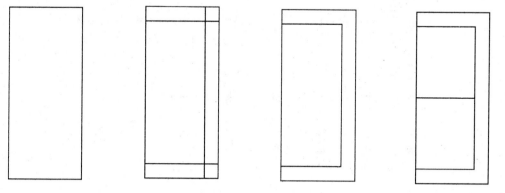

图 14-245 绘制矩形 　 图 14-246 偏移直线 　 图 14-247 修剪线段 　 图 14-248 绘制水平直线

（6）单击"绘图"工具栏中的"矩形"按钮▭，在上步绘制完成的图形前方任选一点为矩形起点绘制一个"635×1086"的矩形，如图14-249所示。

（7）利用上述方法完成短沙发的绘制，如图14-250所示。

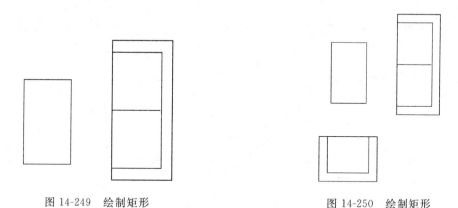

图 14-249 绘制矩形 　 　 　 　 图 14-250 绘制矩形

（8）单击"绘图"工具栏中的"创建块"按钮🔲，弹出"块定义"对话框，选择上步图形为定义对象，选择任意点为基点，将其定义为块，块名为"沙发组合"。

14.3.5 家具布置

1. 单击"修改"工具栏中的"镜像"按钮◭，选择图形中已有的卫生间内的洁具布置为镜像对象，对其进行竖直镜像及水平镜像，如图14-251所示。

2. 单击"修改"工具栏中的"复制"按钮⬚，选择卫生间已有洁具为复制对象对其进行复制操作，如图 14-252 所示。

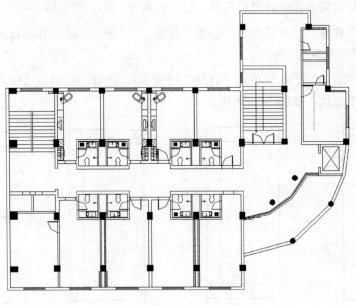

图 14-251　镜像图形

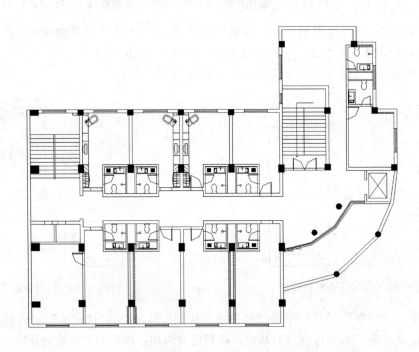

图 14-252　复制洁具

3. 利用上述方法完成图形中已有家具图形的布置，如图 14-253 所示。

4. 单击"绘图"工具栏中的"插入块"按钮，弹出"插入"对话框。单击"浏览"按钮，弹出"选择图形文件"对话框，选择"四人餐桌 1"图块，单击"打开"按钮，回到"插入"对话框，单击"确定"按钮，完成图块插入，如图 14-254 所示。

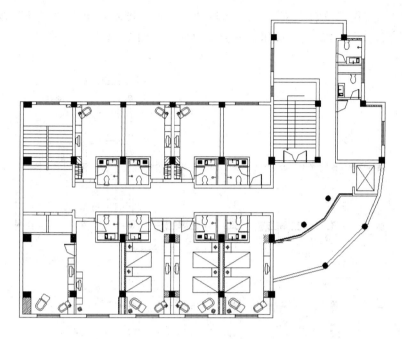

图 14-253　复制家具

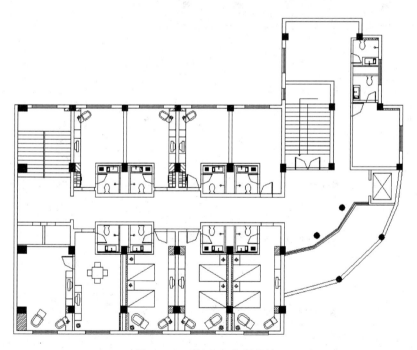

图 14-254　插入四人餐桌椅

　　5. 单击"绘图"工具栏中的"插入块"按钮，弹出"插入"对话框。单击"浏览"按钮，弹出"选择图形文件"对话框，选择"沙发组合"图块，单击"打开"按钮，回到"插入"对话框，单击"确定"按钮，完成图块插入，如图 14-255 所示。

　　6. 单击"绘图"工具栏中的"插入块"按钮，弹出"插入"对话框。单击"浏览"

按钮，弹出"选择图形文件"对话框，选择"双人床"图块，单击"打开"按钮，回到"插入"对话框，单击"确定"按钮，完成图块插入，如图 14-256 所示。

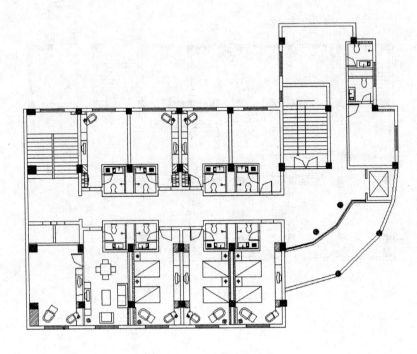

图 14-255 插入沙发组合

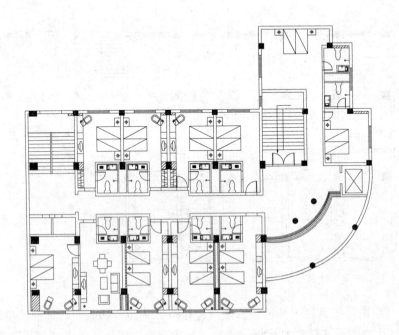

图 14-256 插入双人床

7. 结合前面所学知识完成二楼给水平面图家具的布置，如图 14-257 所示。

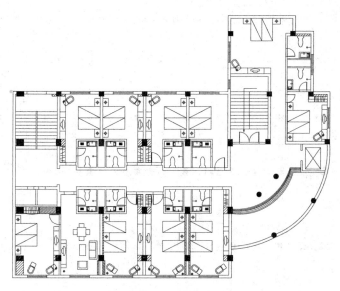

图 14-257　布置家具

14.3.6　尺寸标注

1. 将"尺寸"置为当前图层。单击"标注"工具栏中的"线性"按钮 ⊢ 和"连续"按钮 ⊢⊣，为图形添加尺寸标注，如图 14-258 所示。

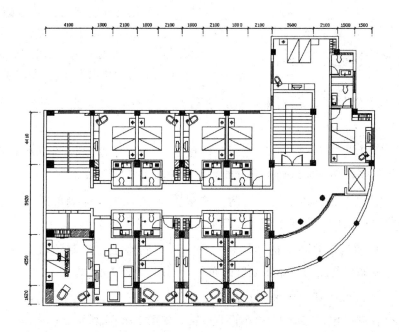

图 14-258　添加标注

2. 单击"标注"工具栏中的"线性"按钮 ⊢ ，为图形添加竖直总尺寸标注按钮。如图 14-259 所示。

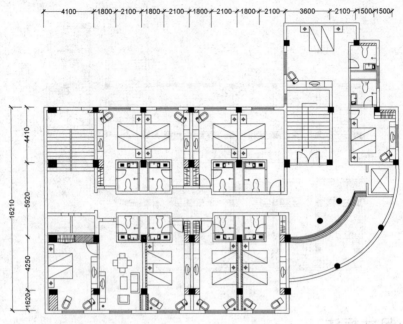

图 14-259　添加总尺寸标注

14.3.7　添加给水排水设备

1. 关闭"标注"图层，将"给水排水"置为当前图层。

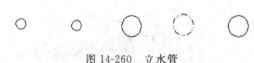

图 14-260　立水管

2. 利用前面讲述的方法完成图形中需要的热水立管，给水立管、热 F 立管、透气立管、排 W 立管的绘制，如图 14-260 所示。

3. 单击"修改"工具栏中的"复制"按钮，选择热水立管为复制对象，对其进行复制操作，完成热水立管的布置，如图 14-261所示。

4. 单击"修改"工具栏中的"复制"按钮，选择上步绘制的给水立管为复制对象，对其进行复制操作，完成给水立管的布置，如图 14-262 所示。

5. 单击"修改"工具栏中的"复制"按钮，选择上步绘制的透气立管为复制对象，对其进行复制操作，完成透气立管的布置，如图 14-263 所示。

6. 单击"修改"工具栏中的"复制"按钮，选择上步绘制的热 F 立管为复制对象，对其进行复制操作，完成给水立管的布置，如图 14-264 所示。

7. 单击"修改"工具栏中的"复制"按钮，选择上步绘制的排 W 立管为复制对象，对其进行复制操作，完成排 W 立管的布置，如图 14-265 所示。

8. 单击"绘图"工具栏中的"矩形"按钮，在图形空白位置绘制一个"104 × 148"的矩形，如图 14-266 所示。

9. 单击"绘图"工具栏中的"直线"按钮，在上步绘制矩形内绘制对角线，如图

14-267 所示。

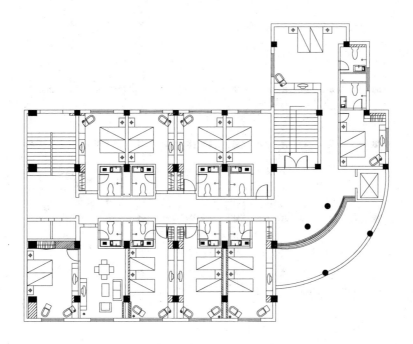

图 14-261　热水立管

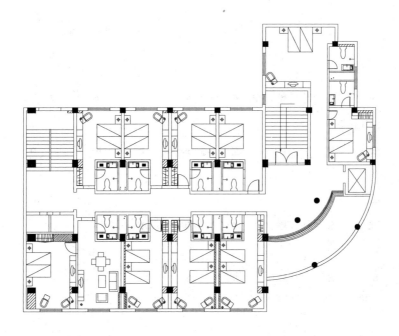

图 14-262　给水立管

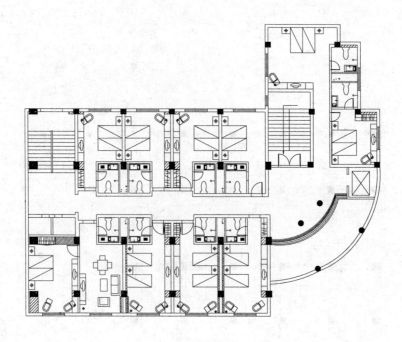

图 14-263　透气立管

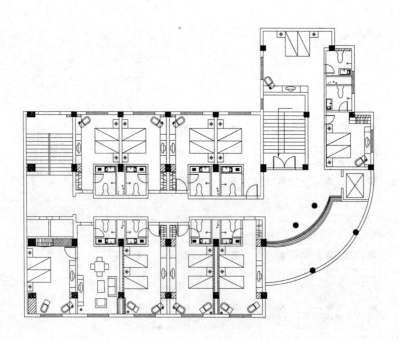

图 14-264　热 F 立管

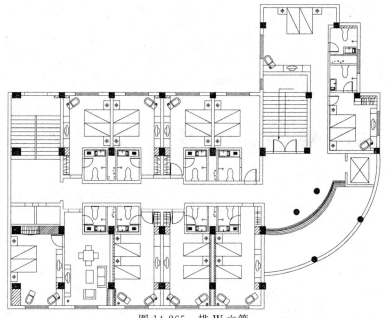

图 14-265　排 W 立管

图 14-266　绘制矩形

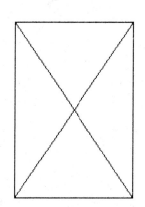

图 14-267　绘制对角线

10. 单击"修改"工具栏中的"修剪"按钮 ，选择上步图形为修剪对象，对其进行修剪处理，如图 14-268 所示。

11. 单击"修改"工具栏中的"移动"按钮 ，选择上步绘制图形为移动对象对其进行移动放置，如图 14-269 所示。

图 14-268　修剪图形

12. 单击"修改"工具栏中的"复制"按钮 ，选择上步绘制图形为复制对象，对其进行复制操作，如图 14-270 所示。

13. 单击"绘图"工具栏中的"直线"按钮 ，连接上步布置的图例，完成图形中循环回水管的绘制，如图 14-271 所示。

14.3.8　添加说明

1. 将"文字"置为当前图层。单击"绘图"工具栏中的"直线"按钮 ，单击二层给水平面图中的排废立管的管径中心为直线起点，绘制连续直线，如图 14-272 所示。

2. 单击"绘图"工具栏中的"多行文字"按钮 $\boxed{A}$，设置字体为"Times New Roman"，字高为 280，其他属性保持默认，在上步绘制线段上添加文字，如图 14-273 所示。

利用上述方法完成剩余立管文字的添加，如图 14-274 所示。

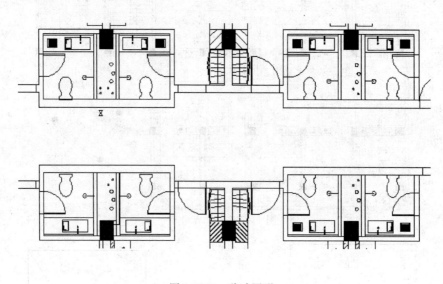

图 14-269　移动图形

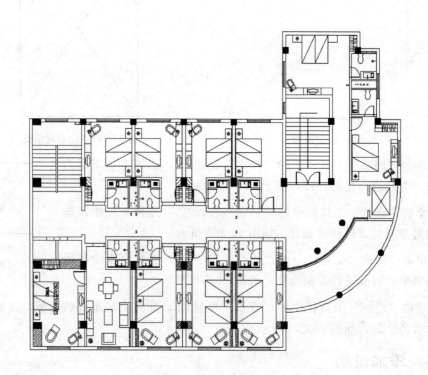

图 14-270　复制图形

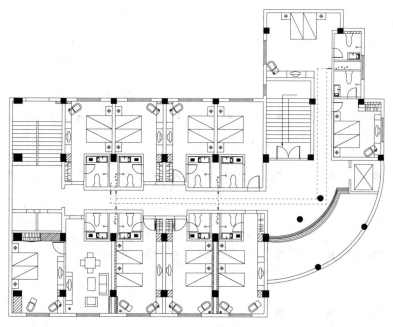

图 14-271　绘制回水管

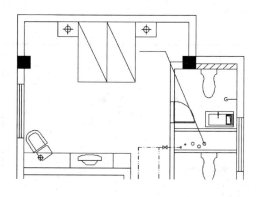

图 14-272　绘制连续直线

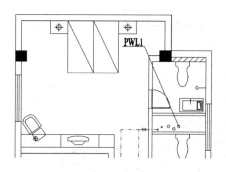

图 14-273　添加文字说明

3. 单击"绘图"工具栏中的"多行文字"按钮 A ，设置字体为"宋体"，字高为 300，其他属性保持默认，在二层给水平面图中添加循环管线文字说明，打开关闭的图层，完成二层给水排水图的绘制，如图 14-275 所示。

14.3.9　插入图框

单击"绘图"工具栏中的"插入块"按钮 ，弹出"插入"对话框。单击"浏览"按钮，弹出"选择图形文件"对话框，选择"源文件/14/图块/A3 图框"图块，单击"打开"按钮，回到插入对话框，单击"确定"按钮，完成图块插入，最终完成二楼给水平面图的绘制，如图 14-276 所示。

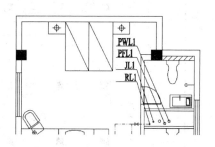

图 14-274　添加剩余文字说明

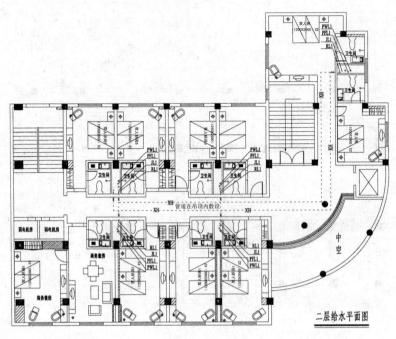

图 14-275　添加文字

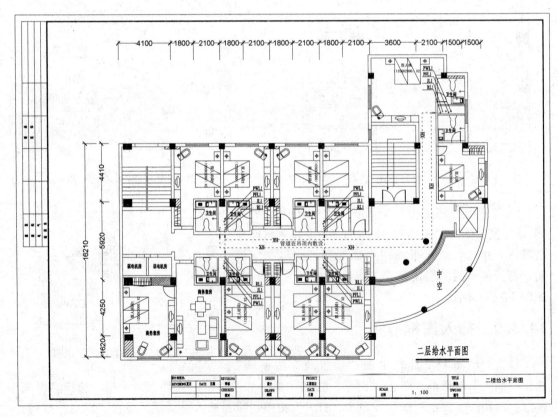

图 14-276　添加图名

14.4　酒店三、四、五楼给水平面图

利用上述方法完成三、四、五楼给水平面图，如图 14-277 所示。

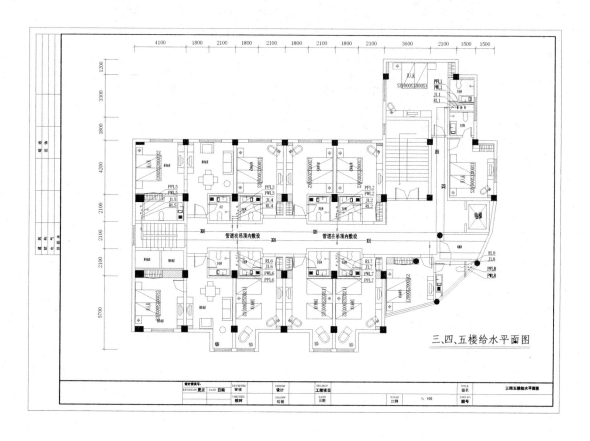

图 14-277　三、四、五楼给水平面图

14.5　酒店六楼给水平面图

利用上述方法完成六楼给水平面图的绘制，如图 14-278 所示。

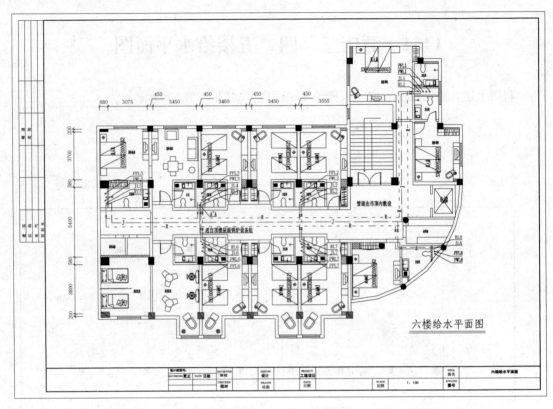

图 14-278　六楼给水平面图

第 **15** 章

酒店排水平面图

本章将以某酒店排水一层平面图和排水二层平面图设计为例，详细讲述某酒店设计排水平面图的绘制过程。排水工程主要指污水排除、污水处理等工程。在一层给水平面图的基础上修改，给水、排水平面图的区别主要在于管道的敷设位置不同，作用不同。通过对本章的学习，加深读者对二者的印象。

本章包括给水平面图的管理，管理的绘制及排布、图例的绘制及布置，以及尺寸文字标注等内容。

- ◎ 酒店一楼排水平面图
- ◎ 酒店二楼排水平面图
- ◎ 酒店三、四、五楼排水平面图
- ◎ 酒店六楼排水平面图

15.1　酒店一楼排水平面图

绘制思路

　　酒店一楼排水平面图可以结合酒店一楼给水平面图，来增加管线，并重新添加标注和文字得到排水平面图，如图 15-1 所示。

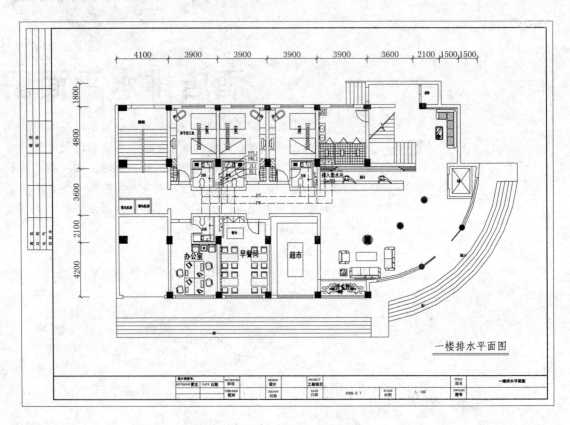

图 15-1　一楼排水平面图

　光盘 \ 动画演示 \ 第 15 章 \ 一楼排水平面图 .avi

15.1.1　整理平面图

　　1. 单击"标准"工具栏中的"打开"按钮，打开"源文件/第 14 章/一楼给水平面图"。

　　2. 选择菜单栏中的"文件"→"另存为"命令，输入文件名为"一楼排水平面图"。

　　3. 关闭"文字"图层，对一楼平面图进行整理，保留绘制一楼给水平面图中绘制的立管，如图 15-2 所示。

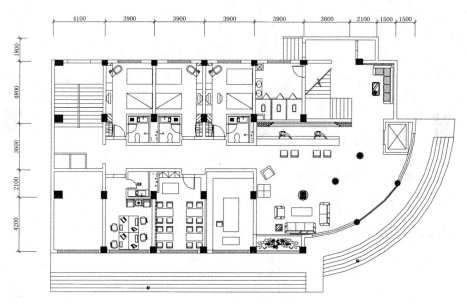

图 15-2　整理一楼平面图

4. 单击"修改"工具栏中的"删除"按钮 🖉，选择如图 15-3 所示的图形为删除对象，对其进行删除，如图 15-4 所示。

将"墙体"置为当前图层。

5. 单击"绘图"工具栏中的"直线"按钮 🖊，在上步删除图形位置处绘制连续直线，如图 15-5 所示。

6. 单击"修改"工具栏中的"偏移"按钮 🗠，选择上步绘制的水平直线为偏移对象向下偏移，偏移距离为 100，如图 15-6 所示。

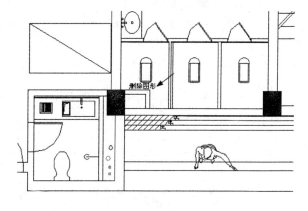

图 15-3　要删除的对象

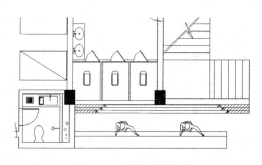

图 15-4　删除对象结果

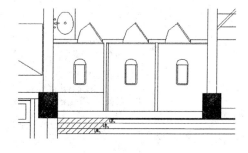

图 15-5　绘制水平直线

7. 单击"修改"工具栏中的"复制"按钮 🗗，选择图形中已有立管为复制对象，对其进行复制，如图 15-7 所示。

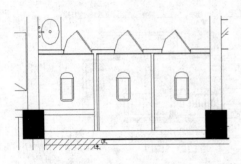

图 15-6　偏移水平直线

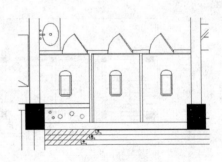

图 15-7　复制立管

8. 新建"排 F 立管"图层，如图 15-8 所示。

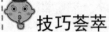
图 15-8　新建图层

技巧荟萃

如何快速变换图层?

点取想要变换到的图层中的任一元素，然后点击图层工具栏的-将对象的图层置为当前-即可。

9. 单击"绘图"工具栏中的"直线"按钮，绘制连续直线，完成初始的排 F 立管管线的绘制，如图 15-9 所示。

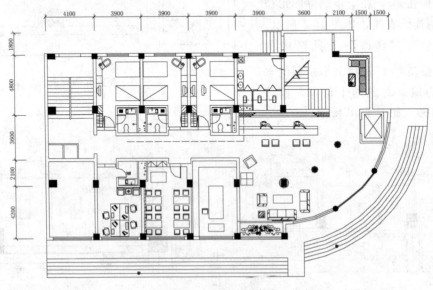

图 15-9　绘制连续直线

10. 单击"绘图"工具栏中的"直线"按钮，在卫生间处绘制一条竖直排 F 管线，如图 15-10 所示。

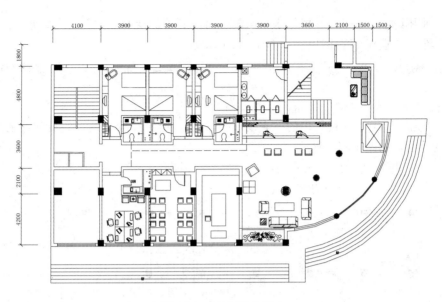

图 15-10　绘制排 F 管

11. 单击"绘图"工具栏中的"直线"按钮，在上步绘制的竖直管线上绘制连续直线，如图 15-11 所示。

图 15-11　绘制连续直线

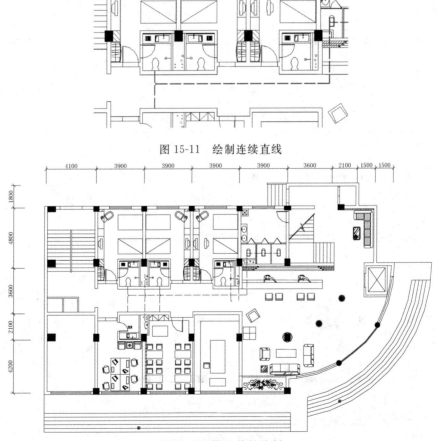

图 15-12　排 F 管的绘制

12. 利用上述方法完成一楼排水平面图中的排 F 管的绘制，如图 15-12 所示。

13. 新建"排 W 管"图层，如图 15-13 所示。

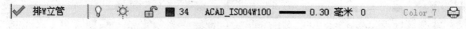

图 15-13 新建图层

14. 单击"绘图"工具栏中的"直线"按钮 ✎，绘制连续直线，完成初始的排 W 立管管线的绘制，如图 15-14 所示。

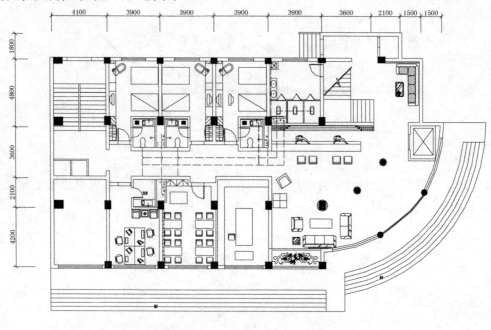

图 15-14 绘制排 W 立管

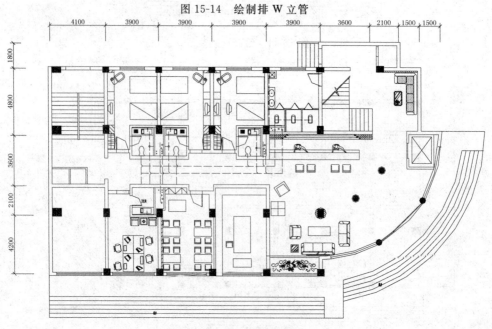

图 15-15 绘制剩余管线

15. 利用上述方法完成剩余管线的绘制，如图 15-15 所示。

16. 打开关闭的图层，最终完成一楼排水平面图的绘制，如图 15-16 所示。

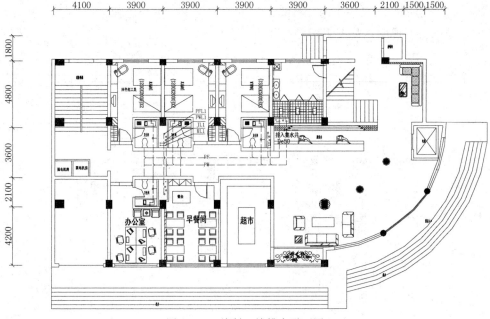

图 15-16　绘制一楼排水平面图

15.1.2　插入图框

1. 单击"绘图"工具栏中的"插入块"按钮，弹出"插入"对话框。单击"浏览"

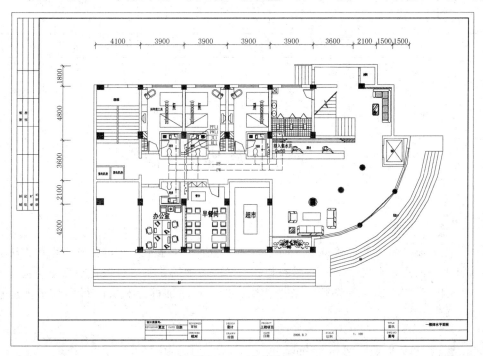

图 15-17　插入图框

按钮，弹出"选择图形文件"对话框，选择"源文件/图块/A3 图框"图块，单击"打开"按钮，回到"插入"对话框，单击"确定"按钮，完成图块插入，如图 15-17 所示。

2. 单击"绘图"工具栏中的"直线"按钮和"多行文字"按钮 **A**，为一楼排水平面图添加总图文字说明，如图 15-18 所示。

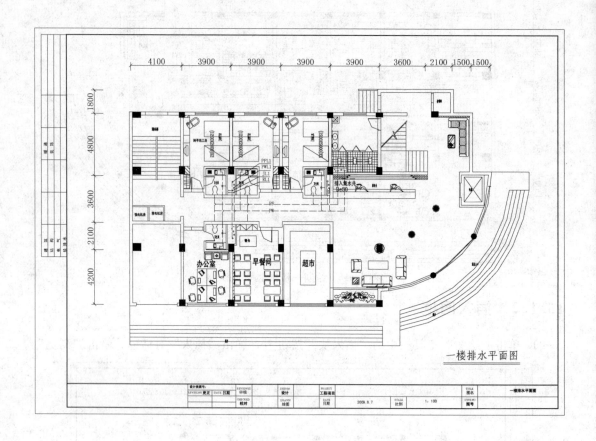

图 15-18　添加文字

15.2　酒店二楼排水平面图

 绘制思路

本节主要以某酒店的二楼排水平面图为例讲述给水排水平面图的绘制过程和方法。一楼给水排水平面图是在地下层平面图的基础上发展而来的，所以可以在平面图的基础上加以修改，删除一些不需要的图形，增加管线，并重新添加标注和文字得到给水排水平面图，如图 15-19 所示。

 光盘＼动画演示＼第 15 章＼二楼排水平面图.avi

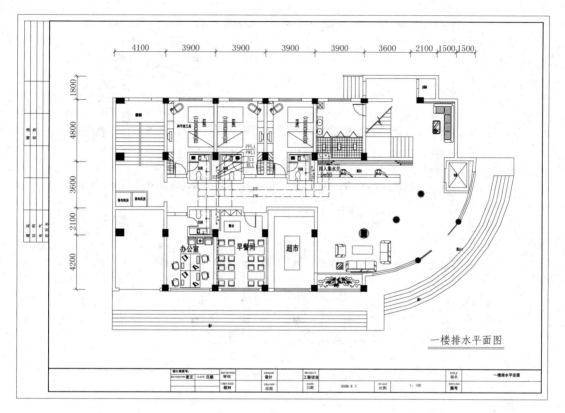

图 15-19　二楼排水平面图

15.2.1　整理平面图

1. 单击"标准"工具栏中的"打开"按钮🗁，打开"源文件/14/二楼给水平面图"。

2. 选择菜单栏中的"文件"→"另存为"命令，输入文件名为"二楼排水平面图"。

3. 关闭"文字"图层，单击"修改"工具栏中的"删除"按钮✐，删除不需要的图形，对一楼平面图进行整理，保留绘制二楼给水平面图中绘制的立管，如图 15-20 所示。

4. 利用前面讲述的方法完成图形中需要的热水立管，给水立管、排 F 立管、透气立管、排 W 立管。

5. 单击"修改"工具栏中的"复制"按钮°₃，选择上步已经绘制完成的立管为复制对象，将其放置到适当位置，如图 15-21 所示。

6. 单击"绘图"工具栏中的"直线"按钮✐，完成二楼排水平面图中的排 W 管线的绘制，如图 15-22 所示。

7. 单击"绘图"工具栏中的"直线"按钮✐，完成二楼排 F 管管线的绘制，如图 15-23 所示。

8. 打开"文字"图层，单击"绘图"工具栏中的"直线"按钮✐和"多行文字"按钮🗐，为图形添加文字说明，如图 15-24 所示。

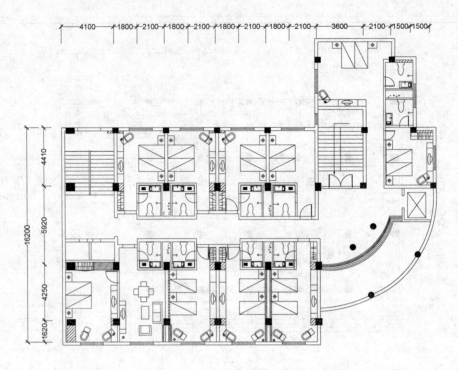

图 15-20　整理二楼平面图

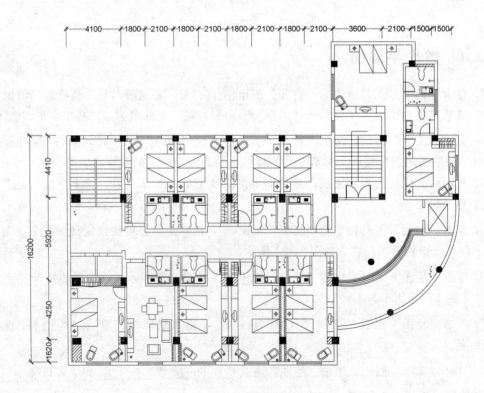

图 15-21　复制图形

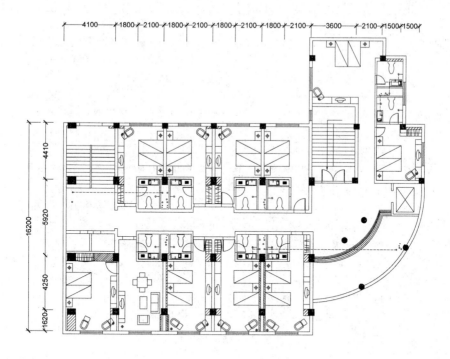

图 15-22　绘制排 W 管

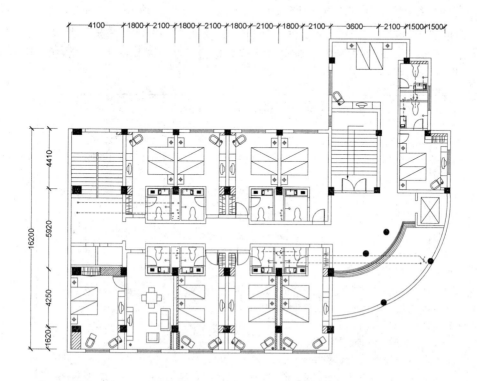

图 15-23　绘制连续管线

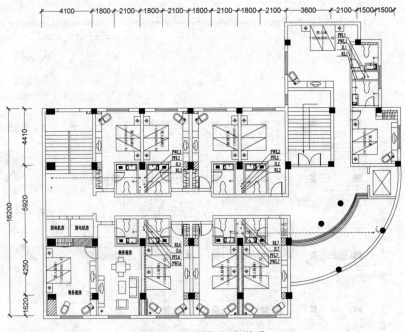

图 15-24 添加文字说明

15.2.2 插入图框

1. 单击 "绘图" 工具栏中的 "插入块" 按钮 🗗，弹出 "插入" 对话框。单击 "浏览" 按钮，弹出 "选择图形文件" 对话框，选择 "源文件/图块/A3 图框" 图块，单击 "打开" 按钮，回到 "插入" 对话框，单击 "确定" 按钮，完成图块插入，在标题栏中输入图名及比例，如图 15-25 所示。

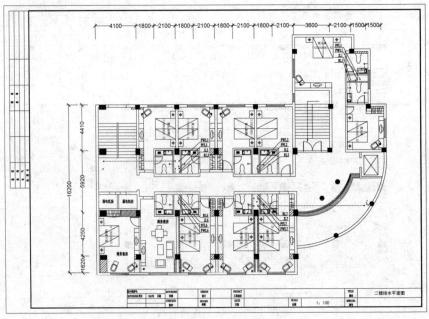

图 15-25 插入图框

2. 单击"绘图"工具栏中的"直线"按钮 ✎ 和"多行文字"按钮 **A**，为一楼排水平面图添加总图文字，如图 15-26 所示。

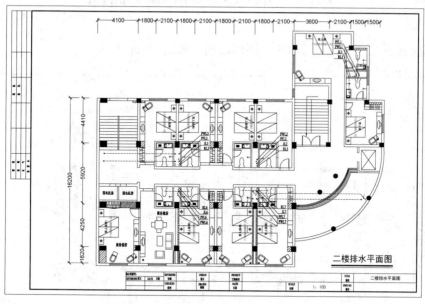

图 15-26　添加文字

15.3　酒店三、四、五楼排水平面图

利用上述方法完成三、四、五楼排水平面图的绘制，如图 15-27 所示。

图 15-27　三、四、五楼排水平面图

15.4　酒店六楼排水平面图

利用上述方法完成六楼排水平面图的绘制，如图 15-28 所示。

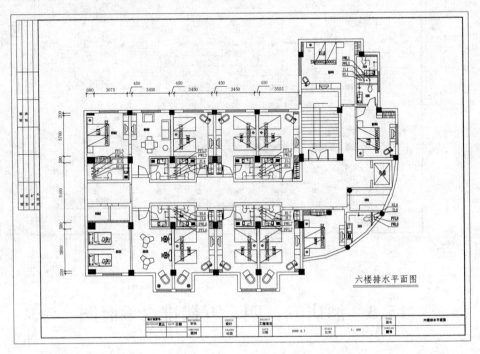

图 15-28　六楼排水平面图

第 **16** 章

放大图

给水排水系统图表示管道的空间布置情况，各管段的管径、坡度、标高以及附件在管道上的位置。本章将以酒店管道放大图及局部放大图给水排水设计为例，详细讲述给水排水系统系统放大图的绘制过程。主要包括图例的绘制、管线的绘制等内容。

◎ 酒店给水排水放大图

◎ 酒店排污放大图

◎ 绘制套房卫生间给水管线放大图

◎ 绘制标间卫生间给水管线放大图

16.1 酒店给水排水放大图

绘制思路

绘制给水排水放大图的基本思路是：首先绘制管线，然后在管线上布置图例，最后标注文字，如图 16-1 所示。

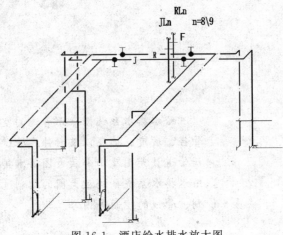

图 16-1 酒店给水排水放大图

 光盘 \ 动画演示 \ 第 16 章 \ 酒店给水排水放大图.avi

1. 打开 AutoCAD 2014 应用程序，单击"标准"工具栏中的"新建"按钮，弹出"选择样板"对话框，以"acadiso.dwt"为样板文件，建立新文件。

2. 单击"标准"工具栏中的"保存"按钮，保存文件为"给水排水放大图"。

3. 单击"图层"工具栏中的"图层特性管理器"按钮，弹出"图层特性管理器"对话框，新建图层"配件"图层，如图 16-2 所示。

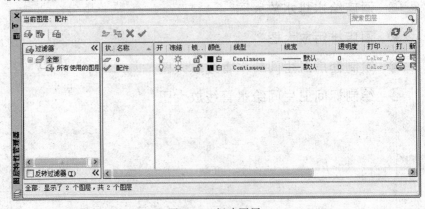

图 16-2 新建图层

4. 绘制截止阀。

（1）单击"绘图"工具栏中的"圆"按钮，在图形空白区域任选一点为圆的圆心，绘制一个半径为 47 的圆，如图 16-3 所示。

（2）单击"绘图"工具栏中的"图案填充"按钮，选择上步绘制圆为填充区域，选择填充图案为 SOLID，对圆进行填充，如图 16-4 所示。

图 16-3　绘制圆

图 16-4　填充圆

 注意

图案填充的操作技巧？

当使用"图案填充"命令时，所使用图案的比例因子值均为 1，即是原本定义时的真实样式。然而，随着界限定义的改变，比例因子应做相应的改变，否则会使填充图案过密，或者过疏，因此在选择比例因子时可使用下列技巧进行操作：

（1）当处理较小区域的图案时，可以减小图案的比例因子值，相反地，当处理较大区域的图，案填充时，则可以增加图案的比例因子值；

（2）比例因子应恰当选择，比例因子的恰当选择要视具体的图形界限的大小而定；

（3）当处理较大的填充区域时，要特别小心，如果选用的图案比例因子太小，则所产生的图案就像是使用 Solid 命令所得到的填充结果一样，这是因为在单位距离中有太多的线，不仅看起来不恰当，而且也增加了文件的长度；

（4）比例因子的取值应遵循"宁大不小"。

（3）单击"绘图"工具栏中的"直线"按钮，选择上步填充圆的下端点为直线起点向下绘制一条竖直直线，如图 16-5 所示。

（4）单击"绘图"工具栏中的"直线"按钮，在上步绘制竖直直线左端选择一点为直线起点向右绘制一条水平直线，如图 16-6 所示。

图 16-5　绘制竖直直线

图 16-6　绘制水平直线

5. 布置截止阀。

（1）单击"修改"工具栏中的"复制"按钮，选择上步图形为复制对象，将其向右进行复制，如图 16-7 所示。

（2）单击"修改"工具栏中的"旋转"按钮，选择上步绘制图形为旋转对象，对其进行旋转操作，如图 16-8 所示。

图 16-7　复制图形　　　　　　　　　　　　图 16-8　旋转操作

6. 布置管线。

（1）新建"给水管"图层，并将其置为当前图层，如图 16-9 所示。

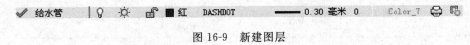

图 16-9　新建图层

（2）单击"绘图"工具栏中的"直线"按钮 ，绘制上步图形之间的连接线，如图 16-10 所示。

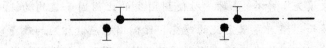

图 16-10　绘制连接线

（3）单击"绘图"工具栏中的"直线"按钮 ，以上步绘制水平直线左右两端点为起点，绘制两条斜向直线，如图 16-11 所示。

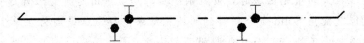

图 16-11　绘制斜向直线

（4）单击"绘图"工具栏中的"直线"按钮 ，在上步图形上方选择一点为直线起点，向下绘制一条竖直直线，如图 16-12 所示。

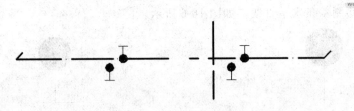

图 16-12　绘制竖直直线

（5）将"配件"图层置为当前。单击"绘图"工具栏中的"样条曲线"按钮 ，以上步绘制竖直直线上端点为起点，绘制一段样条曲线，如图 16-13 所示。

（6）将"给水排水"图层置为当前。单击"绘图"工具栏中的"直线"按钮 ，在上步绘制图形上选取一点为直线起点，绘制一条斜向 45°的斜向直线，如图 16-14 所示。

（7）利用上述方法完成右侧相同图形的绘制，如图 16-15 所示。

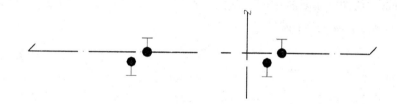

图 16-13　绘制样条曲线

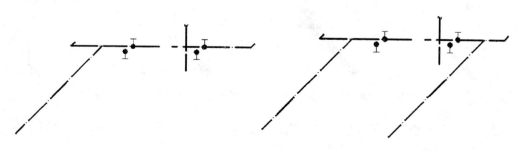

图 16-14　绘制斜向直线　　　　　　　　　图 16-15　复制斜向直线

（8）单击"绘图"工具栏中的"直线"按钮 ╱，选择上步绘制的左侧斜向直线下端点为直线起点，绘制连续直线，如图 16-16 所示。

（9）将"配件"置为当前。单击"绘图"工具栏中的"多段线"按钮 ⊃，指定起点宽度为 16，端点宽度为 16，绘制一段适当长度的多段线，如图 16-17 所示。

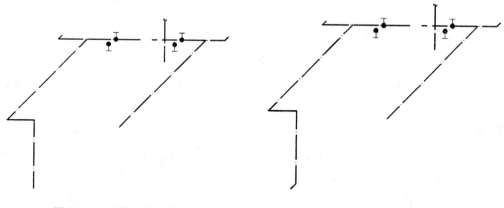

图 16-16　绘制连续直线　　　　　　　　　图 16-17　绘制多段线

（10）单击"绘图"工具栏中的"圆"按钮 ⊘，在上步绘制的多段线上选取一点为圆心，绘制一个半径为 20 的圆，如图 16-18 所示。

（11）单击"绘图"工具栏中的"图案填充"按钮 ▨，选择上步绘制圆为填充区域选择填充图案为 Solid 对其进行填充，如图 16-19 所示。

（12）单击"修改"工具栏中的"复制"按钮 ％，选择上步填充图形为复制对象对其进行连续复制，如图 16-20 所示。

（13）单击"绘图"工具栏中的"圆弧"按钮和"直线"按钮，在上步绘制图形上方绘制图形，如图 16-21 所示。

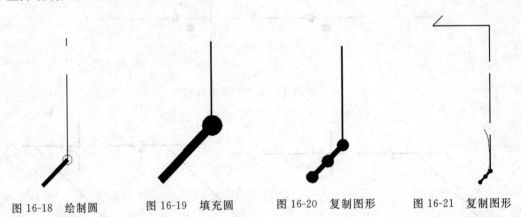

图 16-18　绘制圆　　　图 16-19　填充圆　　　图 16-20　复制图形　　　图 16-21　复制图形

（14）单击"绘图"工具栏中的"直线"按钮，在上步图形适当位置绘制连续直线，如图 16-22 所示。

（15）利用上述方法完成右侧相同图形的绘制，如图 16-23 所示。

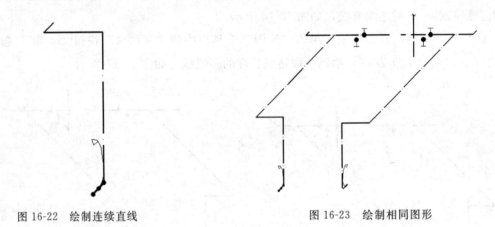

图 16-22　绘制连续直线　　　　　　　图 16-23　绘制相同图形

（16）单击"绘图"工具栏中的"直线"按钮，在上步图形上绘制剩余管线，并将绘制完成的管线置为"热水管"图层，如图 16-24 所示。

（17）单击"绘图"工具栏中的"直线"按钮，在上步图形适当位置绘制水平直线，如图 16-25 所示。

（18）单击"绘图"工具栏中的"直线"按钮，在上步图形最右侧竖直直线下端点选择一点为直线起点，绘制一条斜向直线，如图 16-26 所示。

（19）单击"绘图"工具栏中的"直线"按钮，在上步绘制的斜向直线上方选择一点为直线起点，向下绘制一条竖直直线，如图 16-27 所示。

（20）单击"绘图"工具栏中的"直线"按钮，在上步绘制图形适当位置绘制一条水平直线，如图 16-28 所示。

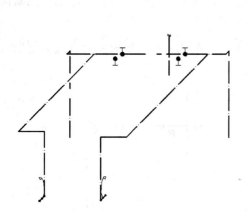

图 16-24 绘制相同图形

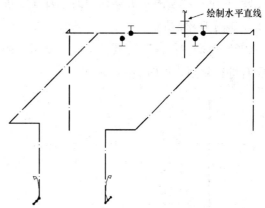

图 16-25 绘制水平直线

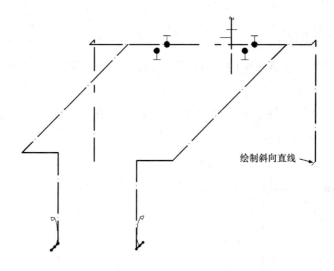

图 16-26 绘制斜向直线

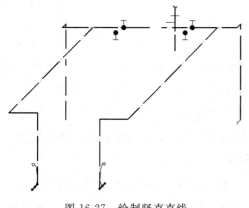

图 16-27 绘制竖直直线

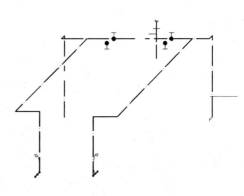

图 16-28 绘制水平直线

（21）单击"绘图"工具栏中的"直线"按钮 ⁄，在上步图形适当位置绘制一条斜向直线，如图 16-29 所示。

（22）单击"修改"工具栏中的"复制"按钮 ⁰⁄⁰，选择上步绘制的斜向直线为复制对象向右进行复制，如图 16-30 所示。

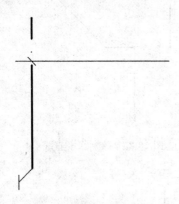

图 16-29　绘制斜向直线

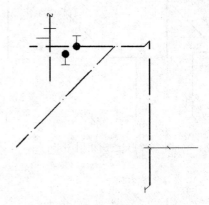

图 16-30　复制斜向直线

（23）单击"绘图"工具栏中的"直线"按钮 ⁄，在图形空白位置绘制连续直线，如图 16-31 所示。

（24）单击"绘图"工具栏中的"矩形"按钮 ▢，在上步图形底部绘制一个"95×48"的矩形，如图 16-32 所示。

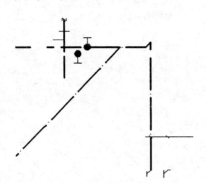

图 16-31　绘制连续直线

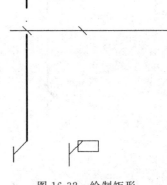

图 16-32　绘制矩形

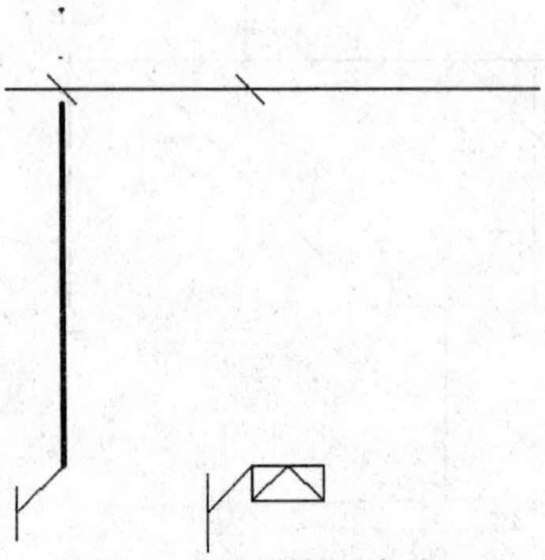

（25）单击"绘图"工具栏中的"直线"按钮 ⁄，分别以上步绘制矩形上边水平边中点为直线起点绘制两条斜向直线，如图 16-33 所示。

（26）单击"修改"工具栏中的"修剪"按钮 ⁄-，选择上步绘制图形为修剪对象对其进行修剪处理，如图 16-34 所示。

（27）单击"绘图"工具栏中的"直线"按钮 ⁄，在上步修剪后图形下方绘制一条水平直线，如图16-35

图 16-33　绘制对角线

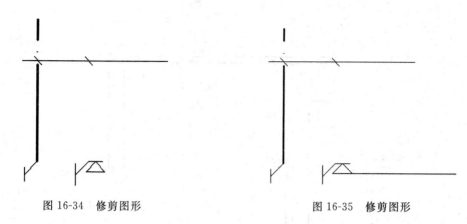

所示。

图 16-34　修剪图形　　　　　　　图 16-35　修剪图形

（28）新建"热水管"图层，并将其置为当前图层，如图 16-36 所示。

图 16-36　新建图层

（29）利用上述方法完成剩余热水管的绘制，如图 16-37 所示。

（30）单击"绘图"工具栏中的"直线"按钮，在上步图形适当位置绘制剩余给水管线，如图 16-38 所示。

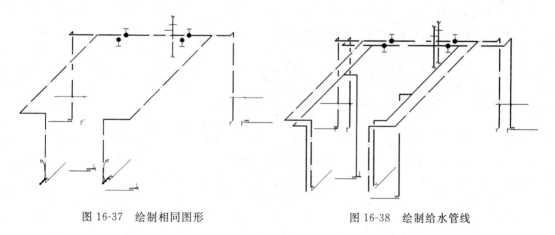

图 16-37　绘制相同图形　　　　　　图 16-38　绘制给水管线

（31）新建"文字"图层，并将其置为当前图层，如图 16-39 所示。

图 16-39　新建图层

（32）单击"绘图"工具栏中的"多行文字"按钮 **A**，为上步绘制完成的图形添加文字说明，文字高度为 200，如图 16-40 所示。

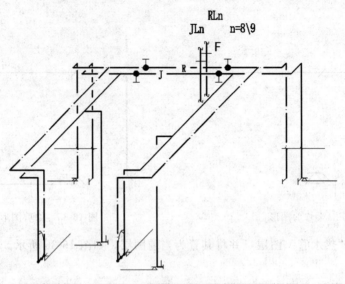

图 16-40　添加文字说明

16.2　酒店排污放大图

绘制思路

本节主要介绍酒店排污放大图的绘制，如图 16-41 所示。

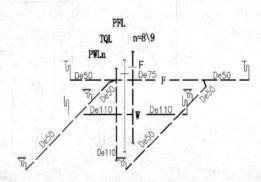

图 16-41　酒店排污放大图

光盘 \ 动画演示 \ 第 16 章 \ 酒店排污放大图 . avi

1. 打开 AutoCAD 2014 应用程序，单击"标准"工具栏中的"新建"按钮，弹出"选择样板"对话框，以"acadiso. dwt"为样板文件，建立新文件。

2. 单击"标准"工具栏中的"保存"按钮，保存文件为"排污放大图"。

3. 单击"图层"工具栏中的"图层特性管理器"按钮，弹出"图层特性管理器"

对话框，新建图层"配件"图层，如图 16-42 所示。

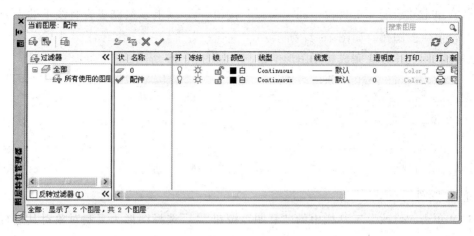

图 16-42　新建图层

4. 绘制圆形地漏

（1）单击"绘图"工具栏中的"矩形"按钮□，在图形空白位置绘制"165×12"的矩形，如图 16-43 所示。

图 16-43　绘制矩形

（2）单击"修改"工具栏中的"分解"按钮，选择上步绘制矩形为分解对象，对其进行分解处理。

（3）单击"修改"工具栏中的"偏移"按钮，选择上步分解矩形左侧竖直边为偏移对象，偏移距离为 36、23、23、23、23，如图 16-44 所示。

图 16-44　偏移直线

（4）单击"绘图"工具栏中的"圆弧"按钮，在上步绘制图形下方选取圆弧的起点端点绘制一段圆弧，如图 16-45 所示。

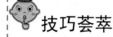 技巧荟萃

绘制圆弧时，应注意什么？

绘制圆弧时，注意指定合适的端点或圆心，指定端点的时针方向也即为绘制圆弧的方向，比如，要绘制图示的下半圆弧，则起始端点应在左侧，终端点应在右侧，此时端点的时针方向为逆时针，则即得到相应的逆时针圆弧。

5. 绘制存水弯。

（1）单击"绘图"工具栏中的"直线"按钮，以上步绘制圆弧的终点为直线起点

绘制一条竖直直线，如图 16-46 所示。

（2）单击"绘图"工具栏中的"圆弧"按钮 📐，以上步绘制竖直直线下端点为圆弧起点，绘制一段圆弧，如图 16-47 所示。

（3）利用上述方法完成相同图形的绘制，如图 16-48 所示。

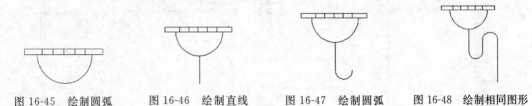

图 16-45　绘制圆弧　　　图 16-46　绘制直线　　　图 16-47　绘制圆弧　　　图 16-48　绘制相同图形

6. 布置图例。

（1）单击"修改"工具栏中的"复制"按钮 🔄，选择图形为复制对象对其进行复制操作，如图 16-49 所示。

图 16-49　复制图形

（2）同上方法绘制图形，并单击"修改"工具栏中的"复制"按钮 🔄，选择已经绘制完成的图形为复制对象，对其进行复制操作，如图 16-50 所示。

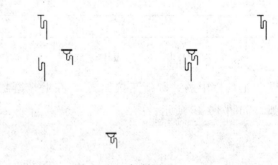

图 16-50　复制图形

7. 绘制管线。

（1）新建"排 F 管"图层，并将其置为当前图层，如图 16-51 所示。

图 16-51　新建图层

（2）单击"绘图"工具栏中的"直线"按钮 ✐，在上步图形适当位置绘制排 F 管线，如图 16-52 所示。

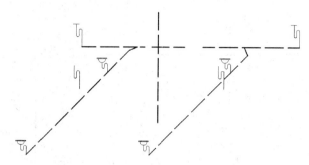

图 16-52　绘制排 F 管

（3）新建"排 W 管"图层，并将其置为当前图层，如图 16-53 所示。

图 16-53　新建图层

（4）单击"绘图"工具栏中的"直线"按钮 ✐，在上步图形内绘制剩余排 w 管线的绘制，如图 16-54 所示。

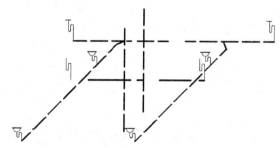

图 16-54　绘制排 W 管

（5）新建"透气管"图层，并将其置为当前图层，如图 16-55 所示。

图 16-55　新建图层

（6）单击"绘图"工具栏中的"直线"按钮 ✐，完成图形中透气管线的绘制，如图 16-56 所示。

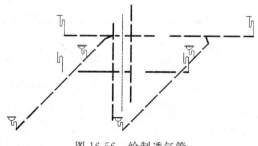

图 16-56　绘制透气管

(7) 单击"绘图"工具栏中的"样条曲线"按钮 ∿，在图形适当位置绘制一段样条曲线，如图 16-57 所示。

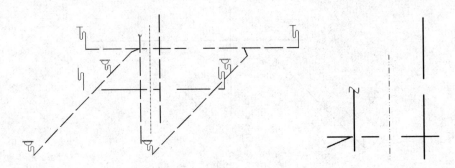

图 16-57　绘制透气管

(8) 单击"修改"工具栏中的"复制"按钮 ，选择上步绘制的样条曲线为复制对象对其进行复制操作，如图 16-58 所示。

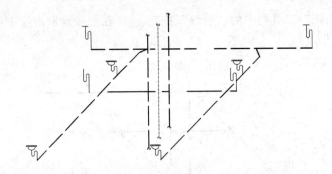

图 16-58　复制图像

(9) 新建"文字"图层，并将其置为当前图层，如图 16-59 所示。

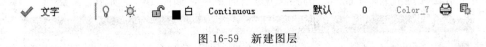

图 16-59　新建图层

(10) 单击"绘图"工具栏中的"多行文字"按钮 A，设置文字字体为 romans.hztxt，字高为 120，为上步绘制图形添加管线文字说明，如图 16-60 所示。

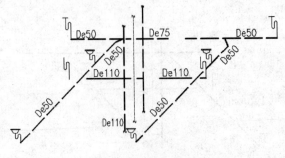

图 16-60　添加文字

(11) 单击"绘图"工具栏中的"多行文字"按钮 **A**，设置文字字体为黑体，字高为300，为图形添加剩余文字，如图16-61所示。

(12) 单击"绘图"工具栏中的"直线"按钮 ╱，在上步图形适当位置绘制适当长度的水平直线，完成最终图形的绘制，如图16-62所示。

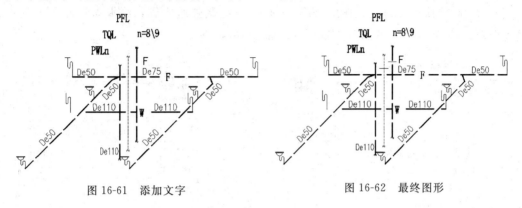

图16-61 添加文字   图16-62 最终图形

16.3 绘制套房卫生间给水管线放大图

✦绘制思路

绘制套房卫生间给水管线放大图的基本思路是：首先绘制给水排水管点，然后连接管线，最后标注文字，如图16-63所示。

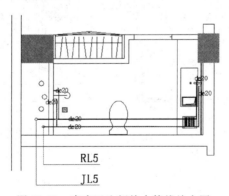

图16-63 套房卫生间给水管线放大图

 光盘\动画演示\第16章\绘制套房卫生间给水管线放大图.avi

1. 选择菜单栏中的"文件"→"打开"命令，打开"源文件/第16章/套房放大图"，如图16-64所示。

| ✓给排水 | ☀ | ◉ | 🔒 □红 | Continuous | —— 默认 | 0 | Color_1 | 🖨 |

图16-64 新建图层

2. 选择菜单栏中的"文件"→"另存为"命令，保存文件为"套房卫生间给水管线放大图"。

3. 单击"图层"工具栏中的"图层特性管理器"按钮 📇，弹出"图层特性管理器"对话框，新建图层"给水排水"图层，如图 16-65 所示。

4. 单击"绘图"工具栏中的"圆"按钮 ⊘，绘制热水立管，给水立管、排 F 立管、透气立管、排 W 立管，并对其进行放置，如图 16-66 所示。

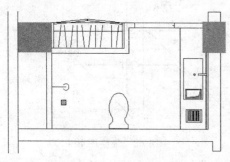

图 16-65　打开源文件

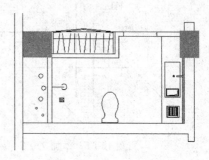

图 16-66　打开源文件

5. 单击"绘图"工具栏中的"多段线"按钮 ⤵，连接上步布置立管，设置线宽为 10，完成图形中给水管的绘制，如图 16-67 所示。

6. 单击"绘图"工具栏中的"多段线"按钮 ⤵，连接上步绘制立管，完成图形中热水管的绘制，如图 16-68 所示。

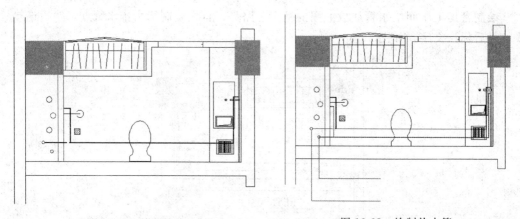

图 16-67　绘制管线

图 16-68　绘制热水管

7. 新建"文字"图层，并将其置为当前图层，如图 16-69 所示。

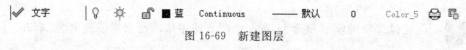

图 16-69　新建图层

8. 单击"绘图"工具栏中的"多行文字"按钮 A，设置字体为宋体，高度为 96，为上步绘制管线添加文字说明，如图 16-70 所示。

9. 单击"绘图"工具栏中的"多行文字"按钮 A，设置字体为宋体，高度为 177，为上步绘制管线添加文字说明，如图 16-71 所示。

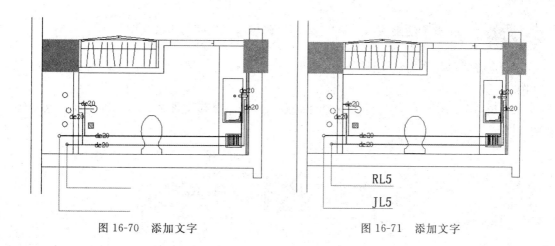

图 16-70　添加文字　　　　　　　　图 16-71　添加文字

16.4　绘制标间卫生间给水管线放大图

✦ 绘制思路

本节主要介绍标间卫生间给水管线放大图的绘制，如图 16-72 所示。

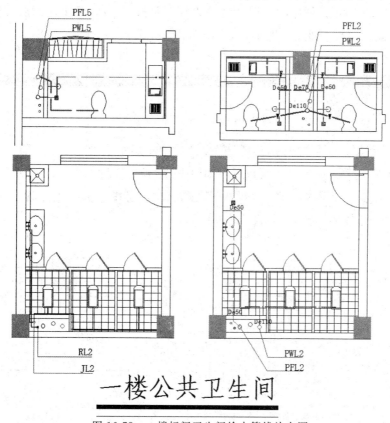

一楼公共卫生间

图 16-72　一楼标间卫生间给水管线放大图

光盘 \ 动画演示 \ 第 16 章 \ 绘制标间卫生间给水放大图．avi

1. 选择菜单栏中的"文件"→"打开"命令，打开"源文件/第 16 章/标间放大图"，如图 16-73 所示。

2. 选择菜单栏中的"文件"→"另存为"命令，保存文件为"标间卫生间给水管线放大图"。

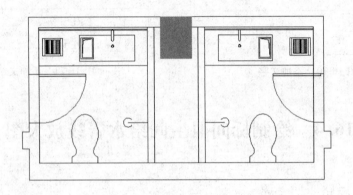

图 16-73　打开源文件

3. 单击"图层"工具栏中的"图层特性管理器"按钮，弹出"图层特性管理器"对话框，新建图层"给水排水"图层，如图 16-74 所示。

图 16-74　新建图层

4. 单击"绘图"工具栏中的"圆"按钮，绘制热水立管，给水立管、排 F 立管、透气立管、排 W 立管，并对其进行放置，如图 16-75 所示。

5. 单击"绘图"工具栏中的"多段线"按钮，连接上步布置立管，设置宽度为 10，完成图形中给水管的绘制，如图 16-76 所示。

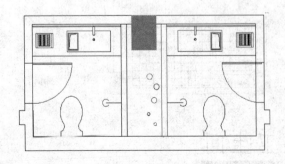

图 16-75　打开源文件

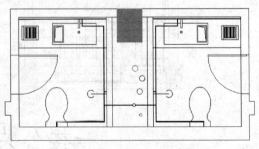

图 16-76　绘制管线

6. 单击"绘图"工具栏中的"多段线"按钮 ⏎，连接上步绘制立管，完成图形中热水管的绘制，如图 16-77 所示。

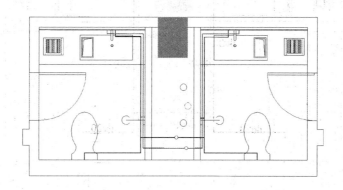

图 16-77　绘制热水管

7. 新建"文字"图层，并将其置为当前图层，如图 16-78 所示。

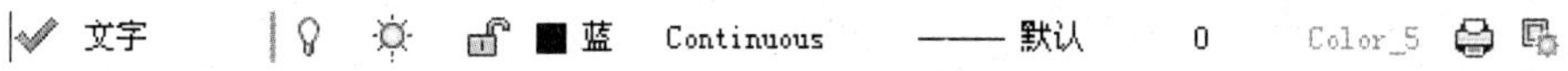

| ✔️ 文字 | | 💡 ☼ 🔓 ■蓝 Continuous ──── 默认 | 0 | Color_5 🖨️ 🗐 |

图 16-78　新建图层

8. 单击"绘图"工具栏中的"多行文字"按钮 **A**，设置字体为宋体，高度为 96，为上步绘制管线添加文字说明，如图 16-79 所示。

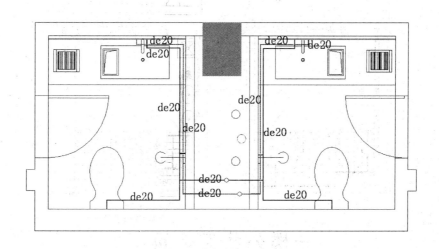

图 16-79　添加文字

9. 单击"绘图"工具栏中的"多行文字"按钮 **A** 和"直线"按钮 ✏️，设置字体为宋体，高度为 177，为上步绘制管线添加剩余文字说明，如图 16-80 所示。

10. 利用上述方法完成一楼公共卫生间给水排水管线图的绘制，如图 16-81 所示。

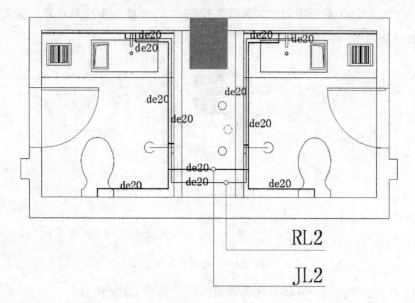

图 16-80　添加文字

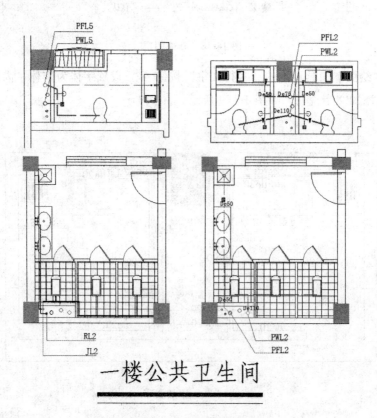

一楼公共卫生间

图 16-81　一楼公共卫生间放大图

第 17 章

消防系统图

本章将以酒店自动喷淋灭火系统为例，详细讲述消防图的绘制流。在讲述过程中，让读者一步步理解消防系统的流程，并熟悉其绘制步骤。本章包括消防图例的绘制，管线的绘制等内容。

- ◎ 酒店自动喷淋灭火系统
- ◎ 绘制酒店末端试水装置示意图
- ◎ 自动灭火系统支管管径选用表
- ◎ 插入图框

17.1 酒店自动喷淋灭火系统

 绘制思路

绘制酒店自动喷淋灭火系统的基本思路是：首先绘制系统框矩形图，然后连接框图，最后标注文字，如图 17-1 所示。

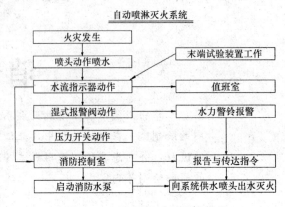

图 17-1　酒店自动喷淋灭火系统

光盘 \ 动画演示 \ 第 17 章 \ 酒店自动喷淋灭火系统 . avi

1. 打开 AutoCAD 2014 应用程序，单击"标准"工具栏中的"新建"按钮 ⬜，弹出"选择样板"对话框，以"acadiso. dwt"为样板文件，建立新文件。

2. 单击"标准"工具栏中的"保存"按钮 💾，保存文件为"消防系统图"。

3. 单击"图层"工具栏中的"图层特性管理器"按钮 🗗，弹出"图层特性管理器"对话框，新建"框图"、"文字"图层，如图 17-2 所示。

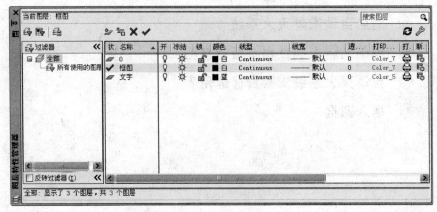

图 17-2　新建图层

454

4. 单击"绘图"工具栏中的"矩形"按钮□，在图形空白位置任选一点为矩形起点绘制一个"6400×800"的矩形，如图 17-3 所示。

5. 单击"修改"工具栏中的"复制"按钮，选择上步绘制矩形为复制对象对其进行连续复制，如图 17-4 所示。

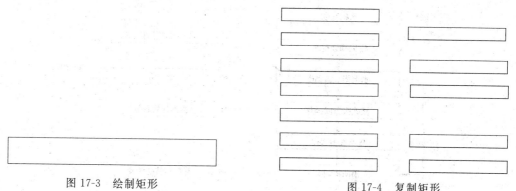

图 17-3　绘制矩形

图 17-4　复制矩形

6. 单击"绘图"工具栏中的"多段线"按钮，在上步图形适当位置绘制一条顶端带箭头的竖直直线，指定箭头起点宽度为 100，端点宽度为 0，如图 17-5 所示。

7. 利用上述方法完成剩余相同图形的绘制，如图 17-6 所示。

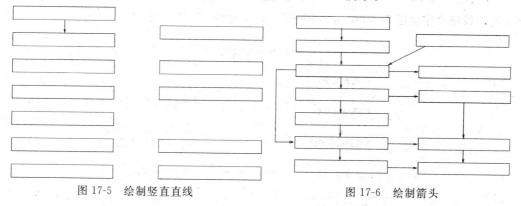

图 17-5　绘制竖直直线

图 17-6　绘制箭头

8. 将"文字"图层置为当前。单击"绘图"工具栏中的"多行文字"按钮 A，设置字体为宋体，字高为 363，在上步绘制的矩形框内添加文字，如图 17-7 所示。

9. 利用上述方法完成剩余文字的添加，如图 17-8 所示。

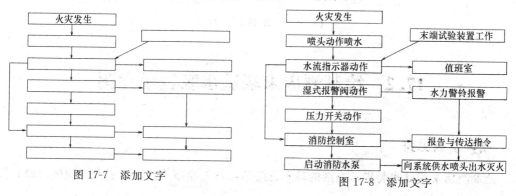

图 17-7　添加文字

图 17-8　添加文字

10. 单击"绘图"工具栏中的"直线"按钮 ✏️，在图形上方绘制一条水平直线。

11. 单击"修改"工具栏中的"偏移"按钮 📑，选择上步绘制的水平直线为偏移对象向下进行偏移，偏移距离为 100，如图 17-9 所示。

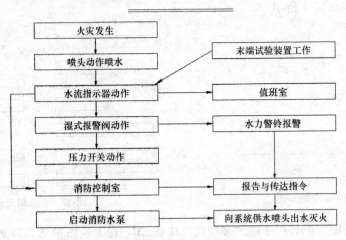

图 17-9　偏移水平直线

12. 单击"绘图"工具栏中的"多行文字"按钮 **A**，在上步偏移线段上添加最终文字说明，设置文字高度为 600，宽度因子为 0.7，如图 17-10 所示。

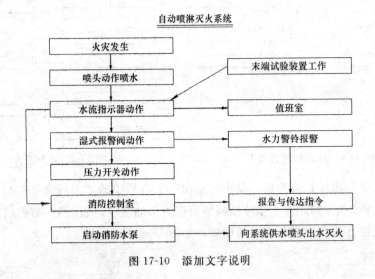

图 17-10　添加文字说明

17.2　绘制酒店末端试水装置示意图

✦ 绘制思路

绘制酒店末端试水装置示意图的基本思路是：首先绘制管线，然后布置图例，最后标注文字，如图 17-11 所示。

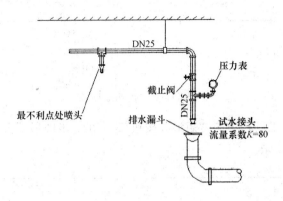

末端试水装置示意图

图 17-11　末端试水装置示意图

光盘 \ 动画演示 \ 第 17 章 \ 绘制酒店末端试水装置示意图.avi

1. 将"框图"图层置为当前。单击"绘图"工具栏中的"直线"按钮，在图形适当位置绘制一条长度为 6640 的水平直线，如图 17-12 所示。

图 17-12　绘制水平直线

2. 单击"绘图"工具栏中的"直线"按钮，在上步绘制的水平直线上绘制一条斜向 45°长度为 171 的斜向直线，如图 17-13 所示。

图 17-13　绘制斜向直线

3. 单击"修改"工具栏中的"复制"按钮，选择上步绘制的斜向直线为复制对象对其进行连续复制，复制间距为 300，如图 17-14 所示。

4. 单击"绘图"工具栏中的"直线"按钮，在上步图形水平直线上选取一点为直线起点向下绘制一条长度为 1007 的竖直直线，如图 17-15 所示。

图 17-14　复制斜向直线

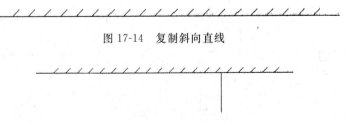

图 17-15　绘制竖直直线

5. 单击"绘图"工具栏中的"矩形"按钮，选择上步绘制竖直直线下端点左侧一点为矩形起点，绘制一个"103×206"的矩形，如图 17-16 所示。

图 17-16　绘制矩形

6. 单击"绘图"工具栏中的"矩形"按钮□，在上步图形下方绘制一个"40×230"的矩形，如图 17-17 所示。

图 17-17　绘制矩形

7. 单击"修改"工具栏中的"复制"按钮 ✂ 和"旋转"按钮 ○，对上步绘制矩形执行复制及旋转操作，完成剩余矩形的绘制，如图 17-18 所示。

8. 单击"绘图"工具栏中的"直线"按钮 ╱，在上步绘制矩形间绘制连续直线，如图 17-19 所示。

图 17-18　绘制矩形　　　　　　　　　　图 17-19　绘制连续直线

9. 单击"修改"工具栏中的"修剪"按钮 ╱，选择上步绘制直线段为修剪对象，对其进行修剪处理，如图 17-20 所示。

10. 单击"修改"工具栏中的"圆角"按钮，选择垂直直线与水平直线相交处为圆角对象，对其进行圆角处理，圆角半径为 275，如图 17-21 所示。

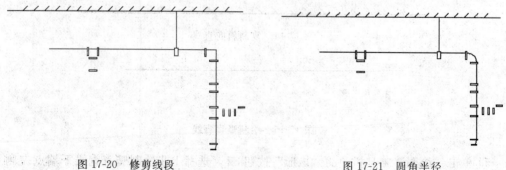

图 17-20　修剪线段　　　　　　　　　　图 17-21　圆角半径

11. 单击"修改"工具栏中的"偏移"按钮 ⬒，选择上步修剪后的直线为偏移对象向下进行偏移，偏移距离为 75，75，如图 17-22 所示。

12. 单击"修改"工具栏中的"镜像"按钮 ⚎，选择底部斜向直线进行竖直镜像，如图 17-23 所示。

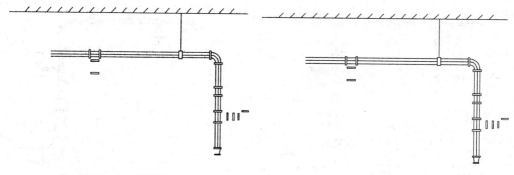

图 17-22　偏移线段　　　　　　　　图 17-23　镜像斜向直线

13. 单击"绘图"工具栏中的"圆弧"按钮 ⌒，封闭上步图形左端口，如图 17-24 所示。

14. 单击"绘图"工具栏中的"圆弧"按钮 ⌒ 和"直线"按钮 ╱，绘制图形，如图 17-25 所示。

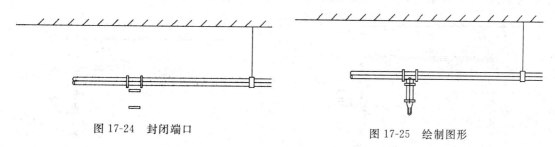

图 17-24　封闭端口　　　　　　　　图 17-25　绘制图形

15. 单击"修改"工具栏中的"修剪"按钮 ⊬，选择上步绘制图形为修剪对象，对其进行修剪处理，如图 17-26 所示。

16. 利用上述方法完成相同图形的绘制，如图 17-27 所示。

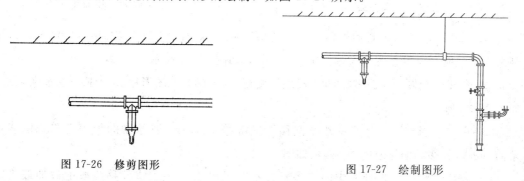

图 17-26　修剪图形　　　　　　　　图 17-27　绘制图形

17. 单击"绘图"工具栏中的"矩形"按钮 ▭ 和"圆弧"按钮 ⌒，完成剩余图形的绘制，如图 17-28 所示。

18. 单击"绘图"工具栏中的"圆"按钮⊘，在上步绘制图形适当位置绘制一个半径为 155 的矩形，如图 17-29 所示。

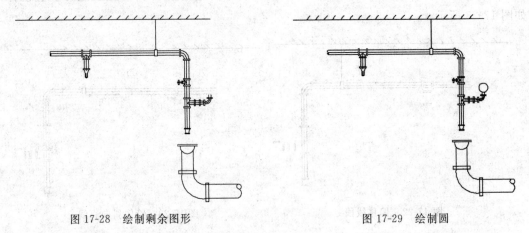

图 17-28　绘制剩余图形　　　　　　　　　　图 17-29　绘制圆

19. 单击"修改"工具栏中的"偏移"按钮▣，选择上步绘制的圆为偏移对象，向内进行偏移，偏移距离为 30，如图 17-30 所示。

20. 将"文字"置为当前。单击"绘图"工具栏中的"多行文字"按钮 **A**，设置字体为 Romanc，字高为 300，为图形添加文字说明，如图 17-31 所示。

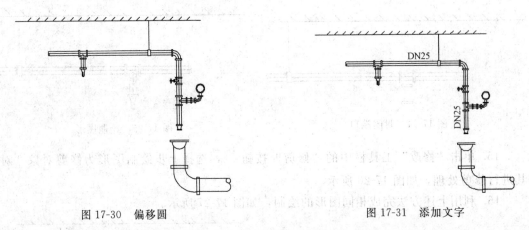

图 17-30　偏移圆　　　　　　　　　　　图 17-31　添加文字

21. 单击"绘图"工具栏中的"多行文字"按钮 **A** 和"直线"按钮 ✏，为图形添加剩余文字说明，设置字体为宋体，字高为 363，如图 17-32 所示。

22. 单击"绘图"工具栏中的"直线"按钮 ✏，在上步图形底部绘制一条水平直线，如图 17-33 所示。

23. 单击"修改"工具栏中的"偏移"按钮▣，选择上步绘制的水平直线为偏移对象向下进行偏移，偏移距离为 100，如图 17-34 所示。

24. 单击"绘图"工具栏中的"多行文字"按钮 **A**，在上步偏移线段上添加最终文字说明，设置文字高度为 600，宽度因子为 0.7，如图 17-35 所示。

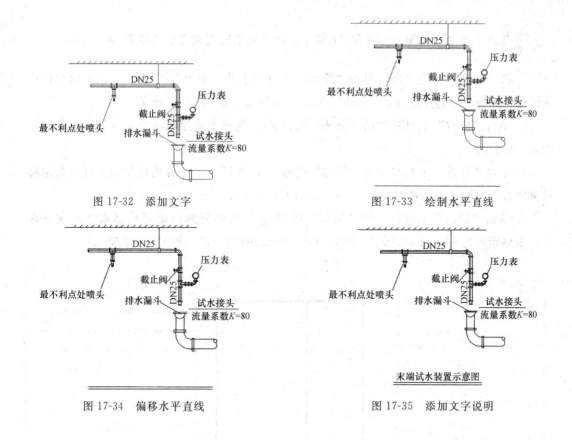

图 17-32　添加文字

图 17-33　绘制水平直线

图 17-34　偏移水平直线

图 17-35　添加文字说明

17.3　自动灭火系统支管管径选用表

✦ 绘制思路

绘制自动灭火系统支管管径选用表的基本思路是：首先绘制图标，最后标注文字，如图 17-36 所示。

公称管径	控制标准喷头数
DN25	1
DN32	3
DN40	5
DN50	10
DN65	18
DN80	48
DN100	

注：图中如未注明管径以本表为准。

图 17-36　自动灭火系统支管管径选用表

461

光盘＼动画演示＼第 17 章＼自动灭火系统直观管径选用表.avi

1. 将"框图"置为当前。单击"绘图"工具栏中的"矩形"按钮 ▭，在图形空白位置任选一点为矩形起点绘制一"8640×8505"的矩形，如图 17-37 所示。

2. 单击"修改"工具栏中的"分解"按钮 ，选择上步绘制的矩形为分解对象回车确认进行分解。

3. 单击"修改"工具栏中的"偏移"按钮 ，选择上步分解矩形左侧竖直边为偏移对象向右进行偏移，偏移距离为 3336，如图 17-38 所示。

4. 单击"修改"工具栏中的"偏移"按钮 ，选择分解后矩形顶部水平边向下偏移，偏移距离为 724、945、945、945、945、945、945、945，如图 17-39 所示。

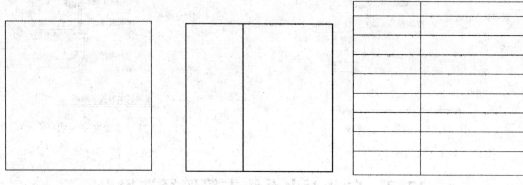

图 17-37　绘制矩形　　　　　图 17-38　偏移线段　　　　　图 17-39　偏移线段

5. 将"文字"图层置为当前。单击"绘图"工具栏中的"多行文字"按钮 A，设置文字高度为 250，在上步绘制完成的线框内添加文字，如图 17-40 所示。

6. 单击"绘图"工具栏中的"多行文字"按钮 A，在上步图形底部添加自动喷水灭火系统支管管径选用表的注释说明，最终完成选用表的绘制，如图 17-41 所示。

公称管径	控制标准喷头数
DN25	1
DN32	3
DN40	5
DN50	10
DN65	18
DN80	48
DN100	

图 17-40　添加文字

公称管径	控制标准喷头数
DN25	1
DN32	3
DN40	5
DN50	10
DN65	18
DN80	48
DN100	

注：图中如未注明管径以本表为准。

图 17-41　选用表

17.4 插入图框

　　单击"绘图"工具栏中的"插入块"按钮 ，弹出"插入"对话框。单击"浏览"按钮，弹出"选择图形文件"对话框，选择"源文件/14/图块/A3 图框"图块，单击"打开"按钮，回到插入对话框，单击"确定"按钮，完成图块插入，最终完成消防系统图的绘制，如图 17-42 所示。

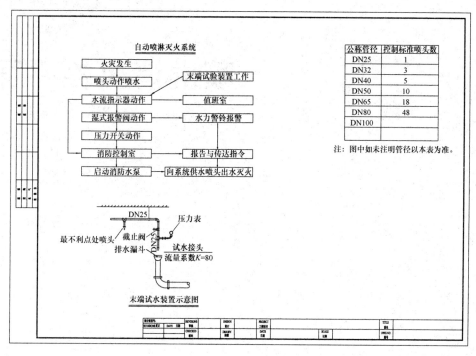

图 17-42　插入图框

第 **18** 章

喷淋消火栓平面图

本章讲述采用湿式系统的喷淋消火栓平面图，报警阀设于一层，每个防火分区内均设置独立的水流指示器。为了不影响酒店客房美观，其中客房部分采用 K＝115 边墙型侧喷喷头。通过管道与现状喷淋管道连接，便于统一管理，操控。

本章包括系统图绘制的知识要点，图例的绘制，管线的绘制以及尺寸文字标注等内容。

 学 习 要 点

- ◎ 一层喷淋消火栓平面图
- ◎ 二层喷淋消火栓平面图
- ◎ 三、四、五层喷淋消火栓平面图
- ◎ 六层喷淋消火栓平面图

18.1　一层喷淋消火栓平面图

绘制思路

绘制一层喷淋消火栓平面图的基本思路是：首先整理一楼排水平面图，然后绘制消防图例、布置图例，最后标注文字，如图 18-1 所示。

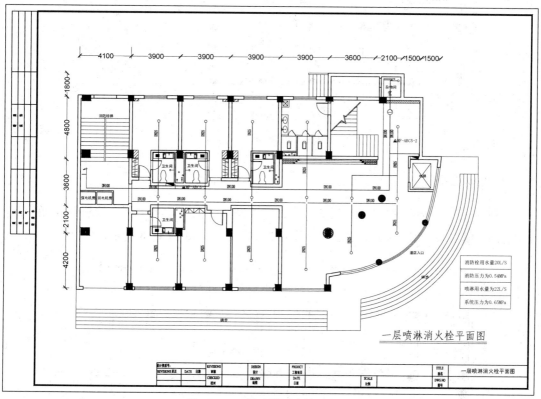

图 18-1　一层喷淋消火栓平面图

 光盘 \ 动画演示 \ 第18章 \ 一层喷淋消火栓平面图 .avi

1. 整理平面图

（1）选择菜单栏中的"文件"→"打开"命令，选择"源文件/15/一楼排水平面图"，打开文件。

（2）选择菜单栏中的"文件"→"另存为"命令，保存文件为"一层喷淋消火栓平面图"。

（3）单击"修改"工具栏中的"删除"按钮 ✍，整理平面图中的多余图形，如图 18-2所示。

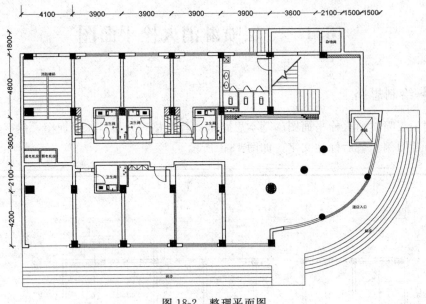

图 18-2　整理平面图

2. 绘制图例

（1）将"给排水"图层置为当前。单击"绘图"工具栏中的"圆"按钮 ⊘，在图形适当位置任选一点为圆的圆心绘制一个半径为 100 的圆，如图 18-3 所示。

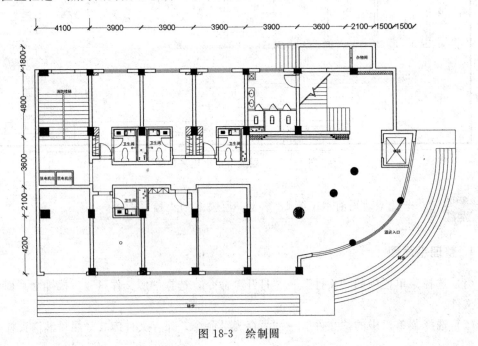

图 18-3　绘制圆

（2）单击"修改"工具栏中的"复制"按钮 ⅋，选择上步绘制的圆为复制对象，对其进行连续复制，如图 18-4 所示。

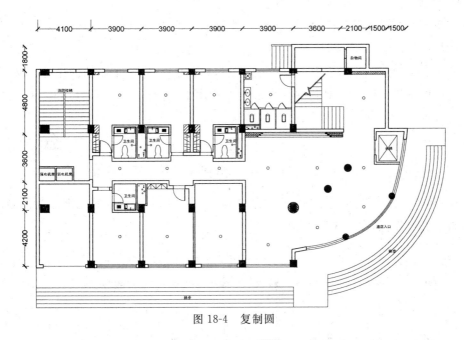

图 18-4　复制圆

（3）单击"绘图"工具栏中的"矩形"按钮□，在图形适当位置任选一点为矩形起点绘制一个"650×200"的矩形，如图 18-5 所示。

（4）单击"绘图"工具栏中的"直线"按钮／，在上步绘制矩形内绘制一条斜向直线，如图 18-6 所示。

图 18-5　绘制矩形

图 18-6　绘制斜向直线

（5）单击"绘图"工具栏中的"图案填充"按钮▨，选择上步绘制斜向直线内区域为填充区域，选择图案为"Solid"对其进行填充，如图 18-7 所示。

（6）单击"修改"工具栏中的"复制"按钮℃，选择上步绘制的图形为复制对象，对其进行复制操作，如图 18-8 所示。

图 18-7　填充图形

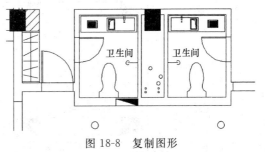

图 18-8　复制图形

（7）单击"绘图"工具栏中的"直线"按钮／，在图形空白位置绘制连续直线，如图 18-9 所示。

（8）单击"绘图"工具栏中的"矩形"按钮 ▭，在上步绘制图形内绘制一个"124×90"的矩形，如图18-10所示。

（9）单击"绘图"工具栏中的"图案填充"按钮 ▨，选择上步绘制矩形区域为填充区域，选择图案为"Solid"对其进行填充，如图18-11所示。

图18-9　绘制连续直线

图18-10　绘制矩形

图18-11　填充矩形

（10）单击"修改"工具栏中的"复制"按钮 ▨，选择上步绘制的图形为复制对象，对其进行复制操作，如图18-12所示。

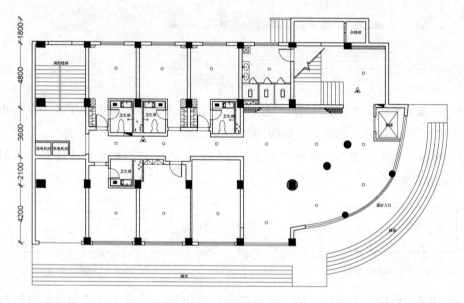

图18-12　复制图形

（11）单击"修改"工具栏中的"复制"按钮 ▨，选择卫生间中已有的热水立管、给水立管及排F立管为复制对象，将其放置到消防楼梯下方，如图18-13所示。

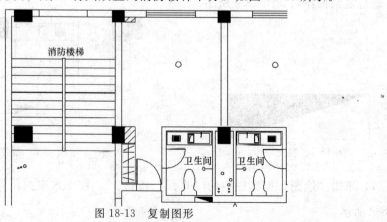

图18-13　复制图形

（12）单击"绘图"工具栏中的"圆"按钮⊘，在右上角杂物间空白位置绘制一个半径为 75 的圆，如图 18-14 所示。

（13）单击"绘图"工具栏中的"圆"按钮⊘，在图形空白位置任选一点为圆心绘制一个半径为 40 的圆，如图 18-15 所示。

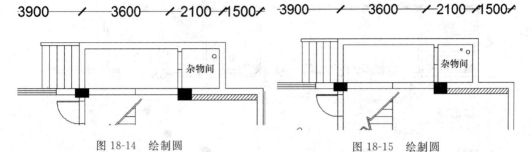

图 18-14　绘制圆　　　　　　　　　　　　　　图 18-15　绘制圆

（14）单击"修改"工具栏中的"复制"按钮，选择上步绘制的圆为复制对象，向左下方复制，如图 18-16 所示。

（15）单击"绘图"工具栏中的"矩形"按钮▢，在图形适当位置绘制一个适当大小的矩形，如图 18-17 所示。

（16）单击"绘图"工具栏中的

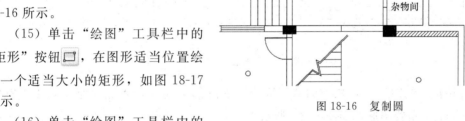

图 18-16　复制圆

"直线"按钮╱，在上步绘制矩形内绘制矩形对角线，如图 18-18 所示。

（17）单击"修改"工具栏中的"修剪"按钮，选择上步绘制图形为修剪对象对其进行修剪处理，如图 18-19 所示。

图 18-17　绘制矩形　　　　　　图 18-18　绘制矩形对角线　　　　　　图 18-19　修建图形

（18）单击"绘图"工具栏中的"直线"按钮╱，选择上步图形对角线相交处，为直线起点绘制连续直线，如图 18-20 所示。

（19）单击"绘图"工具栏中的"圆"按钮⊘，在上步图形适当位置绘制一个适当半径为 200 的圆，如图 18-21 所示。

（20）单击"绘图"工具栏中的"多行文字"按钮 **A**，在上步绘制的圆内添加文字，如图 18-22 所示。

图 18-20　绘制连续直线　　　　　　图 18-21　绘制圆　　　　　　图 18-22　添加文字

（21）单击"修改"工具栏中的"移动"按钮✥，选择上步绘制的图形为移动对象，将其移动放置到适当位置，如图 18-23 所示。

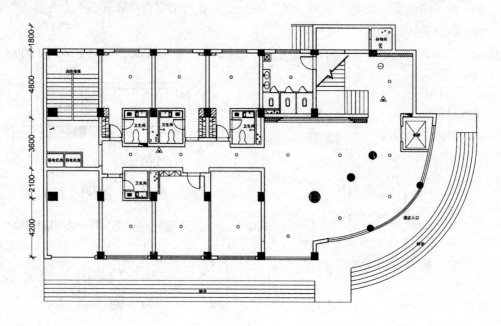

图 18-23　移动图形

（22）单击"绘图"工具栏中的"多段线"按钮⊃，指定起点宽度为 20，端点宽度为 20，连接上步布置图形，如图 18-24 所示。

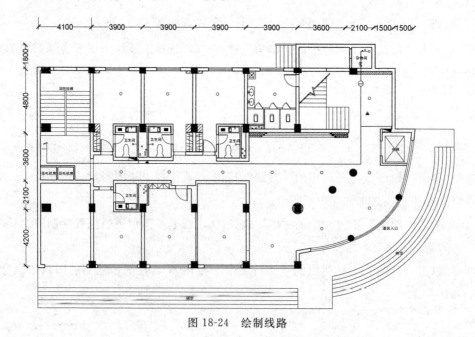

图 18-24　绘制线路

（23）单击"绘图"工具栏中的"直线"按钮╱，连接剩余立管，如图 18-25 所示。

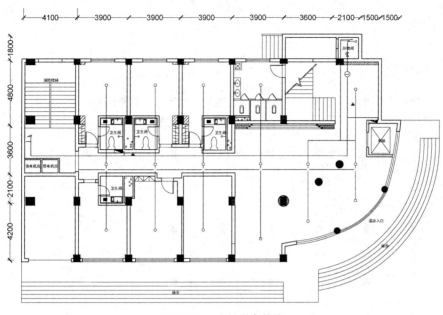

图 18-25　绘制剩余管线

3. 添加文字说明

（1）将"文字"图层置为当前。单击"绘图"工具栏中的"多行文字"按钮 **A**，在上步绘制的管线上添加文字，设置字体为宋体，字高 250，字宽为 0.7，如图 18-26 所示。

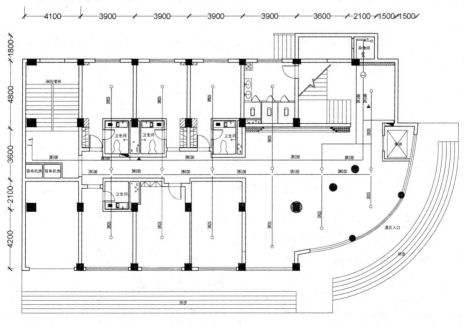

图 18-26　添加文字说明

（2）单击"绘图"工具栏中的"多行文字"按钮 **A**，设置字体为宋体，高度为 250，宽度因子为 0.7，为图形添加剩余说明，最终完成一楼喷淋消火栓平面图的绘制，如图 18-27 所示。

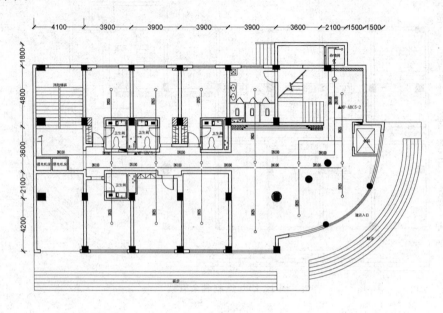

图 18-27　添加文字说明

（3）单击"图层"工具栏中的"图层特性管理器"按钮，弹出"图层特性管理器"对话框，新建图层"说明"图层，如图 18-28 所示。

图 18-28　新建图层

（4）单击"绘图"工具栏中的"矩形"按钮，在上步图形右侧绘制一个"4059×4077"的矩形，如图 18-29 所示。

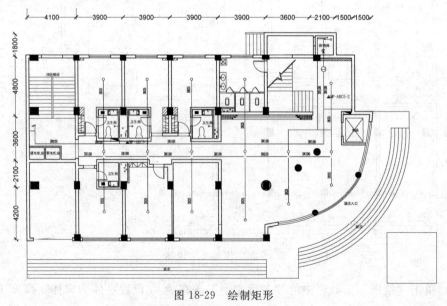

图 18-29　绘制矩形

（5）单击"修改"工具栏中的"分解"按钮 ，选择上步绘制的矩形为分解对象回车确认进行分解。

（6）单击"修改"工具栏中的"偏移"按钮 ，选择上步分解矩形的水平直线为偏移对象向下进行偏移，偏移距离为 1019、1019、1019，如图 18-30 所示。

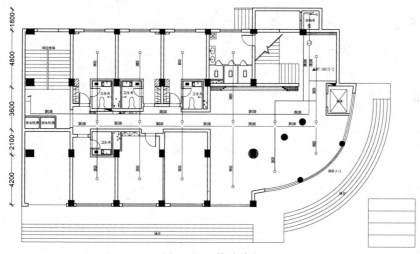

图 18-30　偏移线段

（7）单击"绘图"工具栏中的"多行文字"按钮 A，设置字体为宋体，字高为 277，在上步偏移线段内添加文字，如图 18-31 所示。

（8）单击"绘图"工具栏中的"直线"按钮 ，在上步绘制图表的下方绘制一条水平直线，如图 18-32 所示。

（9）单击"修改"工具栏中的"偏移"按钮 ，选择上步绘制的水平直线为偏移对象向下进行偏移，偏移距离为 121，如图 18-33 所示。

消防栓用水量为20L/s
系统压力为0.54MPa
喷淋用水量为22L/s
系统压力为0.65MPa

图 18-31　添加文字

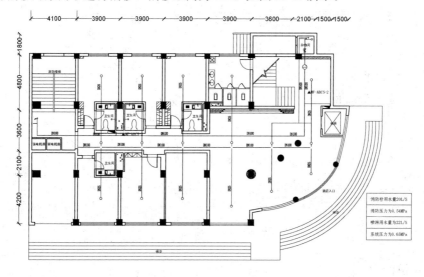

图 18-32　绘制水平直线

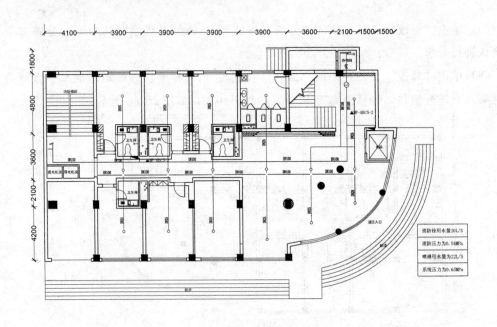

图 18-33　偏移线段

（10）单击"绘图"工具栏中的"多行文字"按钮 **A** ，在上步绘制的偏移线段上添加文字，如图 18-34 所示。

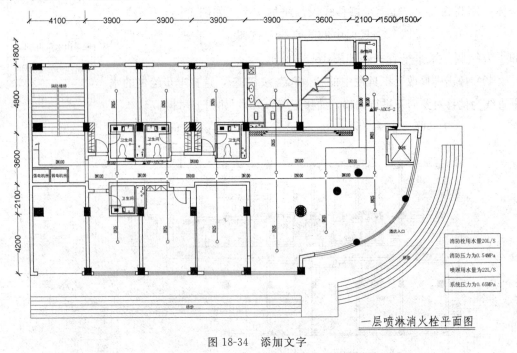

一层喷淋消火栓平面图

图 18-34　添加文字

4. 插入图框

（1）单击"绘图"工具栏中的"插入块"按钮 🔲 ，选择前面定义的 A3 图框为插入对象，插入 A3 图框，如图 18-35 所示。

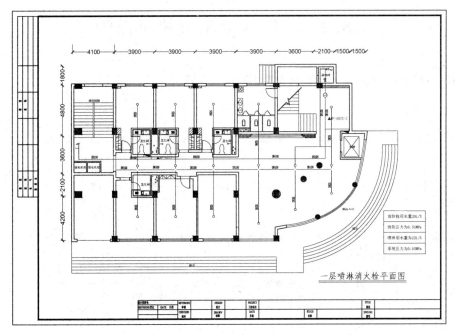

图 18-35　插入图框

（2）单击"绘图"工具栏中的"多行文字"按钮 **A**，在标题栏中输入图名，如图 18-36所示。

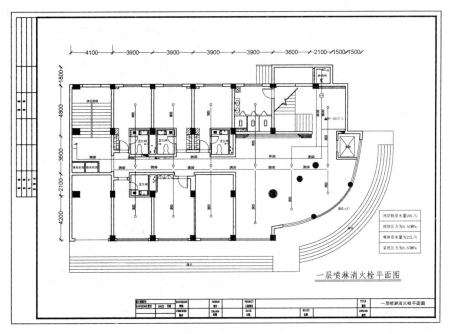

图 18-36　输入图名

18.2　二层喷淋消火栓平面图

利用上述方法完成二层喷淋消火栓平面图，如图 18-37 所示。

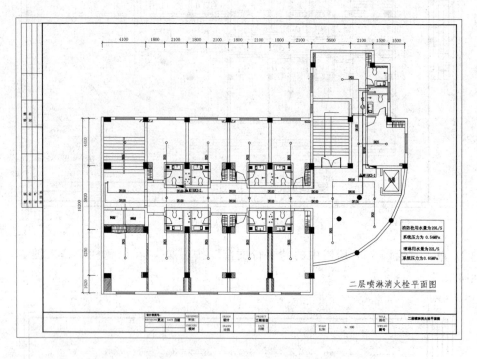

图 18-37　二层喷淋消火栓平面图

18.3 三、四、五层喷淋消火栓平面图

利用上述方法完成三、四、五层喷淋消火栓平面图，如图 18-38 所示。

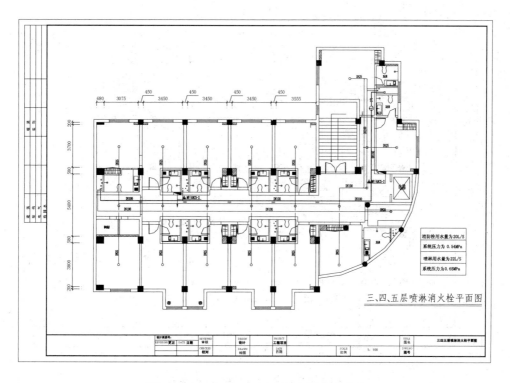

图 18-38 三、四、五层喷淋消火栓平面图

18.4 六层喷淋消火栓平面图

利用上述方法完成六层喷淋消火栓平面图的绘制，如图 18-39 所示。

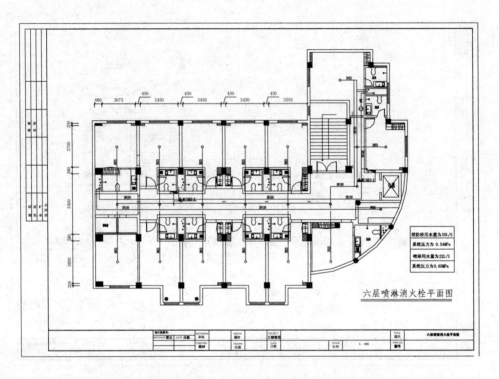

图 18-39 绘制六层喷淋消火栓平面图